CHUQIN HUANJING KONGZHI
JISHU YU ZHUANGBEI

畜禽环境控制技术与装备

蒋林树　熊东艳　刘长清　主编

中国农业出版社
农村读物出版社
北　京

图书在版编目（CIP）数据

畜禽环境控制技术与装备/蒋林树，熊东艳，刘长清主编．—北京：中国农业出版社，2020.3
ISBN 978-7-109-26544-8

Ⅰ．①畜…　Ⅱ．①蒋…②熊…③刘…　Ⅲ．①畜禽舍－环境卫生－环境管理　Ⅳ．①S851.2

中国版本图书馆CIP数据核字（2020）第022178号

中国农业出版社出版
地址：北京市朝阳区麦子店街18号楼
邮编：100125
责任编辑：冀　刚
版式设计：韩小丽　　责任校对：沙凯霖
印刷：中农印务有限公司
版次：2020年3月第1版
印次：2020年3月北京第1次印刷
发行：新华书店北京发行所
开本：850mm×1168mm　1/32
印张：9
字数：240千字
定价：48.00元

奶牛营养学北京市重点实验室/北京农学院
国家“十三五”重点研发计划-智能农机装备-畜禽个性化精准饲喂设备研发与应用示范(2017YFD0700604-2)
现代农业产业技术体系北京市奶牛创新团队
北京市昌平区动物疫病预防控制中心
北京市平谷区动物疫病预防控制中心
北京农林科学院农业信息与经济研究所
北京奶牛中心

编写人员名单

主　　编　蒋林树　熊东艳　刘长清

副 主 编　杨　蕾　陈俊杰　麻　柱　黄秀英
贾春宝　王秀芹

参编人员（按姓氏笔画排序）

刘　磊　刘海艳　孙玉松　孙春清
苏明富　李　峥　李振河　肖秋四
张　良　张　翼　张连英　张宏雨
周自清

前 言

环境是动物赖以生存和发展的各种因素的总和，包括自然环境和社会环境。环境给动物的生存和发展提供了一切必要的条件，而动物通过调节自身以适应不断变化的外界环境，同时也不断地改造环境，创造有利于自身生存、发展的环境条件。动物对环境的改造能力越强，环境对动物的作用就越强。它在改造环境的同时，也将大量的废弃物带给了环境，造成了环境污染；反过来，环境又会对动物健康产生不良影响甚至危及生命。任何事物都是一分为二的，动物的生存离不开环境，动物从始至终都与外界环境进行着物质、能量和信息的交换，即外界环境是动物的生存条件。动物只有在适宜的综合外界条件下，才能正常生长发育、繁殖，表现出高的生产性能，生产出优质的动物产品。这一切都说明，外界环境对动物具有不可或缺的“有利”的一面。同样，外界环境中也存在对动物有害的因素，动物处在有害的外界环境中，能发生保护性的反应，以保持体内平衡。

近年来，我国人民生活水平有了很大提升，人们对肉、蛋、奶等高蛋白食品的需求逐渐增多，促进了我国畜牧业的快速发展，尤其大批规模化畜禽养殖场的发展，使畜牧业产值在我国农业总产值中的比重大幅度提高。但随着畜禽养殖规模化、集约化程度的不断提高，畜牧业与环境保护之间的矛盾日益突出，畜禽养殖废弃物已成为我国农村污染的主要来源。而畜禽粪污既是环境污染物，又是一种宝贵的再生资源。积极开展畜禽养殖污染物防治，既是畜牧业污染治理的主要领域，也是保障畜牧业可持续发展的关键。要牢固树立“创新、协调、绿色、开放、共享”发展理念，以实现畜禽养殖废弃物减量化控制、无害化处理、资源化利用为重点，坚持控新治旧、疏堵结合、监管并举，围绕粪污综合治理的要求，通过科学划定禁养范围、创新治理模式、加强法律监管、优化扶持政策和加大科技推广宣传等方式，努力促进现代畜牧业和生态环境保护协调发展。

我国居民对动物产品的消费需求始终保持在较高水平，而畜牧业健康发展是保障国民对于动物产品需要的重要保障。因此，我们编写了《畜禽环境控制技术与装备》，针对当前畜禽规模养殖过程中存在的畜禽养殖工艺有待改进、规划设计缺乏系统性、管理缺乏规范、设备设施不配套和环境保护重视不够等问题，系统介绍了畜禽养殖过程中的环境控制与技术装备等知识，以适应当前畜牧业大发展的客观要求。

本书主要内容包括：畜禽环境控制的研究对象、任务、内容、研究方法以及在生产中的作用和动物福利；畜禽环境的基本概念和分类、畜禽与环境的辩证关系、养殖场规划设计、畜禽舍和畜禽饲养设施、畜禽舍卫生与环境调控、畜禽场环境管理及污染控制。书中内容囊括了现代养殖场规划设计的相关知识，既有丰富的理论知识，又富于畜禽养殖实践技能操作性。其内容具有科学性、先进性、实用性和可操作性，对畜禽生产实践具有现实指导作用。

本书旨在帮助畜禽养殖从业者了解畜禽养殖过程中需要重点关注的影响因素，并提出一些建议，希望本书能对畜牧业建设起到积极的促进作用。

因编者水平有限，书中难免存在不足之处，敬请读者批评指正。

编　者

2019 年 10 月

CONTENTS

目录

第一章

绪　论

第一节　畜禽环境控制的研究对象

畜禽环境控制技术是畜禽土木建设首要考虑的问题，畜禽环境控制技术主要研究外界环境因素对畜禽养殖的影响、环境的改善对于畜禽生产性能的提升作用、如何改善环境以获得畜禽生产最大效益等问题。通过研究该门科学，以期保障畜禽的群体和个体健康、减少疾病、提高畜禽生产力，促进畜禽生产健康稳定发展。

随着农业结构的调整，畜牧业发展非常迅速并已形成集中规模化养殖。集中养殖具有设施利用率高、饲料便于供应、经济效益好等优点，同时集中饲养也产生了诸多弊端，如舍内空气质量差、潮湿、不通风等问题。畜禽舍内环境控制成为集中养殖所面临的重要问题。

通过研究畜禽与外界环境相互影响、相互作用的基本规律，并以此规律来制定、指导、规范、改善畜禽外环境，实现健康发展畜禽养殖的目的。

一、选址

养殖场址选择远离人群聚集区、其他畜禽生产区和环保敏感区 500m 以上；远离肉联厂、屠宰场、化工厂等污染源 3 000m 以上；远离交通要道；与其他养殖场距离 2 000m 以上；禁止在生活饮用水水源保护区、风景名胜区、自然保护区建场。

周围有足够的农田、鱼塘、果园或林地等，以利于农牧结合，保持生态平衡；地势较高、背风向阳、干燥平坦或缓坡（坡度应小于25°）；与交通要道隔离的距离应不少于1km，有足够的符合上述条件的建场面积。

具有便利的运输条件、充足的水源和良好的水质，具有足够的电力和其他能源的供给。必要时，应配备发电机，以供停电或电力紧张时使用。

排水是需要考虑的重要方面。如果想要建造一处适合畜禽生长的养殖场，就必须要选择排水状况良好的地方。如果选择的地方比较低洼或者是排水不好，就很容易导致养殖场积水，细菌和病菌也就会由此滋生，还有可能会让整个养殖场的畜禽都被病菌所感染，从而造成巨大的经济损失。

畜禽不能仅仅限于圈养，也必须有充足的自由活动时间和空间，才能使其心情变得更好，让其肉质变得更加的紧实，使肉质品质更佳。

人们一定要了解所饲养畜禽的生活习惯之后，才能够根据它们的生活习惯选择养殖基地建设的地点。因为不同的畜禽对环境的要求是不一样的，所以必须要提前了解所饲养畜禽的生活习惯，才能够真正地选择一处比较适合它们生长的地区。

二、设施设备

（一）消毒设施

作为养殖场必备的重要环节，消毒方法的正确与否是预防养殖场疫病感染和控制疫病暴发的重要措施。消毒能够杀灭环境中的病原体，切断传播途径，防止疾病的传播或蔓延，是畜禽养殖健康发展的重要保证。

为避免养殖圈舍尘土及微生物在空气中蔓延，清扫时应先用水或消毒液喷洒。消毒前，要首先做好环境、圈舍的彻底清洗工作。对于高的圈舍，可以由上到下大面积喷洒消毒液，待清扫杂物、污垢后用高压水枪冲洗。待干燥后，换另一种消毒剂再喷洒一次。最后，用水清洗干净，必要时可以用熏蒸消毒。消毒需要按一定顺序进行，一般从离门远开始，按墙壁、顶棚、地面的顺序喷洒，关闭门窗 2～3h，然后通风换气，再用清水冲洗料槽、地面等。工作衣（帽、鞋）要经浸泡消毒或高压消毒。

按照《动物防疫条件审查办法》的规定，场区出入口处设置与门同宽，长 4m、深 0.3m 以上的消毒池；生产区入口处设置更衣消毒室；各养殖栋舍出入口设置消毒池或消毒垫；生产区内清洁道、污染道分设；场区入口处配置消毒设备；圈舍地面和墙壁选用适宜材料，以便清洗消毒，消毒液一般不超过 1 周更换一次，消毒池内放 2%～3%的氢氧化钠溶液或 5%来苏儿溶液，以便人、车进出时进行车底和轮胎的消毒。

（二）温度控制

环境温度必须可满足畜禽的生理要求。例如，畜禽养殖环境控制系统可随时测控畜禽舍内的温湿度情况，保证在一个适应的环境中，有利于严格按照规范进行养殖。畜禽舍内采集回来的数据进行集中监控和管理，实时检测到舍内温湿度变化情况，能够及时发现养殖过程中的隐患，尽早采取措施排除隐患，提高存活率。同时，采集回来的温湿度数据可以存档，通过历史记录对比分析，什么样的环境下最适合畜禽养殖。畜禽养殖环境控制系统配套的管理系统，可以实时控制畜禽舍内的风机，当发现某些采集点的温湿度超过预警值，可以启动风机，进行环境温湿度调节。

以养猪为例，产房的温度可以是 21～25℃，而保温箱的温度是 29～32℃。饲养员不能仅仅看温度计是否在这个范围内，还要认真观察母猪和乳猪的睡姿、采食、健康等情况来调节温度，使猪群处于最适状态。仔猪断奶后，通常需要升温，范围是 29～31℃，需要观察仔猪的睡姿和采食情况。温度高了，仔猪不采食、大量喝水、分散睡或不睡觉乱跑；温度低了，仔猪挤成一团。饲养员应该根据这些情况及时调节温度，以保证仔猪处于最适温度状态。适宜的猪舍温度是猪只健康发育的基础，猪舍的温度管理是最基本的管理。

（三）空气质量

当前，很多公司研发的畜禽养殖环境控制系统适用于鸡舍、养鸡场、鸭舍、养鸭场、养猪场、养牛场，通过对环境温湿度，氨气、二氧化碳气体浓度，光照度的监测，可以自动控制湿帘风机、喷淋通水、内外遮阳、顶窗侧窗、加温补光等设备；通过一整套的温湿度和有害气体监测方案，来保障圈舍内适合动物生长、发育的环境，提高经济效益。

通过对圈舍内温湿度的准确测量，营造舒适的温湿度环境。根据鸡舍内温湿度的要求，适当调节鸡舍内的温湿度，当鸡舍内温湿度过高或过低时，都及时启动降温、除湿或加温、加湿设备，以保证鸡舍内合理的温湿度。鸡舍内氨气浓度对鸡的影响很大，应采取措施降低鸡舍内氨气浓度，保障鸡的活力。对于畜禽舍，尽量干清粪，能不用水尽量不用水，防止高温高湿和低温高湿对猪群的应激；做好通风、升温等工作；防止贼风和夏季的酷热，同时应观察猪群的具体情况，如睡姿、采食情况等。

（四）粪污处理

许多畜禽养殖场一直在抓“一控两分三防两配套一基本”建设。“一控”，即改进节水设备，控制用水量，压减污水产生量。“两分”，即改造建设雨污分流、暗沟布设的污水收集输送系统，实现雨污分离；改变水冲粪、水泡粪等湿法清粪工艺，推行干法清粪工艺，实现干湿分离。“三防”，即配套设施符合防渗、防雨、防溢流要求。“两配套”，即养殖场配套建设储粪场和污水储存池。“一基本”，即粪污基本实现无害化处理、资源化利用。对储粪场、沉淀池建设标准，排水系统改造和雨污分流等粪污处理设施配建进行现场指导，确保粪污处理设施建成后能够正常运行并按要求堆放，达到污水粪便不外排、全部处置利用的效果。

按照源头减量、过程控制、末端利用的治理思路，积极推进畜禽规模养殖场的粪污处理设施配建，开展畜禽养殖废弃物资源化利用，并参照农业农村部有关规定，制定畜禽养殖粪污处理设施配建标准，统一各畜禽品种的粪污处理设施配建标准，加大技术指导与服务力度，提升养殖户畜禽养殖废弃物处理和资源化利用技术水平。

粪污处理的方式：一是自然发酵处理。主要用于家禽和散养牛、羊、生猪，粪便堆积发酵、污水沉淀降解后还田。二是垫料发酵床处理。主要用于中小型生猪和肉禽养殖场，粪尿同时发酵降解，基本实现零排放。三是沼气工程处理。主要用于大中型生猪和奶牛养殖场，进行粪尿厌氧发酵，沼气用于生产、生活或发电，沼渣沼液处理还田。四是生产有机肥料。主要利用生猪、奶牛和肉牛规模化养殖场的粪便，加工成商品有机肥料。

对于粪污处理应统筹兼顾、突出重点。对于产污量较多的生猪、奶牛养殖场粪污处理利用，既要着眼长远源头预防，又要突出当前污染治理。

全程控制、生态循环。按照全程控制要求，落实畜禽养殖粪污处理利用措施。把畜牧业变成生态循环大农业的重要一环，合理布局规模化养殖场，积极发展粪污利用资源化等生态循环畜牧业模式。

无害处理、资源利用。要把粪污就地无害化处理、就近肥料化利用的种养结合方式放在首位。因地制宜，利用粪污发展商品有机肥料、沼气、天然气等，提高资源化利用水平。

围绕重点问题和关键环节，加强粪污处理利用关键技术攻关和新技术转化，加快提升科技支撑能力。不断创新思路、创新机制、创新方法，加快培植新主体、培育新业态、培养新产业。

第二节 畜禽环境控制的任务及内容

在畜禽方面，研究畜禽健康生长所需要的环境和畜禽对环境的影响；在外环境控制方面，研究光照、温度、湿度、空气、设施设备等环境因素对畜禽的影响，掌握其规律并以此调节环境控制，指导畜牧生产。

养殖环境是影响畜禽健康和生产力的重要因素之一。现代规模化、集约化养殖中畜禽场舍小气候环境的调控，可为畜禽提供适宜的生产环境。这不仅关系到动物本身福利健康，更与畜禽产品质量、动物食品安全和养殖场经济效益息息相关。畜禽舍环境调控主要包括热环境、空气质量及光照调控。

以热环境、空气质量和光照为主要环境调控因素，分析养殖环境对畜禽健康的影响以及国内外环境调控的最新技术，介绍以生理、行为、声音和个体自动监测为途径的畜禽健康智能辨识技术，以及精准饲喂、机械清粪、畜产品自动收取和养殖信息综合管理等智能化饲养管理技术与装备。在总结现有问题的基础上，提出了相关建议，旨在为我国畜牧业转型升级和健康可持续发展提供理论依据及技术支撑。

第三节　畜禽环境控制的研究方法

对于影响畜禽生产性能的因素而言，遗传因素占20%，营养因素占40%～50%，环境因素达30%～40%。环境因素控制对于畜禽生产性能影响较大，畜禽环境因素是气温、光照、空气质量及其他自然因素综合作用的结果。因此，研究环境因素和环境控制措施是研究畜禽环境控制的重要方面。

一、研究环境因素

1. 光照　在畜禽生产上，常常用红外线灯作为热源对雏鸡、仔猪、羔羊和病畜禽进行照射，不仅可以御寒，而且改善了血液循环，促进了生长发育，效果良好。但过强的红外线作用于动物体时，可使动物的体热调节机能发生障碍，产生日射病，甚至产生化学灼伤，引起畏光、视觉模糊等眼睛疾病。

在高温时，强烈的太阳辐射影响畜禽体的热调节，破坏热平衡，对畜禽的各种生产力都有不良的影响。猪对太阳辐射能的作用较敏感，在31.5℃的太阳光下暴晒30min，直肠温度和呼吸频率都显著升高。夏季在没有荫蔽牧地上放养的牛、羊，增重率和饲料利用率都比有荫蔽牧地上的牛、羊低。

2. 温度　空气温度是影响畜禽健康和生产力的首要温热因素。空气温度对畜禽的影响，主要表现在热交换上。当温度低于畜禽体表温度时，畜禽体内的热量即以辐射、传导、对流方式散入周围环境；当温度高于畜禽体表温度时，畜禽的散热除传导、对流、辐射方式外，还有蒸发方式，通过体热调节，使体温稳定在一定范围之内。这对于保证畜禽的正常生理活动、健康状况和生产性能，都具有决定性的意义。

3. 湿度　大气中水汽本身所产生的压力称为水汽压，空气中实际水汽压与同温度下饱和水汽压之比称为相对湿度。相对湿度说明水汽在空气中的饱和程度，是一个常用的指标。在畜禽舍中，由于畜禽皮肤和呼吸道，以及潮湿地面、粪尿、污湿垫料等的水分蒸发，往往舍内湿度大于舍外。湿度对动物的影响常与温度共同作用，影响畜禽体热调节和生产性能。

4. 气流　空气由高气压地区向低气压地区流动形成气流，称为风。风自某一方向吹来，称为该方向的风向。如南风是指从南向北吹。风向是经常变化的，常发风向为主风向。主风向在选择放牧场地、建筑物配置和畜禽舍设计上都有重要的参考价值。

气流影响畜禽体的对流和蒸发散热。加大气流速度可加快对流散热，高温时加大风速，有利于畜禽体散热，减弱高温的不利影响；可促进蒸发，使排汗动物更好地散热，避免降低畜禽的生产力水平。低温和适温时，风速加大会导致畜禽失热过多，体温可能下降，以致受冻，严重时可以冻伤、冻死。

5. 气压　围绕地球表面空气的重量，对地球表面的压力，称为气压。海平面向上，空气密度降低，大气厚度变薄，气压减低。大气压的变化是造成天气变化的原因，高气压时是好天气，低气压时是有降水的稍差天气。气压对畜禽的直接影响在于气压垂直分布的差别，高海拔地区（在 3 000m 以上），畜禽可引发“高山病”，动物皮肤和黏膜血管扩张、破裂，呼吸频率和心脏跳动加快，严重影响畜禽生产性能。

6. 有害气体 畜禽养殖场的恶臭气体除畜禽体表的分泌物和呼出的气体外，主要来自粪尿中所含有机物的腐败分解，特别是厌氧分解。碳水化合物分解产生甲烷、有机酸和醇等带臭味的气体；含氮化合物主要是蛋白质，在无氧的条件下可分解成硫化氢、乙烯醇、二甲硫醚、甲胺、三甲胺等恶臭气体。

畜禽粪便产生的恶臭物质非常可怕，不仅让人感觉不舒服，更可怕的是这些物质会对人和动物有刺激性及毒性。如果人或动物长时间处于这种环境中，即使吸入的是较低浓度的恶臭物质，也可引起反射性的呼吸抑制，肺活量减少，继而导致慢性中毒。硫醇、氨、硫化氢、有机酸、硫醚、酚类等恶臭物质均有刺激性和腐蚀性，可引起呼吸道炎症和眼病；醛类、酮类、脂类等恶臭物质对中枢神经系统产生强烈刺激，可引起不同程度的兴奋或麻醉作用，有些还会损害到肝脏、肾脏，降低代谢机能和免疫功能。

在畜禽舍内的有害气体中，对畜禽危害最大的是氨气，而毒性最强的是气体硫化物。氨气主要由粪便、饲料等含氮有机物分解产生。氨气刺激呼吸道黏膜，破坏其保护作用，使动物和人易感染各种呼吸道疾病，使动物机体的抗病力下降，继发感染一些疾病。当畜禽采食了富含硫的高蛋白饲料时，如果畜禽的消化机能发生紊乱，就会由肠道排出大量硫化氢，这些含硫化合物的粪便会分解产生硫化氢。硫化氢被呼吸道黏膜吸收后，与钠离子结合便形成硫化钠，会对黏膜产生强烈刺激，引起呼吸道炎症，严重的会导致肺水肿。

二、探究控制措施

畜禽养殖生产过程中，应当根据饲养畜禽的种类，结合饲养环境的具体情况，对温度、湿度、光照、空气质量等方面进行全面分析，找到适合畜禽养殖生产的最佳条件，优化其环境，减少或避免不利条件带来的影响。从业者应当从畜禽舍选址、设计，到温控设施、通气设备、除污装备、日常管理等方面综合分析，趋利避害，逐步改进，从而达到优化畜禽生产性能、提升养殖效益的目的。

第四节 畜禽环境控制在生产中的作用

随着国民经济的发展，畜牧业也必将跨入智能养殖时代。在养殖环境智能调控、畜禽健康智能辨识和智能化饲养管理 3 个领域，本节以热环境、空气质量和光照为主要环境调控因素，分析养殖环境对畜禽健康的影响以及国内外环境调控的最新技术，介绍以生理、行为、声音和个体自动监测为途径的畜禽健康智能辨识技术，以及精准饲喂、机械清粪、畜产品自动收取和养殖信息综合管理等智能化饲养管理技术与装备。在总结现有问题的基础上，提出相关建议，旨在为我国畜牧业转型升级和健康可持续发展提供理论依据及技术支撑。

养殖环境是影响畜禽健康和生产力的重要因素之一。在现代规模化、集约化养殖中，畜禽场舍小气候环境的调控可为畜禽提供适宜的生产环境。这不仅关系到动物本身的福利健康，更与畜禽产品质量、动物食品安全和养殖场经济效益息息相关。畜禽舍环境调控主要包括热环境、空气质量及光照调控。

一、热环境调控

现代畜禽养殖基本为舍饲饲养。当环境温度适宜时，动物健康状况良好，生产性能和饲料利用率都较高，过高或过低的温度会引起动物热应激或冷应激，破坏体热平衡，导致畜禽生产力下降或停止，甚至死亡。艾地云（1995）研究发现，在持续高温环境（28～35℃）下，体重 15～30kg、30～60kg 和 60～90kg 的试验猪日采食量较常温环境下分别降低 9%、14%和 20%，日增重分别下降 11%、21%和 23%，料肉比分别增加 0.05、0.23 和 0.14；当环境温度在 21～30℃和 32～38℃范围内，温度每升高 1℃，鸡只采食量分别下降 1.5%和 4.6%；奶牛在热应激时，食欲减退、呼吸频率增加、直肠温度升高、生产性能下降，直肠温度每升高 1℃，平均每头日产奶量减少约 1.26kg。环境湿度、气流与温度有协同作用，高温时环境湿度增大 10%，相当于环境温度升高 1℃，畜禽舍内气流速率及分布均影响畜禽机体散热。为缓解畜禽高温热应激，规模养殖场常用的降温方式有湿垫-风机蒸发降温、滴水/喷雾蒸发降温和地板局部降温等。纵向负压通风鸡舍采用湿垫-风机降温系统，在我国南方地区可将鸡舍内最高气温控制在 32℃以内，在黄河以北地区可将鸡舍内的最高气温控制在 28℃以内。蔡景义等（2015）研究发现，封闭式牛舍风机喷淋降温可使舍内 14：00 时的平均温度降低 1.84℃，肉牛呼吸频率降低 4.93 次/min。Shi 等（2005）研发的利用地下水的猪舍地板局部降温技术，可使高温环境下（34℃）母猪躺卧区温度控制在 22～26℃；与 35.8℃的地板相比，27.6℃的地板可使母猪日采食量增加 0.86kg，直肠温度、体表温度和呼吸频率均显著降低。

对于畜禽舍热环境的调控，畜禽舍建筑外围护结构的保温隔热性能及其气密性是基础，畜禽舍的通风系统优化设计与调控是关键。Wang 等（2018）对我国不同气候区的鸡舍建筑围护结构性能与养殖方式（饲养密度）关系等进行了研究，提出了不同气候区屋顶和墙体的热阻要求。Hui 等（2018）研究了我国北方地区夏季因湿帘降温纵向通风导致舍内气温骤降产生的温降应激，提出了基于湿球温度的舍内温度调控新方法。王阳等（2018）针对西北干旱高昼夜温差地区的湿帘降温和通风系统设计新方法，采用山墙集中排风和纵墙均匀进风的夏季环境调控新技术，实现了西北干旱地区夏季降温防骤降应激与温度场和气流场的均匀管控。

二、空气质量调控

畜禽舍内，由于动物的粪尿、饲料、垫料等产生的粉尘、积存发酵产生的气体，舍内空气质量比较恶劣，易引发以畜禽呼吸道疾病为主的各种疾病。研究发现，猪舍内氨气浓度为 35mg/m^3 时，猪只出现萎缩性鼻炎；氨气浓度为 50mg/m^3 时，猪只增重下降 12%；氨气浓度达 100mg/m^3 时，猪只增重下降 30%。硫化氢浓度为 20mg/m^3 时，猪只采食量降低且易引发呼吸道疾病；浓度为 30mg/m^3 时，猪只畏光、丧失食欲、表现神经质；浓度达到 76～304mg/m^3 时，猪只出现呕吐、失去知觉，最终导致死亡。畜禽舍内粉尘是病毒、细菌、放线菌等有毒、有害成分的主要载体，是引起畜禽和工作人员呼吸系统问题的主要原因。

规模畜禽舍空气质量调控常采用源头减排、过程控制和末端净化 3 种方式。Liu 等（2017）发现，采用补充氨基酸减少日粮粗蛋白 2.1%～3.8%和 4.4%～7.8%时，养猪生产的源头氨排放分别减少 33.0%和 57.2%。程龙梅等（2015）测试证明了鸡舍传送带干清粪工艺方式较地沟刮板清粪方式可显著改善舍内空气质量。Lim 等（2012）采用 254mm 厚度的生物过滤装置可将育肥猪舍粪沟排出舍外的氨气和硫化氢浓度分别降低 18.0%～45.8%和 27.9%～42.2%，颗粒物质（PM10）和总悬浮颗粒分别减少 62.9%和 96.3%。

三、光照调控

不同畜禽对光照的敏感度差异较大，尤其是鸡对光的反应十分敏感，其生殖活动与光照密切相关。因此，现代鸡舍普遍采用人工控制光照时长与节律。在蛋鸡和种鸡生产中，已普遍采用光照时间和光照度的调节，以影响和控制鸡的饲料消耗、性成熟、开产日龄、产蛋率和改善蛋品质等。光照周期显著影响肉鸡增重和饲料消耗。

随着近年来对畜禽用LED光源的开发与应用，光色对畜禽生产性能的影响以及光环境节能调控的研究也在不断深入。通过LED的光色、光照度与光周期等因子的调控，可影响肉鸡小肠黏膜结构来提高营养吸收和促进生长；通过影响卫星细胞增殖及肌肉纤维发育提高屠宰性能与鸡肉品质，同时影响行为和健康，增强免疫力，以及降低死亡率和疾病发生率等，且节能效果显著，每1万只蛋鸡每年可节省电费0.3万元以上。

四、自动化环境调控系统

近年来，以数字化技术为核心的畜禽智能化养殖技术不断深入到畜禽养殖的各个环节。在养殖环境调控方面，将现有的单因素环境调控技术与现代物联网智能化感知、传输和控制技术相结合，利用先进的网络技术设计成养殖环境监测与智能化调控系统。系统通过传感器获取畜禽舍内温度、湿度、光照度和有害气体浓度（二氧化碳、氨气、硫化氢等）等环境参数信息，然后经过一定的方式将其传输到系统控制中心；主控器根据采集的环境数据经分析汇总后发出对应的操作命令，并下发给各环境参数控制的终端控制器节点，使其控制相应的现场设备，实现养殖场的环境自动调控。目前，国内外已有多种养殖环境自动监控系统和平台，可实现畜禽养殖自动化环境调控，克服了传统人工监测控制滞后、误差大及采用单一环境因素评价舍内复杂环境不准确等弊端，为畜禽创造一个能发挥其优良生产及繁殖性能的舒适舍内环境。

五、畜禽智能化辨识技术与装备

比利时学者 Berckmans 最早提出精准畜牧业的概念，即连续、直接、实时监测或观察动物状态，使养殖者及时发现和控制与动物健康和福利相关的问题。近年来，畜禽个体识别技术发展迅速，主要表现为利用机器视觉、物联网等先进技术，对畜禽个体、生理指标和行为活动等进行自动识别，实现智能化饲养管理，为畜禽的养殖管理和健康预警提供技术支撑。

（一）生理指标识别

畜禽体重和体尺是评价畜禽生长的重要参数，定期检测其变化可有效评估畜禽的健康和生长状况。传统畜禽体重、体尺测量主要靠人工操作，存在工作量大、耗时费力、测量结果不客观、对动物应激大等缺点；由于动物体尺、体重等生长参数之间存在相互关联性，可利用体尺等生长参数预估动物体重。目前，国内外采用计算机视觉技术进行畜禽体尺体重测量，构建了单视角点云镜像、基于双目视觉原理和 RBF 神经网络等测算方法，在不影响畜禽的情况下通过拍摄和计算，评估动物体尺、估算体重，测量结果准确度较高。

畜禽体温和心率数据是判断其健康状况的重要指征，传统的测定方法存在时间长、交叉感染、工作量大、动物应激大等问题，不能适应规模化养殖业的需求。目前，体温、心率的测定主要是基于无线物联网、红外测温、视频成像和心电传感等技术，研发的畜禽体温实时监测采集和心电监测系统，尚处于实验室阶段，难以在生产中准确测量畜禽体温和心电等数据。

（二）声音识别

畜禽声音识别和定位是研究畜禽行为、反映畜禽健康的重要手段之一，对畜禽声音信号进行特征辨识和定位，能够提高异常行为辨识的准确率，帮助养殖企业及时掌握畜禽健康状况。现有的声源识别和定位技术主要采用麦克风、拾音器等收录设备将畜禽叫声、饮水声和咳嗽声等声音信息实时录制，并建立声音分析数据库，辨识畜禽异常发声，对早期疾病进行预警。比利时鲁汶大学等研究开发的猪咳嗽声音识别技术已经应用到欧洲猪场的实际生产中，可以自动识别不同原因引起的咳嗽声，并排除非呼吸道疾病引起的咳嗽声，从而有效减少抗生素的使用等。

（三）个体识别

个体识别是畜禽精准养殖管理的重要基础，主要包括图像识别和电子耳牌 2 种技术。图像识别近年来发展较快，如人脸识别技术已经得到广泛应用。但对动物的图像识别技术，如猪脸识别等目前尚处于探索阶段。电子耳标技术在母猪饲养上已有较多应用，但轻便小巧、便于佩戴、省电或具有自供电能力又方便获取信号的新型电子耳标尚有待开发。近年来开发应用较多的是采用手持机进行读写的方式，可实现个体的用料、免疫、疾病、死亡、称重、用药、出栏记录等日常信息管理，可追溯性较强。随着射频识别（RFID）电子耳牌的国产化，耳牌价格大大降低，应用范围将不断扩大。

（四）智能化饲养技术与装备

畜禽饲养技术与装备不仅决定着畜禽的饲养方式，影响畜禽养殖的环境条件，与畜禽健康和畜禽产品质量安全直接相关，而且影响生产效率、生产成本和生产效益。欧盟自进入 21 世纪以来，在畜禽饲养技术与装备方面陆续研发了新一代的养殖新工艺技术。例如，改母猪定位饲养为群养，结合母猪个体识别技术、智能化精准饲喂技术、发情识别技术和自动分群技术及系列设备的研发与应用，彻底解决了母猪定位饲养的繁殖障碍病，从而使得每头母猪年均提供的断奶仔猪数（PSY）从不到 25 头提高到 30 头以上。通过对畜禽饲养技术与装备的转型升级，欧美国家为畜牧业的可持续发展奠定了基础。我国目前发展的畜禽养殖现代化技术与装备，主要是参照美国的工业化与集约化养殖模式，在精准饲喂、自动化清粪和畜禽产品自动采收等方面取得一定进展，但研究成果缺乏系统性。

（五）精准饲喂

智能化精准饲喂已成为畜禽健康营养供给的重要措施。精准饲喂不仅可解决人工饲喂劳动强度大、工作效率低等问题，而且能满足畜禽不同生长阶段的营养需求，提高畜禽健康水平和生产效率。综合利用机电系统、无线网络技术、Android 技术、SQL Lite 网络数据等智能化技术手段，研发猪用电子饲喂站和智能化饲喂机等基于信息感知、具有物联网特征的畜禽智能饲喂系统，在荷兰、丹麦、德国等欧盟国家可实现畜禽精细化、定时定量、均衡营养饲喂，提高饲喂效率和饲料利用率。我国目前在精准饲喂的日粮配置、不同生理阶段日粮营养需求模型、畜禽养殖环境与个体信息数据的精准采集、畜禽养殖数据库的建立与应用等方面缺少产业化研究开发，影响了饲喂装备技术的智能化开发应用。

（六）自动清粪

采用自动干清粪工艺方式是畜禽健康生产管理和粪污综合治理的重要前提。自动化清粪主要利用动物行为、机械设备和自动控制等技术，优化设计清粪工艺方式，改水泡粪工艺为机械刮板清粪、传送带清粪或清粪机器人等自动化清粪技术及装备，克服传统人工清粪工作效率低、劳动强度大、工作环境恶劣等问题，可实现畜禽养殖粪便的舍内高效清除和场内自动转运，为改善畜禽舍清洁状况、提高饲养管理效率和推动清洁养殖提供技术支撑。

（七）畜禽产品自动采收

畜禽产品的自动收集（如挤奶、集蛋等）是现代畜牧业的重要标志之一。机械自动收取不仅能降低劳动强度、节约劳动力成本，而且可大幅提高生产效率。基于智能控制系统及配套装置设计研发的自动化挤奶机器人、捡蛋机器人、自动集蛋系统等畜禽产品自动或半自动收取系统现已广泛应用于国外规模养殖场，极大地提高了生产效率和产品质量。

六、存在问题

我国畜禽养殖规模化程度不断提高，但畜禽养殖主体仍是中小规模的养殖户，总体机械化水平不高，畜禽养殖的机械化率尚不到1/3，尤其是智能养殖技术与装备尚处于起步阶段。畜禽养殖环境调控、精准饲喂、清洁型自动清粪、畜禽健康识别与预警等信息化智能养殖技术方面与发达国家仍存在较大差距，并且成本较高，缺乏具有自主知识产权的智能化技术装备。畜禽养殖环境与设施装备技术对畜禽健康养殖产业支撑不足是影响畜牧业可持续发展问题的关键，因此，提升养殖智能装备技术与解决畜禽生物安全问题、环境污染问题、产品质量问题及饲料资源浪费问题密切相关。我国养殖环境控制及智能养殖设备技术的主要瓶颈有3个：

1. 缺乏畜禽智能养殖创新团队，智能养殖装备技术落后

养殖发达国家正快速推进智能化养殖技术，形成了系列成套的养殖装备，并逐步开始应用智慧畜牧业技术提升畜禽健康、生产水平、生产效率和产品质量。而智能养殖在我国还处于探索阶段，缺乏相应的人才团队、技术和装备支撑，智能养殖主要依托于引进国外技术装备，投入成本高，并且引进的装备技术多为国外20世纪90年代应用的技术（目前这些技术模式已在发达国家淘汰）；同时，由于畜禽养殖的智能化控制软件因其源程序不开放，控制模型不能根据用户当地情况的变化而进行调整或自行改进，难以建立畜禽场自身有效的数据库。此外，我国各地的自然气候条件与技术引进国差异较大，不改造最终也都是难以直接适用。照此下去，预计到2025年欧美发达国家的畜牧业就已经基本实现福利养殖技术的转型升级，我国的畜禽养殖装备技术与发达国家的差距就可能又被拉大到25年以上。

2. 畜禽智能养殖标准化体系缺乏 目前，针对畜禽智能化养殖装备及产品研发的企业及相关产品增加迅速，但同类型的产品毫无规范可言，基本上处于相互模仿阶段，缺乏专业的行业指导。同时，畜禽养殖过程中缺乏智能环境调控、智能辨识、智能饲养的标准化体系，不能实现对采集的信息进行处理，并智能调控相应养殖装备，达到最佳环境、健康水平或者生产性能的目的。

3. 环境调控与智能化养殖装备科技成果转化滞后 目前，国内畜禽智能化养殖装备技术的研究基本还停留在科研试验层面，在智能感知信息技术的数字化、精准化方面跟不上，智能养殖装备技术与针对不同区域、不同养殖模式、不同养殖规模的标准化圈舍设计及养殖工艺参数不配套，导致养殖工艺-设施设备-环境控制技术不匹配，科研成果转化与推广应用力度明显滞后，这就使得先进的养殖理念、养殖方式得不到很好的推广应用。

七、建议

1. 大力加强畜禽智能养殖技术攻关 从畜牧业可持续发展角度看，当前畜牧业存在的生物安全、环保安全和食品安全问题都与畜禽养殖环境调控及装备技术支撑能力不足有关。在畜禽环境智能调控、健康状态智能辨识、饲养过程智能技术装备研发方面，加强本土化技术攻关，研发具有自主知识产权的智能化福利养殖技术与装备，降低生产成本，缩短与国外技术水平差距。

2. 完善畜禽智能养殖标准化体系 畜禽养殖标准化一直是我国畜牧业发展的方向，也是加快畜牧业生产方式转变、发展现代畜牧业的重要内容之一。应根据畜禽养殖环境控制需求，采用标准化生产管理及控制体系，监控管理畜禽生产过程中热环境、空气质量、光环境等养殖环境，以及动物生理和行为福利的智能监测，以确保动物健康和高效生产，推进人工智能技术与畜禽养殖高度融合。

3. 加快促进畜牧环境调控与智能化养殖装备科技成果转化 支持应用开发类科研院所建设科技成果转化平台，提升共性技术的研究开发和服务能力；积极扶持高等院校、科研院所、企业联合攻关和科技成果转化，使畜禽智能养殖方面的新技术、新方法、新设备从理论走向实践，从实验研究走向试验示范，为应用于实际生产打好坚实基础。

第五节 动物福利

一、动物福利的概念与原则

动物福利（animal welfare）是指动物如何适应其所处的环境，满足其基本的自然需求。科学证明，如果动物健康、感觉舒适、营养充足、安全、能够自由表达天性并且不受痛苦、恐惧和压力威胁，则满足动物福利的要求。而高水平动物福利则更需要疾病免疫和兽医治疗，适宜的居所、管理、营养、人道对待和人道屠宰。动物福利尤指动物的生存状况；而动物所受的对待则有其他术语加以描述，如动物照料、饲养管理和人道处置。

动物福利萌生于20世纪60年代初，正是集约化生产模式在世界各地刚刚开始流行的时代。可以说，动物福利就是针对集约化生产中存在的诸多问题而提出的，如疾病增多、身体损伤加剧、死淘率增加、异常行为增多等。这些生产性问题在粗放式管理条件下并不突出，但却常见于集约化生产方式。如果对这些问题进行综合分析、判断，可以断定：不是品种问题，也不是营养问题，更不是繁殖问题，而是集约化的生产方式，是畜禽根本无法适应这一新生产方式的结果。因此，科学家们对现行的动物生产提出了“动物福利”一词，旨在通过生产工艺的改进，使其更趋合理，减少诸多问题的出现，提高整体生产力水平。

（一）动物福利概念

由 5 个基本要素组成：

生理福利，即无饥渴之忧虑；

环境福利，也就是要让动物有适当的居所；

卫生福利，主要是减少动物的伤病；

行为福利，应保证动物表达天性的自由；

心理福利，即减少动物恐惧和焦虑的心情。

（二）国际标准动物分类

按照国际公认标准，动物被分为农场动物、实验动物、伴侣动物、工作动物、娱乐动物和野生动物 6 类。

世界动物卫生组织尤其强调了农场动物的福利，指出农场动物是供人吃的，但在成为食品之前，它们在饲养和运输过程中，或者因卫生原因遭到宰杀时，其福利都不容忽视。

“6 类动物”的表述出现在世界动物保护协会《世界动物福利宣言》中，在主要原则部分第四条：要深入发展和制定动物福利的适当原则，诸如规范和管理农场动物、伴侣动物、实验动物、工作动物、野生动物和娱乐动物的动物福利原则。

（三）动物福利原则

1965 年，英国政府为回应社会诉求，委任了 Roger Brambell 教授对农场动物的福利事宜进行研究。根据研究结果，于 1967 年成立农场动物福利咨询委员会（1979 年改组为农场动物福利委员会）。该委员会提出，动物都会有渴求“转身、弄干身体、起立、躺下和伸展四肢”的自由，其后更确立动物福利的“五大自由”。

按照现在国际上通认的说法，动物福利被普遍理解为“五大自由”：享有不受饥渴的自由，保证提供动物保持良好健康和精力所需要的食物和饮水；享有生活舒适的自由，提供适当的房舍或栖息场所，让动物能够得到舒适的睡眠和休息；享有不受痛苦、伤害和疾病的自由，保证动物不受额外的疼痛，预防疾病并对患病动物进行及时的治疗；享有生活无恐惧和无悲伤的自由，保证避免动物遭受精神痛苦的各种条件和处置；享有表达天性的自由，被提供足够的空间、适当的设施以及与同类伙伴在一起。

为了更好地理解动物福利的“五大自由”，英国家畜福利组织对动物福利基本的必备条件作了进一步说明。必备条件中有的容易理解和做到，有的则非常困难，主要针对动物生理或行为上的种种需要，具体归纳有以下 10 点：一是生活舒适，有适当的遮掩保护设施；二是充足而洁净的饮水和维持动物健康与精力充盈的日粮；三是能够充分自由地活动；四是有其他动物（尤其是种属相近者）陪伴；五是能够根据动物的自然习性来运动；六是确保动物在白天得到光照，为了能随时对动物进行检查，照明设备要良好运转；七是地板的构造与材料既不能对动物造成损伤，也不能导致不应有的过度疲劳和紧张；八是能够预防、快速诊断与治疗动物的种种恶习、损伤、寄生性传染病及其他疾病；九是尽可能避免对动物身体造成不应有的残毁（如断喙、断趾、去势和去角等）；十是对火灾、机械设备故障以及饲料饮水供给中断等紧急突发事件有所防范和准备。

基于“五大自由”原则，可以看到现行集约化生产中的许多生产工艺无法满足“五大自由”原则。因此，动物福利问题在集约化生产各环节中是很突出的。

二、动物生产与动物福利

（一）畜禽舍工艺与动物福利

在现代化集约型畜牧业中，对大规模聚集的畜禽管理是一柄双刃剑，管理得好就能成功，否则就会失败。应当强调的是，给动物饲喂大量的药物和生长促进剂不仅事关动物福利的问题，而且这些动物产品的安全性也引起了人们关注。已经有不少学者断言，这类物质在肉、蛋或者奶中的残留对人体有害，长期使用还会导致微生物产生抗药性。一直以来都有人坚持认为没有药物的持续辅助，畜牧业生产管理体系就不能良好地运作。这正说明了现行集约化生产中存在的问题越来越严重，负面的作用越来越凸显。

1. 饲养密度和规模与动物福利 饲养密度又称载畜率。高饲养密度不仅有利于降低生产成本，它又是现代动物生产体系工艺主要特征的体现，也是现代动物生产方式的代表。但高密度饲养无疑会给动物的健康和福利带来很大的负面影响。过度拥挤使动物易感染各种疾病，并使舍内有害气体的浓度大大提高，在育肥猪的生产中这些问题十分突出。

设计饲养规模的首要准则是应该适度，既能够为动物提供尽量多的活动空间，又能对圈舍进行彻底清扫和消毒时不会影响动物。另外，适宜的动物饲养规模对顺利实施“全进全出”制也具有重大意义。

2. 舍内地面与动物福利 在集约化生产体系中，舍内地面的影响也是动物福利研究领域的重要课题之一。许多动物福利科学家认为，只有那些铺着秸秆或垫草的地面对家畜而言才是最自然的，是家畜最喜接受的地面。在集约化养猪或奶牛生产中，最常见的是水泥地板、漏缝地板和多孔地板，其中以漏缝地板居多，有采用塑料或金属材料的，如仔猪保育床的漏缝地面和母猪产仔限位栏地面。

使用漏缝地板主要是为了减轻管理人员的劳动强度，避免动物通过粪便感染病菌或寄生虫，并且便于管理。但水泥漏缝地面给动物带来的危害主要表现为身体损伤，特别是肢蹄病，如蹄部溃疡、腐腿症等。金属漏缝地面能导致母猪的乳头、肘和蹄部损伤。漏缝地板的问题与设计无关，特别是缝隙的宽度。如果宽度过窄，粪便下漏的效果不好；而过宽易导致蹄部损伤。研究表明，因漏缝地面设计不合理、材料选择不当，导致屠宰时有60%的个体有不同程度的蹄子损伤。另有调查结果证实，几户

100%的母猪存在蹄子损伤现象，有35%的哺乳仔猪、41%的断奶猪和66%的育成猪的蹄子受到不同程度的影响。西方国家的奶牛舍也多采用漏缝地面，生产中奶牛腐腿病的发病率为5%～14%。由此可见，畜禽舍地面的选择不当将会对动物健康构成极大威胁。相反，为舍内地面散养的蛋鸡提供厚垫料、栖架和产蛋箱，能够较好地满足鸡的行为需要。

3. 生产工艺与动物福利 在高密度集约饲养的工厂化养猪体系中，妊娠哺乳母猪栏位的设计显然存在突出的矛盾。母猪在单体栏里的“禁锢”式饲养，明显减少了维持需要行为的表达，其运动大大受到限制。母猪在枯燥乏味的环境中渐渐产生慢性应激，从而导致母猪分娩时间延长、难产、消化不良和断奶后母猪发情效果差。

在育成猪栏舍的设计上，为考虑生产效益往往侧重于保温，而忽视了其他有关动物福利的条件。其实，仔猪爱嬉闹，有用吻突摆弄物体和掘地的行为要求。由于猪舍内环境受限，仔猪的嬉闹及玩耍行为特征无法满足，使猪在该环境中产生枯燥感觉，因而引起仔猪的咬耳、咬尾等异常行为，影响仔猪的日增重。生产中为克服上述问题，往往采用断尾措施，以避免咬尾的发生。咬尾问题不是仔猪的习性，而是仔猪生长过程中由于环境刺激严重匮乏所致。断尾只是从某种程度上减弱了咬尾，并不能完全杜绝。因为仔猪的咬尾动机并未因失去尾巴而消失。可见，断尾既不符合福利要求，也不能从根本上解决问题。

（二）健康与动物福利

在所有因素当中，动物是否拥有良好的健康是最重要的。在多数人看来，集约化饲养存在大量问题，自由散养相比要好得多。在生产实践中，真正需要考虑的因素可能是迥然不同的。处在自由放养环境下的动物也能遭遇相当多的损伤，如外界气温过高或过低都会导致动物体产生不适反应。无论是集约化还是其他方式的生产体系，都要求良好的卫生与健康环境，对于饲养各种动物的管理者来说是一种必须履行的义务。如果患病动物得不到及时救助，那就是管理者没有对它们尽到职责，使动物遭受不必要的痛苦。因此，与影响动物福利的其他因素相比，良好的卫生环境可以说是动物生产至关重要的条件。

在现代集约化生产中，动物饲养体系也是决定动物健康的关键因素。但正如前面所提到的，大量疫苗和抗生素的使用在畜禽生产中十分常见。用药物控制疫病和维持有利的生存环境是可以保证动物健康的，但是，从本质上来说，要使动物获得真正的健康，就意味着饲养体系要为动物提供全价日粮和满足其生理及生产需要。

涉及健康问题比较多的畜禽生产体系中的主要因素有以下12个方面：过于拥挤、各种年龄段的畜禽混养、畜禽在畜禽舍或圈栏间的调动过多、通风和环境控制不良、排泄物及废弃垫草处理不当、饲料供应和饮水设备不足或不够卫生、缺乏良好的日常消毒措施、营养方面存在维生素或矿物元素不足等缺陷、饲料易受到各种霉菌和毒素的污染、建筑物保温隔热性能差、不能对外来人员实行有效的严格控制导致易传入疫病、对任何可能出现的问题反应能力不足。

（三）管理人员素质的影响

管理人员的素质无疑也是一个关键因素。这里所提到的素质不仅是指管理人员的专业素质，更主要强调管理人员对待动物的责任心和爱心。如果管理人员不具备胜任管理岗位的资格，难以做到既勤奋又敬业，管理水平就跟不上动物生产的需求，也难以满足动物福利的需求。作为优秀的畜禽管理者，每个人都有自己的观点或标准，是否优秀取决于技能加责任的综合素质，而不是用科学理论知识来衡量。因而，他们进行系统而深入的专业培训和严格的责任心要求是非常有必要的。在英国，除了农业院校的畜牧专业课程所讲授有关畜牧业生产和管理的基本知识之外，全国的农业培训组织和当地教育机构也开设一些相关的课程进行广泛培训。现代集约化畜牧生产体系集中了各种各样的生产技术和管理方法，需要对畜牧工作者开展经常性的培训，使他们能及时准确地把握新工艺的原理和新设备的使用要求，不断矫正和提高生产管理水平。大量的事例表明，对于畜禽的有效管理，精心往往比技能更为重要，因为一个不懂技术而有责任心的管理者会使用正确的技术人员及时上岗处理问题；而一个只懂技术而责任心差的管理者，即使他知道生产中出现了什么问题，也很难保证做到及时到位。因此，动物福利要求生产管理者必须既具备技术知识，又要有较强的责任心。

（四）运输的影响

随着城镇居民数量增加，城市市场规模日趋扩大，必然要求将动物从农场运送到城市附近集中屠宰，然后上市销售。尽管人们使用各种各样的运输工具，如汽车、火车、轮船或空运方式来运输畜禽，但是无论使用哪一种方式对畜禽都会造成不利的影响。而且，近些年由于跨地区和国际贸易不断加大，经济利益驱使养殖者不惜长途跋涉将畜禽从养殖场运往各地市场。运输，无论距离长短，对畜禽而言都会产生急性应激。一方面，运输过程给畜禽带来的危害相当严重，甚至导致畜禽在运输过程中死亡。应激使运输中的畜禽产生不良的生理和生化反应，表现为心动过速、脱水、呼吸困难，严重者会出现应激综合征。以猪为例，有一种与运输有关的最常见猪应激综合征，它是由交感神经系统产生的急性应激反应，表现出一些明显的应激体征：呼吸困难、皮肤苍白、高热和肌肉僵硬，易造成动物严重损伤，甚至死亡。屠宰后，肉食品的安全和卫生质量大幅度下降，容易产生 PSE（pale，soft and exudative）肉（苍白、柔软、渗水）和 DFD（dark，firm and dry）肉（深色硬干肉）。特别是一旦运输时间过长，给畜禽带来的影响更大。例如，猪群经过 1～2d 的运输，每千克活重会减少 40～60g，死亡率为 0.1%～0.4%；当温度高于 35℃时，120kg 的猪只死亡率可能上升到 0.27%～0.3%。

可见，运输不仅给畜禽带来严重的不良反应，也给畜牧经济带来较大的损失。据美国家畜保护学院 20 世纪 70 年代的统计资料表明，畜牧业每年因屠宰前的运输所造成的经济损失达 1 500 万美元，而因胴体品质下降造成的经济损失达到 4 600 万美元。由此可见，畜禽运输上的问题应当得到高度重视：一方面是基于动物福利的考虑；另一方面是考虑经济效益，以挽回不必要的经济损失。欧洲共同体指导委员会于 1991 年发布了动物运输期间的保护规程，已经有政府立法批准通过。消费者们要求动物在包括运输过程的整个生产链中得到良好的待遇，运输条件和运输对动物福利的影响越来越多地成为人们探讨的主题。

（五）屠宰的影响

屠宰动物是否遭受痛苦，主要取决于屠宰的程序，包括屠宰前的管理方式及屠宰过程中的手段。许多国家规定，屠宰动物必须使用 500～600V 的高压电（根据动物的大小决定），以便屠宰前能将动物击昏。这样既便于屠宰操作，又可减轻动物的痛苦，也避免了屠宰过程中动物的挣扎，从而减少因皮下局部淤血而造成的胴体品质下降。

一般说来，动物在屠宰前需要进行再分组或混群，等待屠宰的时间不宜超过 20min，屠宰前最好有 2～3h 的休息时间，使动物从运输应激状态中逐渐恢复过来。如果等待时间过长，重组后的个体互不相识，极易发生争斗。争斗不但会使动物产生应激反应，还会导致身体部位的损伤而影响胴体品质。在英国，超过 40%的胴体有争斗过的痕迹，其中 4%的胴体等级受到影响。屠宰前的数小时对肉质的影响最大，因此在这段时间内对动物管理的要求较高，应减少动物的应激反应，还需满足其行为上的需要，为动物提供良好的福利和充分的保护。

目前，我国在屠宰运输和屠宰方法方面没有明确的规定，因此动物福利问题也比较突出，这将成为制约我国畜禽产品出口的潜在技术问题。

三、动物福利评价体系

决定动物福利好坏的标准不取决于人的主观判定，而是来自对福利的客观评价，这种评价是建立在科学依据之上的。畜禽福利的好坏直接关系到消费者的健康、畜禽产品能否获得消费者的青睐。因此，有必要对畜禽的饲养、运输、屠宰环节的福利、健康和管理水平进行客观的评价。评价指标的选择要有科学依据，并可用于实践。每个指标的选择都是人为根据评价目标而设定的，因此，在动物福利的评价体系中，主观评价和客观评价共存，只能通过不断完善，尽量做到客观评价。动物福利评价指标的确定是该领域一直存在的难点问题，近年来，已经开发出多种科学方法来评估动物福利，主要应用行为和生理指标评价畜禽适应饲养环境的能力。

（一）评价标准

评价动物福利的高低需要相应的标准来衡量。世界动物卫生组织（OIE）强调，动物福利应该以科学为基础，提出动物福利的8个标准，分别为动物海运、动物陆运、动物空运、动物屠宰、基于疫病控制的扑杀动物、流浪狗数量控制、科研和教育目的动物使用、肉牛生产系统和动物福利。目前，动物福利领域存在多种标准共存的局面，有企业标准、行业组织标准、政府标准、国际组织标准等，不同学科建立的标准也是不一样的。建议在OIE《陆生动物卫生法典》的基础上，制定出科学的、可操作的、符合我国国情的动物福利标准。

（二）评价方法

科学评估动物福利要考虑多种因素，没有一种方法是完全可行的，需采用不同方法综合评价动物福利。以下分别介绍以生理和行为、疾病和生产、消费者、科研角度为基础的评价方法。

1. 以生理和行为为基础的评价方法 在畜禽饲养过程中，“应激原”可能会引起疾病、伤痛和死亡。生理和行为指标可以用来评价福利水平的高低，如心率、温度和呼吸频率变化，皮质醇浓度变化、畜禽死亡、疾病行为、疼痛行为等。然而，在设计试验时需要考虑应激的类型和持续时间，畜禽的种类、年龄和状态，才能得到各种生产系统下的不同品种的有效评价结果。

2. 以疾病和生产为基础的评价方法 畜禽生理机能受到疾病和过度生产的影响会导致行为和生理发生变化，这些改变产生消极感受（疼痛、不适）和消极情绪（恐惧、沮丧），从而降低福利水平，甚至导致动物死亡。疾病意味着福利低下，良好的福利防止动物个体患病，使动物对病原体的抵抗力更强。当生产需求过度，如拥挤的圈舍、快速生产、产奶量高等，疾病的出现会降低畜禽的生产，提高发病率。高产奶牛的代谢消耗问题、跛足问题严重影响奶牛福利水平。

3. 以消费者为基础的评价方法 畜禽产品是提供给广大消费者的，对其福利外在的价值进行评估，有助于优化动物生产和消费者对畜禽产品的需求。贴有动物福利标签的禽蛋和肉类是否能够得到消费者的认可，需要采用调查问卷的方式，询问消费者后即可以得出评价结果和建议，然后将数据反馈给生产者，以此改善畜禽动物福利。由于调查问卷主观意愿强，所以评价结果的准确性有待提高。

4. 科研角度 动物长期处于惊恐的环境中，不仅生理方面会患病，心理上也会患病。把这样的动物用于动物实验得到的数据的准确性也会令人质疑，至少会影响到科学研究所得出的数据的有效性和准确性。同时，这也意味着疾病模型的设计、药物和药剂研究，以及化学毒性检测的结果都会受到影响。给予动物相应的福利待遇，对提高科研工作的准确性而言，有着重要的意义。

四、动物福利的应用

（一）新养殖替代方式的尝试

目前，一些西欧、北欧以及加拿大等国都在试图改进生产方式来提高动物的福利，主要集中在养猪及养鸡生产方面。例如，在荷兰和挪威等国母猪的群养及育肥猪的散养都十分普及，产蛋鸡的散养及厚垫料舍饲也相当普遍。在荷兰，计算机控制的母猪管理系统正在普及，但遇到的问题也比较多。这些改进的目的都是为动物提供更多的自由活动空间及自由表达其行为的机会，以提高动物福利状况，但这些改进并未根本地解决动物福利问题。调查结果表明，在荷兰，由计算机控制的母猪群养体系发生猪在采食时阴部被咬伤现象占50%，这种现象多为猪舍设计及饲养工艺不合理所致。目前，蛋鸡业发展趋势主要有两种方式：一种是自由散养式，另一种是大型舍饲系统。前者是一种房舍带运动场的管理形式。在这一生产条件下，每只鸡每天耗料大约120g，整个产蛋期能产蛋270枚左右（相当于笼养的70%）。这种生产规模主要满足当地需求，并且不会给环境带来污染。后一种模式是舍内的散养形式，它可以提供给鸡上下活动及表现各种行为的空间，有厚垫料地面、栖架及自由选择的产蛋箱，这也就是在英国、荷兰和瑞典等国已广泛研究和试制的“配置型”鸡笼。与笼养方式相比，散养的生产率要略低一些，而生产成本则高。总之，新生产方式的目标既要能够满足动物福利的要求，又能保证动物生产的利益。虽然当前国际上还没有一个成型的、符合某一动物品种的福利性生产模式，但各国在试图寻找一个符合本国标准的模式。

（二）我国动物福利现状和前景

近年来，动物福利在我国已经引起了一些学者的兴趣。兴趣主要来自学术研究方面，以了解国外学术动态为目的，还没有成立相应的动物福利组织或机构，更没有提出立法保障。动物福利在我国尚未开展实质性的研究，这主要与我国的动物生产力水平及生产经营方式有关。同时，也取决于我国的传统文化及风俗习惯，也与我国整体民众的观念有关。就目前来看，动物福利在我国还不可能成为人们日常讨论的热点，有以下3个方面的原因：

1. 我国的社会福利远没有达到人们要求的标准，因此，人们也就不会把注意力放在动物福利上。只有当我国的社会福利达到一定的标准以后，人们才会对动物的处境产生同情，对动物福利才能提出基本要求。

2. 在我国过早地让动物生产者和消费者们考虑动物福利问题会适得其反，会挫伤动物生产者和经营者的信心。因为在现阶段我国的动物生产者和消费者还没有完全接受动物福利理念，因为它会增加畜禽产品的成本，提高人们的消费负担，接受它就等于降低人们的生活水平。

3. 集约化畜牧生产在我国起步不久，传统的饲养方式仍占较大比重，动物福利主要是集约化生产方式的产物。因此，动物福利不是我国目前生产中的主要问题，主要问题仍然是如何提高生产力水平。

那么，动物福利在我国的前途如何呢？上面提到的 3 个原因是动物福利在我国发展的制约因素，它的制约作用也只是暂时性的。因此，在我国开展动物福利工作仍十分必要，原因有以下 3 点：

1. 动物福利的研究具有学术方面的价值，有利于国际间的学术交往，扩大了解国际社会在这一领域的研究现状及学科发展动态。

2. 通过动物福利问题的研讨，有助于汲取国外的经验，少走弯路，合理设计我国自己的畜牧业生产之路。因为动物福利的现状表明，西方现行的集约化生产管理方式存在不合理、不科学的一面。

3. 向动物生产者介绍动物福利知识，强化他们的道德意识，有利于提高我国动物产品在国际市场上的竞争力。

总而言之，动物福利是近年来发展起来的一门新学科，它是动物生产高度集约化及西方社会文明的必然结果。动物福利问题不仅是学术问题，也包含社会道德的内容。在西方，由于人们对动物福利十分关注，动物福利运动已经开始冲击现行的生产方式。因此，研究动物福利的目的是为集约化生产寻找一条新出路，既满足人们对动物福利的要求，又满足动物生产者的利益。目前，虽然在我国开展动物福利研究及宣传动物福利思想都还存在一些限制因素，但不会阻碍它的发展。动物福利在我国的研究会使我们少走弯路，其研究结果能指导畜牧业生产，使我国的动物福利随着社会文明的进步而发展。

第二章

畜禽与环境

第一节　畜禽环境的基本概念和分类

一、畜禽环境基本概念

1. 环境　环境是相对于某项中心事物而言的，它是作为该中心事物的对立面而存在的。对畜禽环境而言，“中心事物”是畜禽，环境则是畜禽生存的环境，或者说是指环绕于畜禽居住空间周围的各种客观环境条件的总和。畜禽与环境的关系，主要是通过畜禽的生存、生长发育、繁衍后代表现出来的。一方面，畜禽从外界环境中不断获取物质、能量和信息的同时，受到各种环境因素的影响；另一方面，畜禽也影响着周围环境，其影响的性质和深度则随着环境条件的不同而发生变化。

事实上，畜禽环境是一种综合性的生态环境，包含着许多性质不同的单一环境因子。根据环境因子的性质，畜禽环境包括空气环境、水环境、光环境以及其他环境因子。空气环境因子主要包括空气温度、相对湿度、气流速度、热辐射等热环境因子，空气成分、有害气体、空气微生物、空气中的微粒等空气环境质量因子；水环境因子主要是指水源、水质以及供水、排水和污水处理系统；光环境因子主要为光照及辐射。

2. 畜禽环境　畜禽环境指存在于畜禽周围，对畜禽个体产生直接作用，影响畜禽生存和健康的外界因素的总和，是研究外界环境因素对畜禽作用和影响的基本规律，并依据这些规律制定利用、保护和改造环境的技术措施的一门学科。

对于畜禽环境来讲，中心事物就是畜禽，畜禽环境就是畜禽的生存环境，是以畜禽为中心事物，作用于畜禽这一客体的所有外界条件和因素的总和。它是畜禽赖以生存生长发育和繁衍后代并发挥其生产性能的空间，充满着多种不同结构、不同特性和不同运动状态的物质。

畜禽环境从广义上说，包括内环境和外环境两大部分。一般说的环境，即狭义的环境，是指相对于内环境而言的外环境，即存在于畜禽周围，对畜禽个体产生直接作用，影响畜禽生存和健康的外界因素的总和。主要包括空气、水域、土壤等。

有时也用生境这个概念。生境是环境的一部分，它是动物生存所依赖的特定的生活环境，即在一定时间内对动物生活、生长发育、繁殖以及对动物的健康、数量分布有影响的外界条件的总和。

畜禽环境是由组成畜禽生存环境中的各个单一因子（或称因素）组成的，把组成畜禽生存环境的每个单一因子都称作环境因子（因素）。

3. 环境因子 环境因子是可直接或间接对畜禽发生作用的与畜禽生活和生产有关的一切外界环境因子（因素）。例如，空气的温度、湿度、气压、气流、太阳辐射、降水等。它们所构成的温热环境就直接影响畜禽的体热调节，从而影响到畜禽的健康状况和生产性能。在生态学中，环境因子又可分为生态因子与非生态因子。

4. 生态因子 生态因子是周围环境中对畜禽具有直接的、明显作用的环境因子。生态因子又可分为生存条件和非生存条件。

5. 生存条件 生存条件是指对畜禽的生长、发育、繁殖和数量分布具有决定影响的必不可少的环境因素，如水、蛋白质、糖、脂肪、矿物质、维生素六大营养物质。

6. 非生存条件 非生存条件是相对于生存条件而言，那些次要的、对畜禽影响较小的生态因子，则被称为非生存条件。非生态因子是指对畜禽的作用不明显或暂时无作用的环境因子。

生态因子和非生态因子之间、生存条件和非生存条件之间是动态的，在一定条件下是可以相互转化的。

7. 内环境　内环境是指畜禽机体内部一切与其生存有关的物理的、化学的、生物的因素组成的环境。

内环境即畜禽体内的环境，包括体液的生理生化环境等。例如，体液的 pH、渗透压、各种盐离子浓度、营养物质的浓度，体液中各种酶和激养物质的浓度，体液中各种酶和激素的含量，以及微生物环境等。

8. 外环境　外环境按照人类干预程度的大小可分为自然环境和社会环境两大部分。

畜禽内环境与外环境之间随时进行着物质和能量的交换。在不断变化的外环境中，畜禽通过自身的调节机制，使机体与环境之间的物质和能量交换处于动态平衡状态，并保持内环境的相对稳定，这种状态称为体内平衡或内稳态（homeostasis）。但是，这种适应性调节能力是有限的，当环境变化超出其适应范围时，机体与环境之间的平衡与统一被破坏，畜禽的健康和生产力将会受到影响，严重时可导致畜禽死亡。

9. 自然环境　自然环境是畜禽赖以生存、生长发育和繁衍后代并发挥其生产性能的地球表面的大气、土壤、岩石、水域和生物（动物、植物、微生物等）等。按照环境因素是否有生命，又可将自然环境分为生物环境和非生物环境两大块。

生物环境包括畜禽生存环境中的动物、植物、微生物等构成的环境。

非生物环境是指畜禽生存环境中的空气、土壤、岩石、水体等构成的环境。根据其理化性质的不同，又可分为物理环境因素和化学环境因素。

10. 社会环境　社会环境是指人类在自然条件的基础上，通过劳动创造出来的并且和人类社会一起发展的外界条件。包括牧场建设、饲料条件、畜种选育等。

畜禽不能离开人类社会条件单独存在，畜禽环境在许多方面与人类的生存环境相近似。可见，畜禽赖以生存和发展的环境已不是原始的自然环境，也不是单纯的社会环境因素，而是在自然背景基础上通过人类改造加工形成的，它凝集着自然因素和社会因素的相互作用，体现着人类利用自然和改造自然的性质与水平，对畜禽的生存、健康和发展起着决定性作用。

二、畜禽环境因素分类

1. 物理因素 主要指温热因素（气温、气湿、气流、气压、太阳辐射等）、光因素、音因素等。

2. 化学因素 主要指空气、水和土壤的化学组成。

3. 生物因素 有益微生物、有害微生物、寄生虫、昆虫、野生动物、牧草等。

4. 社会因素 包括畜禽群体和人为的管理措施以及牧场、畜禽舍、畜栏、畜禽舍建筑物与设备等。

第二节 畜禽与环境的辩证关系

环境是动物赖以生存和发展的各种因素的总和，环境包括自然环境和社会环境。环境与动物相互对立又相互制约，相互依存又相互转化。环境给动物物的生存和发展提供了一切必要的条件，而动物通过调节自身以适应不断变化的外界环境；同时也不断地改造环境，创造有利于自身生存、发展的环境条件。动物对环境的改造能力越强，环境对动物的作用就越强。它在改造环境的同时，也将大量的废弃物带给了环境，造成了环境污染。废弃物对动物体健康产生了不良影响甚至危及生命。动物只有在适宜的综合外界条件下，才能正常生长发育、繁殖，表现出高的生产性能，生产出优质的动物产品。这一切都说明，外界环境对动物具有不可或缺的“有利”的一面。同样外界环境中也存在对动物有害的因素，动物处在有害的外界环境中，能发生保护性的反应，以保持体内平衡。

一、环境因素的两重性

从环境因素作用结果来看，环境因素对畜禽具有两方面的作用。

1. 有利的方面　环境是畜禽生存的必要条件。

（1）畜禽不断地与外界环境进行着物质和能量的交换。如畜禽吸入 O_2 排出 CO_2，从环境中得到营养物质。

（2）畜禽不断接受外界环境的刺激，增强体质、提高生产力。

2. 有害的方面　在有害因素的刺激下，当生理调节机能与有害因素的刺激保持平衡，机体产生保护反应而不出现病理状态；当机体反应能力低下或外界刺激的性质、数量和强度超过机体的适应能力时，机体呈现病理状态，甚至死亡。如适度太阳照射可以消毒空气，提高机体抵抗力，促进新陈代谢；而强烈太阳辐射会引发皮肤烧伤、中暑等。

研究外界环境因素的目的是“趋利避害”，保证畜禽健康生产。

二、环境与机体的平衡

在畜禽的生命活动中保持着两种平衡：一是机体与外界环境的物质和能量交换平衡；二是机体内环境的生理平衡。二者之间既相互依存又相互制约，是保持机体处于健康状态的基本条件。

1. 环境与机体的生态平衡　一方面，畜禽不断地从外界环境中摄取氧气、水和食物，作为维持生命活动的物质基础；另一方面，畜禽又不断地通过新陈代谢把代谢产物排泄到环境中去。环境与机体之间保持着一种动态平衡关系，即环境与机体的生态平衡。环境与机体的平衡是通过机体新陈代谢与周围环境不断进行物质循环和能量交换而实现。

2. 平衡的破坏 当环境中某种因素发生剧烈的异常变化而超出正常的生理调节范围时，就可引起机体某些功能、结构的异常反应，甚至出现病理状态，造成了环境与机体间生态平衡的破坏，机体出现非健康状态。

3. 影响环境与机体平衡的因素

（1）环境因素：环境因素特性、变化强度、作用于机体的持续时间等。

（2）机体状态：种类、品种、个体特征（年龄、性别、健康状况、生理条件等）。

三、畜禽养殖对周围环境的主要危害

随着我国畜牧业的迅速发展，养殖场及其周边环境问题日益突出，成为制约畜牧业进一步发展的主要因素之一，本部分介绍畜禽养殖环境污染和防治措施。

（一）畜禽排泄物的污染

畜禽排泄物包括从畜禽体内排出的有害气体、粪便、尿液及其分解产生的臭气，以及体表掉落的毛屑、绒毛等。

1. 对大气的污染 一部分养殖场和养殖大户对养殖粪便、垃圾随意堆放，仅作简单处理或处理不及时、不达标，养殖场周边空气腥臭，严重影响群众的生产生活。排泄物迅速腐烂发酵，产生硫化氢、氨气、硫醇、苯酚、挥发性有机酸等上百种有害物质，畜禽体内排出的有害气体，对大气造成污染，严重影响周围居民的健康。有害气体可造成酸雨、水体富营养化，甚至导致同温层臭氧浓度的变化。

2. 对水的污染 畜禽粪便通过污染地表水，进而通过土壤污染地下水。畜禽粪便和废水中含有大量的有机物氮、磷、钾、硫及致病菌等污染物并有恶臭，未经处理的高浓度有机废水的集中排放，大量消耗水体中的溶解氧，使水体变黑发臭、富营养化。例如，北京市有些集约化禽畜养殖仅有少部分粪尿废弃物在排放前经过无害化处理，绝大部分就近排入水渠汇入河道或渗入地下，一些养殖场距地面 100m 地下水中的氨、氮含量已超出正常值的 2～3 倍，严重危及养殖场周围地下水的质量和居民的健康，也影响了养殖业的可持续发展。

3. 对农田环境的污染　当前，畜禽粪便主要的消耗途径是作为有机肥料直接还田，畜禽粪便中含有大量的病原微生物和有害物质，如果不加限制地还田，其负荷超出了农田环境的消化能力，则会对环境构成污染威胁。

（二）畜禽场废物的污染

由于畜禽场废物管理不科学，畜禽场中洗刷工具、场地消毒和畜禽饮用后的污水、死的畜禽、孵化残余物以及屠宰场的废物、污水、下水、废气等随意丢排，蚊蝇滋生，细菌繁殖，极易造成疫病的暴发和流行，给畜禽防疫安全带来了极大隐患。同时，造成养殖场周围臭气弥漫、污水四溢，滋生大量蚊蝇和各种疾病，危及周围居民的健康，也造成畜禽发病率和死亡率的上升。

（三）畜禽体和畜禽产品中残留的有毒化学物质

对于畜禽饲料的质量很难进行控制和检测。南方一些地区，经常用发霉的粮食喂养畜禽；一些农产品生长环境和水源受到严重污染的地区，饲料和饮水中的许多有害物质会残留在肉、奶、蛋中。另外，为预防某些传染病的发生，对畜禽进行疫苗的接种和抗生素的服用，这些药品的残留会部分地存在于畜禽体内，畜禽产品中残留的有毒有害化学物质可通过肉、奶、蛋转移到人体内，对人体健康造成危害。

四、防治畜禽养殖环境污染的对策

（一）加强立法与管理，增强养殖户的环保意识

畜牧业带来污染的根源之一，就是没有健全的法规，缺乏管

理，养殖户环保意识不强。因此，针对这一问题应完善相应法规，合理布局，控制发展速度和饲养密度，分级管理、加强部门合作，多管齐下，对养殖污染实施全过程管理。按照“科学选址、统一规划、综合防治、环保达标”的原则，规划禁养区、限养区、适养区，引导养殖业主合理选址。坚持治污设施与主体工程同时设计、同时施工、同时使用，广泛宣传，加强技术指导和服务，积极引导、支持和鼓励对畜禽废弃物综合利用，提倡农牧结合、种养平衡，加强综合利用，减少排放，降低治理成本，提高环境效益、经济效益和社会效益。

（二）通过营养调控降低畜禽排泄物的污染

为获得高产，给畜禽提供过量营养是造成污染的原因之一。通过营养调控，最大限度地提高畜禽对营养物质的利用率是解决问题的重要手段。饲用酶制剂是高效、无毒副作用和环保型的饲料添加剂，既能提高饲料的消化率和利用率，又能减少畜禽排泄物中氮、磷的排泄量，保护水体和土壤免受污染。切实控制饲料组分中重金属、抗生素、生长激素等物质的添加量，保障畜禽养殖废弃物资源化综合利用的环境安全。

（三）改善畜牧业的饮水方式和粪便收集方式

采取清污分流和粪尿的干湿分离等措施，可以减少对地表水和地下水的污染。及时更换饮水设备，限制畜禽用水额度，建立粪便收集池，定点收集垃圾，设置畜禽废渣的储存设施，防止畜禽废渣渗漏、散落、溢流、雨水淋失。采用固液分离等污染防治措施，达到减量化的要求，做到达标排放或零排放。

（四）采用畜牧业废弃物资源化技术

土地还原，即把畜禽粪污作为肥料直接施入农田，利用土壤中的微生物达到分解有机质的目的。但要注意污染物排放量不能超过土壤的自净能力，否则就会出现降解不完全和厌氧腐解，产生恶臭物质和亚硝酸盐等有害物质，引起土壤的组成和性状发生改变，粪污当中的病原微生物也会造成土壤污染。

高温堆肥有无害化程度高、腐熟程度高、堆腐时间短、处理规模大、成本较低、适于工厂化生产等优点而逐渐成为首选的处理模式。粪尿厌氧发酵处理后，气体部分可提供能量，固体部分进行高温堆肥。通过对粪便高温烘干灭菌及高压膨化除臭，添加氮、磷、钾等元素，制成高效有机肥料，卖给农户。

畜禽粪便饲料化。由于畜禽粪便中含有大量未消化的蛋白质、维生素、矿物质、粗脂肪和少量碳水化合物，且氨基酸的品种比较齐全，所以是用作饲料的好原料。可以通过将畜禽粪便干燥处理、发酵处理、青贮、膨化制粒等作为饲料应用。

发酵产生的沼气成为廉价的燃料，也可以发电。分离出来的沼渣、沼液则成为优质肥料，不但保护环境，而且提高了经济效益。粪尿厌氧发酵能杀灭寄生虫、消除恶臭。沼渣、沼液制成肥料，能增加土壤有机质、碱解氮、速效磷及土壤酶活性，使作物病害减少，降低农药使用量，提高农作物产量和品质。此外，沼液还含有 17 种氨基酸、多种活性酶及微量元素，可作为畜禽饲料添加剂。

另外，生猪菌床养殖零排放养殖技术，利用生猪的拱翻习性，使猪粪、尿和垫料充分混合，被微生物降解。

引导养殖小区实行“猪-沼-果”“猪-沼-菜（苗木花卉）”“猪（禽）-渔”等生态立体养殖模式，减少畜禽粪便的排放，实现养殖业与种植业协调发展、良性循环。

（五）畜禽废水的处理

当代生物技术完全可以将畜禽养殖废水处理到排放标准，但费用较高，因地制宜地采用一些净化系统，如稳定塘、养鱼塘、水生物塘及土地处理系统进行处理，是非常经济可行的。应建立完备的排水设施并保持畅通，其废水收集输送系统不应采取明沟布设；排水系统应实行雨污分流制。处理后的水质应符合相应的环境标准，用于农田灌溉的水质应达到农田灌溉水质标准。

（六）畜禽尸体应按照有关卫生防疫规定单独进行妥善处置

染疫畜禽及其排泄物、染疫畜禽产品、病死或者死因不明的畜禽尸体等污染物，应就地进行无害化处理。

第三节　环境对畜禽的影响

一、环境因素对畜禽的影响

（一）环境对畜禽的作用

1. 自然环境因素　放牧家畜受自然环境因素的影响最大，这包括温度、湿度、饲草、饮水、有害兽类、昆虫与微生物等。但由于人类的保护，家畜被野兽捕杀的威胁大大减小，受传染病与侵袭病引起的死亡率也大为下降。

2. 社会经济技术因素　舍饲家畜受社会经济技术因素的影响就大于放牧畜群。社会与宗教习俗，如伊斯兰教禁食猪、印度教尊牛为神牛等，均对该类家畜的发展有很大影响。至于主要供人们赏玩的动物如家鸽、猫、狗等，已培育出形态习性各异的大量变种与品种，这也是随社会习俗而转移的事例。在现代社会中，市场需求、畜产品价格和政府的政策与管理措施等，均左右着各种畜禽的饲养量、生产性能与畜禽产品生产规模。种植业是影响畜牧业的另一重要因素，如农区畜牧业主要分布在人工饲料来源丰富的农业生产集中及发达的地区。

（二）生态因子对畜禽健康与生产性能的影响

1. 太阳辐射（光、热）

（1）光的概念。光具有二象性，既表现为波动性，又表现为粒子性。由于光具有波动性，它是一种电磁波。光的特征可用波长和频率来表示。电磁波波长单位有米（m）、厘米（cm）、微米（μm）、纳米（nm）和埃（A°），其中常用的单位是纳米，它们的关系为：$1\mu m=10^{-6}m$，$1nm=10^{-9}m$，$1A°=10^{-10}m$。

电磁波在单位时间内波动次数称为频率，频率的单位是赫兹

(Hz)。所有的电磁波在真空中的传播速度（v）为 3×10^{8} m/s。电磁波的波长（λ）与频率（f）之间的关系为 $v=\lambda\cdot f$。可见，波长较大的电磁波，频率较低；波长较短的电磁波，频率较高。由一个电磁波的起点到下一个电磁波的起点所经历的时间，称为“周期”。周期的单位是秒（s）、毫秒（ms）。周期（T）、波长（λ）、频率（f）和速度（v）之间的关系如下：$v=f\cdot\lambda=\lambda/T$。

光不仅是一种电磁波，而且是由许多具有一定质量和能量的微粒组成的粒子流，这种特殊的粒子，称为光子或光量子。每一个光子所具有的能量与其频率呈正比、与光的波长呈反比，即：$E=h\cdot f$ 或 $E=h\cdot v/f$。式中，E 为光能（J）；h 为普朗克常数$=6.626\times10^{-34}$（J·S）；f 为频率；v 为光速（3×10^{10} cm/s）；λ 为波长（cm）。

光作用于生物引起的反应，或者与光的波动性有关，或者与光的粒子性有关。以电磁波或粒子的形式放射或输送的能量叫辐射能。辐射能的计量单位为焦（J）。辐射能在传递过程中，在单位时间内，通过或到达某表面积上总辐射能量，称为辐射能通量。单位面积上的辐射通量，称为辐射能通量密度。在农业气象学中，常称辐射通量密度为辐射强度，与辐射通量密度相对应的光通量称为光照度，光照度的国际单位是勒克斯，英文缩写为 lx。

（2）光源。

①自然光源即太阳光，太阳向宇宙空间释放巨大的能量，称为太阳辐射。太阳辐射是地球表面光和热的根本来源，太阳辐射的波长范围为 4～300 000nm，其光谱组成按人类的视觉可分为三大部分：

a. 红外线：波长 760～14 000nm。

b. 可见光：波长 400～760nm，可见光通过三棱镜可被分解为红、橙、黄、绿、青、蓝、紫七色。

c. 紫外线：波长 10～400nm。

太阳辐射通过大气时，受大气透明度以及云雾、灰尘、水汽和二氧化碳含量等影响。大约有43%的太阳辐射被反射和散射而返回太空，14%的太阳辐射被大气吸收，43%的太阳辐射以直射光（27%）和散射光（16%）的形式到达地面。因此，到达地面的太阳辐射，光谱已发生很大变化，其中变化最大的是紫外线。波长小于290nm的紫外线，在大气中完全被臭氧层所吸收；300nm的紫外线会全部被水汽和灰尘较多的空气吸收；波长小于320nm紫外线，不能穿过普通玻璃。红外线也大部分被空气中的水汽和二氧化碳所吸收。可见光波长的变动很小。

到达地面的太阳辐射强度，除受大气状况的影响外，还与太阳高度角及海拔高度有关。当太阳高度角在0°～90°时，随着太阳高度角增加，太阳光线穿过大气层的厚度减少，被大气层吸收、反射和散射的太阳辐射能减少，到达地球表面的太阳辐射能增加。例如，当太阳高度角为90°时，太阳辐射通过大气层的距离最短；与地面呈30°角时，则距离增加1倍；与地面呈11.3°角时，增加4倍。太阳辐射通过大气的距离越大，则被散射和吸收的能量也越多。太阳高度角还与太阳辐射投射地面的面积和强度有关，如果太阳高度角越小，则每单位光束的投射面积越大，到达地球表面太阳辐射的强度也越小。太阳高度角取决于纬度、季节和1d的时间，因而，在不同季节和不同的时间，太阳辐射强度不同。海拔越高，则大气的透明度越好，灰尘、二氧化碳的含量越少，到达地球表面的太阳辐射的强度越大。

②人工光源白炽灯和荧光灯。

a. 白炽灯和荧光灯常用于照明，荧光灯耗电量比白炽灯少，而且光线比较柔和，不刺激眼睛，但设备投资较大。在一定温度下（21.0～26.7℃），荧光灯光照效率最高；当温度太低时，荧光灯不易启亮。荧光灯可促进鸡的性成熟，但对产蛋的刺激效力不如白炽灯。与白炽灯比较，在强度和长度相同的荧光灯下培育的小母鸡，性成熟早，性成熟日龄分别为140d和150d。白炽灯可显著降低早期的产蛋量，但在整个 30 周的产蛋期中，白炽灯的产蛋量高于荧光灯。

b. 红外线灯。红外线灯常用作热源。用红外线灯照射雏鸡、仔猪、羔羊和病畜禽，不仅可以御寒，而且可改善畜禽皮肤血液循环，促进畜禽生长发育。在仔猪分娩舍用红外线灯照射仔猪，既可保证仔猪所需的较高温度，而又不影响母猪正常活动。

c. 紫外线灯。在生产中，常用短波紫外线灯（275nm 以下）对空气和物体外表进行消毒，用长波紫外线灯（280～340nm）对畜禽进行照射以促进皮肤合成维生素 D_3，提高畜禽生产性能。

（3）光的一般作用。太阳光对动物的影响极为深刻和广泛，一方面，太阳光辐射的时间和强度直接影响畜禽的行为、生长发育、繁殖和健康；另一方面，通过影响气候因素（如温度和降水等）、饲料作物的产量和质量来间接影响畜禽的生产和健康。光照射到生物体上，一部分被反射；另一部分进入生物组织之内。进入生物组织内的一部分光被该生物吸收，穿过生物组织的光则不被吸收。光能被吸收后，转变为其他形式的能，引起光热效应、光化学效应和光电效应。光热效应是指当入射光作用生物体表面，较小辐射能使物质分子或原子发生旋转或振动，产生热的现象。红外线和红光的能量较小，所引起的反应多属此类。光化学效应是指当入射光的能量较大时，可使物质分子或原子中的电子激发，引起物质内部发生化学变化的现象。可见光和紫外线的能量较大，往往能引起光化学反应。光电效应是入射光的能量更大，引起物质分子或原子中的电子逸出轨道，形成光电子或阳离子而产生光电效应。紫外线和可见光均可引起这种变化。

光线被物质吸收的数量与光线进入的深度呈反比。光的波长越小，物体吸收光的能力越大，光线进入的深度越小。在所有光线中，物质对紫外线吸收力最大，其穿透力最小；物质对红外线吸收力最小，其穿透力最强。格罗萨期·德雷伯（Grothus Draper）定律指出，光线只有被吸收后，才能在组织内引起各种效应。因此，紫外线引起的光生物学效应最为明显，可见光次之，红外线最差。

（4）光照度对畜禽的作用。

①生长发育。光照度对畜禽的影响的资料主要集中在家禽和猪方面。鸡对可见光十分敏感，感觉阈很低。大量的资料表明，雏鸡在弱光中能很好地生长，光照度过大，容易引起鸡的啄癖和神经质，对鸡的生长有抑制作用。一般认为，5lx 光照度能刺激仔鸡最大限度地生长，过弱的光照度不但影响饲养管理工作，而且使鸡的生长发育也受到影响。大量试验表明，母猪舍内的光照度以 60～100lx 为宜，光照度过小会使仔猪生长减慢，成活率降低；肥育猪则宜采用 40lx 光饲养。目前一般认为，弱光能使肥猪保持安静，减少活动，提高饲料利用率，但光照度小于 5lx，猪免疫力和抵抗力降低。过强的光照会引起肥猪兴奋，减少休息时间，增加甲状腺素的分泌，提高代谢率，从而影响增重和饲料利用率。

②产蛋。光照度对蛋鸡产蛋具有重要影响。据 Morris 研究，为获得最大产蛋率，在饲槽水平高度至少应有 10lx 光照度，光照度（在 0.12～37lx 范围内）与 500 日龄内产蛋量的关系为：$E=232.4+15.18X-4.256X^2$。式中，E 为每只母鸡到 500 日龄产蛋数；X 为光照度（lx）的常用对数。根据该式计算，光照度为 0.1lx、2.2lx、5lx、10lx、20lx、37lx 的产蛋量分别为 214.81 个、236.58 个、240.93 个、243.32 个、244.95 个和 245.73 个。可见，光照度在 10lx 以上产蛋量增加很少。

③死亡率。光照度对鸡的饲养密度和死亡率也有影响，光照度过大，会刺激鸡神经系统，引起鸡过度兴奋，易产生行为异常，如异癖、争斗，导致动物死亡率增加。例如，Bray 等用从 0.1lx 到 35.2lx 的 9 种不同光照度对不同饲养密度和能量水平的 22～66 周龄的蛋鸡进行试验，发现在低强度下，不同密度的鸡死亡率相似；在高强度下，各种饲养密度鸡的死亡率均较高，其

中高密度鸡死亡率增加幅度更大。猪对光刺激起反应的阈值较高，当光照度由10lx增加到60lx再增加到100lx时，仔猪发病率下降24.8%～28.6%，成活率提高19.7%～31.0%。

④繁殖。适当提高光照度有利于动物的繁殖活动。雄禽的性活动可能需要较强的光照。研究发现，欧洲椋鸟的性腺活动依赖于光照度，日本鹌鹑睾丸发育所需光照度阈值是2.8lx，当光照度低于2.8lx时，鹌鹑睾丸发育受阻。研究表明，光照度对小母猪性成熟具有重要影响，当光照度从10lx增加到45lx，小母猪初情期提前30～40d。当光照度从10lx增加到100lx，公猪射精量和精子密度显著增加。低光照度不利于母畜子宫发育。研究发现，在较黑暗环境中培育的猪子宫要比光亮环境中培育的猪子宫重量少18%～26%，睾丸重量少21%。当光照度从10lx增加到60～100lx时，母猪繁殖力提高4.5%～8.5%，初生窝重增加0.7～1.6kg，仔猪成活率增加7%～12.1%，仔猪发病率下降9.3%，平均断奶个体重增加14.8%，平均日增重增加5.6%。

⑤泌乳。研究表明，牛舍人工光照度从15～20lx增加到100～200lx，牛氧消耗量增加11.0%～22.6%，每千克体重沉积能量增加16.0%～22.0%。

⑥行为。光照度也影响畜禽的行为和生长发育。光照度较低时，鸡群比较安静，生产性能和饲料利用率都比较高；光照度过大，容易引起啄喙、啄趾、啄肛和神经质。突然增大光照度，容易引起母鸡泄殖腔外翻。猪在光照度为0.5lx时，站立和活动时间较短，睡眠和活动时间较长，随着光照度增加，猪活动时间增加，休息时间缩短。

（5）光质对畜禽的作用。

①红外线。

a. 红外线的主要生物学效应。红外线波长大，能量低，其主要生物学效应是光热效应。红外线照射到畜禽体表面，其能量在被照射部位的皮肤及皮下组织中转变为热，引起血管扩张、温度升高，增强血液循环，促进组织中的物理化学过程，使物质代谢加速，细胞增生，并有消炎、镇痛和降低血压及降低神经兴奋性等作用。因此，在人医和兽医上常用红外线来治疗冻伤、风湿性肌肉炎、关节炎及神经痛等疾病。

b. 过强的红外线辐射引起动物的不良反应，使畜禽体热调节机制发生障碍，这时机体以减少产热、重新分配产热（皮肤代谢升高、内脏代谢降低等）来适应新环境。由于内脏血流量减少，使胃肠道对特异性传染病的抵抗力降低。

皮肤温度升高，严重时可发生皮肤变性，形成光灼伤，若组织分解物被血液带走，会引起全身性反应。引起日射病。波长600～1 000nm 的红光和红外线能穿透颅骨，使脑内温度升高，引起全身病理反应，这种病称为日射病。产生眼睛疾患。波长1 000～1 900nm 的红外线长时间照射在眼睛上，可使水晶体及眼内液体的温度升高，引起畏光、视觉模糊、白内障、视网膜脱离等眼睛疾病。

②紫外线。紫外线是太阳光谱中不可见光的一部分。紫外线对畜禽体的作用，与波长有关。在第二届国际哥本哈根光学代表大会上将紫外线按波长大小分为 3 段，它们是：

A 段：波长 320～400nm，生物学作用较弱，主要作用是促进皮肤色素沉着。

B 段：波长 275～320nm，生物学作用很强，机体对紫外线照射的种种反应主要由此段紫外线所引起，最显著的是红斑作用和抗佝偻病作用。

C 段：波长在 275nm 以下，生物学作用非常强烈，对细胞和细菌有杀伤力。在太阳辐射中，此段紫外线被大气吸收，不能到达地面。

a. 杀菌作用。紫外线的杀菌作用取决于波长、辐射强度及微生物对紫外线照射的抵抗力。在相同的辐射强度和照射时间下，不同波长的紫外线，杀菌效果不同，波长 253.7nm 的紫外线杀菌作用最强。不同种类的细菌对紫外线具有不同的敏感性。空气细菌中白色葡萄球菌对紫外线最敏感，柠檬色葡萄球菌次之。对紫外线耐受能力最强的是黄色八叠球菌、炭疽芽孢杆菌。在空气中，真菌对紫外线的耐受力比细菌强。紫外线对过滤性病毒也有杀伤力。据试验，用一个 15W 的杀菌灯照射 $14m^3$ 的隔离室 60min 后，可使空气中流感病毒全部死亡。紫外线对某些毒素（如白喉及破伤风毒素）也有破坏作用。

紫外线杀菌作用的机制，目前认为是紫外线被细菌吸收后，透入细胞核引起光化学分解，使单核苷酸之间的磷脂键和嘌呤、嘧啶之间的氢键破裂，使 DNA 变性，细菌无法进行 DNA 的复制，从而抑制 RNA 和蛋白质的合成，使细胞分裂受阻，同时使其代谢功能发生障碍。当紫外线照射剂量足够时，还能使蛋白质凝固而使细菌死亡。

由于紫外线的杀菌作用，在生产中常用紫外线对舍内空气或饮水进行消毒。值得注意的是，紫外线穿透力较弱，只能杀灭空气和物体表面的细菌和病毒，不能杀灭尘粒中的细菌和病毒。

b. 抗佝偻病作用。紫外线抗佝偻病作用的机制是紫外线照射畜禽使畜禽皮肤中的 7-羟脱氢胆固醇转变为维生素 D_3，使植物和酵母中的麦角固醇转变为维生素 D_2。维生素 D_3 和维生素 D_2 具有促进肠道吸收钙和磷的作用。若日光中的紫外线照射动物和植物，就会促进维生素 D_3 和维生素 D_2 的合成，促进饲料中钙和磷的吸收，减少佝偻病的发生。若动物缺乏日光照射且日粮中缺乏维生素 D 时，动物体内合成维生素 D_3 和从日粮中摄入的维生素 D 不足，肠道对钙和磷吸收减少，血液中无机磷含量小，导致钙和磷代谢紊乱，钙在骨骼中的沉积作用受阻，引起骨骼钙化作用不全，以致幼年畜禽出现佝偻病，成年畜禽出现软骨病。

抗佝偻病作用最强的紫外线波长为 280～295nm。因为这段紫外线将麦角固醇和 7-羟脱氢胆固醇转化为维生素 D_2 和维生素

D_3 的能力最强。白色或浅色家畜皮肤易被紫外线透射，形成维生素 D_3 的能力强，因而在同样条件下，黑色皮肤的家畜比白色皮肤的家畜易患佝偻病。

实践证明，在食物中只有足够的维生素 D 而无紫外线照射，不足以预防佝偻病；仅使用维生素 D 制剂治疗佝偻病的效果也不如紫外线照射的效果好。由于动物体内储存的维生素 D 数量较少，而维生素 D 在动物体内保持有效的生理作用的时间较短，因此，家畜必须经常进行适当的日光浴，以补充动物体内维生素 D_3 的不足。在集约化畜牧场畜舍中，由于家畜常年见不到日光，应特别注意日粮中维生素 D 的供给。用波长为 280～340nm 的紫外线照射蛋鸡，可促进动物合成维生素 D_3，提高蛋鸡生产力。例如，用波长为 280～340nm 的紫外线照射蛋鸡，每天照射 4 次，每次 30min，蛋鸡产蛋率可提高 24%，孵化率可提高 11%。

c. 色素沉着作用。色素沉着就是动物在太阳辐射的紫外线、可见光和红外线的共同作用下，皮肤和被毛颜色变深的现象。色素沉着作用的机制是紫外线能增强酪氨酸氧化酶的活性，酪氨酸氧化酶可促进黑色素的形成，使黑色素沉着于皮肤。皮肤的黑色素沉着是机体对光线刺激的一种防御性反应。一方面，黑色素增多，能增强皮肤对紫外线的吸收，防止大量紫外线进入动物体内，使内部组织免受伤害；另一方面，皮肤黑色素吸收紫外线产热，使汗腺迅速活跃起来，增加排汗散热，使体温不致升高。紫外线、红外线和可见光均可使皮肤色素沉着，但以紫外线的效果最为显著。皮肤黑色素丰富的个体能够吸收更多的紫外线，使动物免受过强紫外线的伤害。相反，浅色皮肤的个体易受紫外线伤害，甚至可引起皮肤癌。

d. 红斑作用。在紫外线照射下，动物被照射部位的皮肤出现潮红的现象称为红斑作用。这是皮肤在紫外线照射后产生的特异反应。这种红斑是皮肤在照射后，经 6～8h 潜伏期后出现的。红斑部位的皮肤稍微隆起，边缘整齐。红斑作用最强的紫外线波长是 297nm。产生红斑作用的机制是动物组织内的组氨酸在紫外线作用下，转变成组织胺。组织胺可使血管扩张，毛细血管渗透性增大，因而使皮肤发生潮红现象。红斑作用的单位以红斑剂量表示。皮肤经紫外线照射后，经过一定时间，在皮肤上出现刚可辨别的第一个红斑，此时，紫外线的作用剂量称为一个红斑剂量或一个红斑单位。不同波长的紫外线，引起红斑剂量不同。现在规定，用功率为 1W、产生波长 297nm 紫外线的灯，照射动物皮肤，引起红斑的紫外线照射剂量为一个红斑剂量。

测定红斑剂量具有十分重要的卫生学意义。因为红斑作用的波长范围，包括了紫外线杀菌和抗佝偻病作用的范围，而红斑剂量的测定方法和表示方法又比较容易。因此，一般用红斑剂量来表示动物每天所需的紫外线照射剂量。

e. 促进机体的免疫反应。增强机体对疾病的抵抗能力。用紫外线适量照射动物，能增强机体的免疫力和对传染病的抵抗力。其机制是紫外线的照射刺激了血液凝集，使凝集素的滴定效价增高，因而提高了血液的杀菌性，增强了机体对病原菌的抵抗力。紫外线照射增加机体的免疫力的情况取决于照射剂量、照射时间以及机体的机能状态。

f. 提高畜禽生产力。用波长为 280～340nm 的紫外线每天照射 2～3h，可提高畜禽生产力。据 Bamelbuko B 对 2 500 只成年母鸡进行紫外线照射，鸡的产蛋量提高 15.9%，后又在 3 个农庄中进行重复试验，结果鸡的产蛋量分别提高 25.1%、23.0% 和 18.1%，蛋的平均重量增加 6.7%，孵化率提高 5.2%。据报道，用长波紫外线照射雏鸡，可使 60 日龄雏鸡活重提高 23%，心肺的重量都远远超过对照组，而且紫外线照射组鸡成活率提高 3.7%。另据报道，对种蛋进行长波紫外线照射可提高孵化率 3%～10%，而且雏鸡出壳早、绒毛整洁、活重大、成活率高、体重增长快。据 T A Kogukey 报道，用长波紫外线照射仔猪可提高仔猪重 22.9%。用长波紫外线照射奶牛，母牛产奶量增加

10%～20%。紫外线提高畜禽生产力的原因是刺激量的紫外线可增进食欲，增强胃肠的分泌机能和运动机能，并可使呼吸运动加深，气体代谢加强，提高了畜禽新陈代谢水平。

g. 光敏性皮炎。光敏性皮炎是指动物吃下某种饲料后，饲料中光敏性物质吸收了光子而处于激发态，使动物皮肤出现炎症性反应。常见的光敏性饲料物质有荞麦、苜蓿、野胡萝卜以及金丝桃属和藜属植物。家畜采食了荞麦苗或枯老的荞麦茎叶等，在日晒下常可以发生光敏性皮炎。光敏性皮炎多发于白色皮肤的动物，特别是在动物无毛和少毛的部位。此外，过度的紫外线照射，还可引起皮肤癌。

h. 光照性眼炎。紫外线对眼睛照射过度时，可引起光照性眼炎，其症状为角膜损伤、眼红、眼痛、灼热感、流泪和畏光等。一般波长为 295～360nm 的紫外线最易引起光照性眼炎。

③可见光。可见光作用于动物既可引起光热效应，也可引起光化学效应。可见光的生物学效应与光的波长、光照度以及光周期有关。光的波长（光色）对畜禽的影响：

行为：医学上认为红光有充血作用，蓝光和绿光起镇静作用，黄光和黄绿光对机体最舒适。红光有镇静作用，能降低畜禽对环境刺激的敏感性，减轻或制止鸡的啄癖、争斗，减少鸡活动量和采食时间。目前，有些商品蛋鸡场用红光为蛋鸡提供光照，防止鸡啄癖和争斗。此外，在夜间或无窗鸡舍内捕鸡时，用红光照射，鸡不能迅速移动，很易捕捉。

繁殖：红光可延迟鸡的性成熟，使产蛋量增加，蛋的受精率下降。红光也可延长小母猪性成熟时间。研究表明，在光照度相同，光照时间为 16h/d 的情况下，分别用冷白光（波长为 350～720nm）、红光（波长为 570～720nm）和紫光（波长为 300～500nm）照射小母猪，初情期分别为 172d、192d 和 179d。

产蛋：绿光、蓝光和黄光可使产蛋量下降、蛋形变大。

生长肥育和饲料利用率：红光、绿光、蓝光、黄光可促进鸡的生长，降低饲料利用率，使鸡增重快、成熟早。例如，在相同光照时间情况下，用 7～10lx 红色光和白色光分别照射公雏，红光组鸡日增重比白光组高 10%，每千克增重耗料量减少 0.24kg，成活率提高 13%。

(6) 光照时间对畜禽的作用。

①繁殖性能。在自然界，许多动物的繁殖都具有明显的季节性。马、驴等动物在春季日照逐渐延长的情况下发情配种，绵羊和山羊等动物则在秋季日照时间缩短的情况下发情配种。把在光照时间逐渐延长情况下发情配种的动物称为长日照动物；将在光照时间逐渐缩短时发情配种的动物称为短日照动物。常见的长日照动物有马、驴、雪貂、浣熊、狐、野猪、野猫、野兔、仓鼠和一般食肉、食虫兽以及鸟类。常见的短日照动物有牛、羊、鹿和一般反刍动物。此外，有一些动物由于人类的长期驯化，其繁殖的季节性消失，如牛、猪、兔，这些动物能常年发情配种繁殖。动物繁殖的季节性本身就说明光对畜禽的繁殖具有深刻的影响。

一般而言，延长光照，有利于长日照动物繁殖活动。对于长日照动物的公畜禽，延长光照，可提高公畜禽的性欲，增加公畜禽的射精量，提高公畜禽精子密度，增强精子活力。例如，马在春夏长日照季节，精液质量最高，性行为反应最为明显。再如，将公鸡光照时间从 12h/d 延长到 16h/d，射精量、精子浓度、精子总数和精子活率分别增加 14.3%、51.81%、57.49% 和 4.3%，畸形率和死精率则分别下降 41.9% 和 11.1%。在每日 16h 长光照刺激下，公火鸡射精量和精子密度增大，但将光照时间缩短至每日 8h，公火鸡精液生产停止。延长光照，可促进长日照动物性腺发育，如延长光照，可诱发母马发情。在秋季短日照季节，每日给予母马 16h 光照，在 40～50d 内，母马开始发情。研究表明，给予生长期母牛以长光照，初情期可提前 49d。持续光照，会使母猪发情期延长；用长光照处理母猪，母猪仔猪成活率提高 9.7%，21d 窝重增加 14.9%。

与长日照动物相反，延长光照，则抑制短日照动物繁殖活动。大量研究表明，缩短光照可提高短日照公畜的繁殖力，如将绵羊光照时间从 13h/d 缩短到 8h/d，公羊精子活力和正常顶体增加 16.6%和 27%，用短日照处理组公羊的精液配种，母羊妊娠率和产羔率分别比自然光照组增加 35%和 150%。在夏季开始时，将母羊光照时间缩短为 8h/d，可使母羊繁殖季节提前 27～45d，在秋冬季将光照时间延长至 16h/d，母羊发情活动提前 15d 结束。

值得注意的是，尽管对于绵羊、山羊和鹿等短日照动物，缩短光照时间可诱导动物发情，但并不意味着长光照对这些动物的生殖器官的发育有不良影响。研究发现，在配种之前一段时间给短日照动物进行长光照处理，可使动物发情更明显，妊娠率更高。例如，Bon Durant（1981）研究发现，对 19 只奶山羊进行 70d 长光照（19h/d）处理，在光照结束后 62d，正是乏情季节，有 16 只母羊表现为发情症状，其中有 15 只发情排卵，11 只配种怀孕，而自然光照组无一只发情配种。再如，Steuflug 等（1982）研究发现，在母绵羊配种季节之前 3 个月开始进行每天 20h 的长光照处理，试验持续 70d，结果试验组妊娠率为 55.3%，较对照组高 1.21 倍。因此，长光照对短日照动物繁殖活动的促进具有一个后效应。其原因可能是在配种期前长光照处理刺激腺垂体分泌大量的催乳素（PRL），PRL 反馈抑制了下丘脑和腺垂体分泌与生殖有关的激素，使畜体血液中促黄体生成素（LH）、促卵泡生成素（FSH）和雌激素水平下降。解除长光照，血液 PRL 水平迅速下降，它对下丘脑和腺垂体的抑制作用迅速减弱，低水平的 LH、FSH 和雌激素则反馈加强了促性腺激素释放素、LH、FSH 和雌激素的大量分泌，诱导动物发情、排卵。

值得说明的是，光对短日照动物繁殖活动促进作用的后效应与缩短光照诱使动物发情这个事实并不矛盾。持续短光照时，短日照动物虽可发情，但远不如在长光照处理之后再经过短光照处理的动物繁殖性能高。有人通过对绵羊在自然光照、恒定光照和先长后短光照（波动性光照）处理后的繁殖性能进行观察，发现波动光照比恒定光照更有利于绵羊的繁殖。这也就是说，在短光照处理之前进行长光照处理短日照动物，可加强短光照处理的效果，促进卵巢的卵泡发育，使短日照动物表现出更明显的发情症状。

②产蛋性能。禽类对光照的刺激更为敏感，小母鸡在短光照尤其是逐渐缩短光照时间的环境中性成熟延迟，在长光照尤其是逐渐延长光照时间的环境中性成熟提前。延长光照可使小母鸡性成熟提前，10h/d 以下的光照，性成熟的日龄随光照时间缩短而延长。每日分别用 13h、14h、15h 的光处理秋冬季母鸡，与每日 12h 光照组相比，产蛋率分别增加 71.6%、118.5% 和 118.1%。每日用 14h 光照射母鸭，产蛋率比对照组（10h/d）增加 92%。产蛋鸡最佳光照时间为 14～16h/d，光照时间超过 17h/d，反而导致产蛋量下降。每日光照 14h，母鸡产蛋率比光照 10h/d 组产蛋率高 92%。

应当注意的是，在禽类产蛋期，应保持光照时间恒定，突然增加光照时间或突然减少光照时间，都会扰乱内分泌系统机能，导致产蛋率下降。例如，有人将每日 16h/d 的光照增加到 20h/d，结果翌日鸡群产蛋率下降 7.4%～12.57%。

禽类大多数属于长日照动物，长光照（14～17h/d）可刺激下丘脑分泌 GnRH，进而促进腺垂体分泌 FSH 和 LH，促使卵巢分泌雌激素，这些激素有助于卵巢和卵泡的发育。LH 分泌高峰是母鸡排卵的必要条件，正常的周期性光照有助于 LH 分泌高峰的周期性出现，这是确保蛋鸡正常产蛋的重要条件。

延长光照时间使小母鸡性成熟提前的原因是长光照促进了腺垂体合成与分泌 LH 和 FSH，这两种激素促进了卵巢和输卵管的发育。马明新（1989）研究表明，长光照组鹌鹑（光照时间为

16h/d）在第二周龄和第四周龄重量分别为 2 607mg/只和5 260 mg/只，是短日照组的 88.90 倍和 37.50 倍。崔洪如（1991）研究发现，长光照组母鸭（光照时间为 16h/d）卵巢重量为 53.152g/只，比短光照组重 1.2～31.52 倍。

③产奶量。延长光照，可增加牛、羊和猪的产奶量。据报道，乳牛用 16h/d 的人工光照，产奶量比 9h/d 光照组高 6%～15%，将猪的光照从每日 8h 延长到 16h，产奶量增加 24.5%。延长光照，提高家畜产奶量的主要原因：一是长光照刺激了动物的采食活动，增加了营养物质的摄入量，为提高产奶量奠定了物质基础；二是长光照促进了腺垂体分泌生长激素、催乳素、促甲状腺素和促肾上腺皮质激素。这些激素调节体内能量和物质代谢，使其向有利于乳汁生成的方向发展。例如，PRL 和雌激素协同促进乳腺小叶和腺泡发育，PRL 的分泌峰可启动泌乳，它还可促进乳腺上皮细胞合成酪蛋白、α-乳清蛋白和脂肪；糖皮质激素的增加加速了乳腺合成乳蛋白的速度；GH 调节动物体内营养物质和能量的分配，确保乳蛋白的合成。

④生长肥育和饲料利用率。一般认为，光具有促进畜禽生长的作用。对仔鸡的研究表明，24h 的持续光照，无论强度如何，均较 8h/d 光照的鸡生长速度快。采用短周期间歇光照，可刺激肉用仔鸡消化系统发育，增加肉用仔鸡采食量，降低肉用仔鸡活动时间，提高增重和饲料转化率。与 24h/d 连续光照相比较，采用间歇光照（明暗周期为 1∶3），可提高肉鸭日增重，降低腹脂率和皮脂率。其原因是间歇光照黑暗期长，限制了畜禽的采食和活动，降低了能量消耗和推迟了脂肪沉积的时间。延长光照有利于牛的生长，如每日光照时间从 8h 延长到 15h，3～6 月龄牛的胸围增加 31.8%，平均日增重增加 10.2%。在限饲和任意采食两种情况下，光照 16h/d 组比 8h/d 组日增重分别增加 12.8% 和 24.8%。

光照影响家畜生长发育的生理机制，主要表现在饲料营养物质的摄入量、家畜活动的能量消耗和体组织的增生3个方面。研究表明，光照通过视觉系统刺激家畜，兴奋神经系统，减少褪黑色素和其他神经抑制递质的分泌，使家畜处于清醒状态。这刺激了家畜的采食活动，延长了采食时间，在饲养密度和饲料充足的情况下，增加了群体中弱者的采食机会，提高了动物采食的均衡性。

长光照可提高畜禽对营养物质的消化吸收能力。长光照有助于鸡肝脏的发育，长光照组母鸡（90～155日龄）肝脏重量比短光照组母鸡大8.6%～22.3%，长光照组公鸡（90日龄）肝脏重量比短光照组大4.8%。顾时青（1990）研究发现，长光照组母鹅和公鹅的肌胃与腺胃比短光照组明显大。延长光照可提高肝脏、胃和肠消化酶的活性，提高禽类消化吸收营养物质的能力。

延长光照可刺激动物体分泌与生长发育有关的激素，通过激素作用促进蛋白质和脂肪的合成。延长光照可刺激动物腺垂体分泌GH、PRL、甲状腺素、雌性激素和雄性激素，这些激素的协同作用，可提高动物生长发育速度。

⑤鹿茸的生长。光照与鹿茸生长发育关系极为密切，用24h人工光源处理雄鹿，鹿茸生长期由1年缩短为半年。延长光照，促进鹿分泌生长激素、催乳素、肾上腺皮质激素和甲状腺激素，这些激素可以促进鹿茸的生长。用短光照处理时，性激素对下丘脑和腺垂体负反馈的敏感性降低，导致下丘脑和腺垂体分泌大量的促性腺激素释放素和促性腺激素，使血浆内雌激素和甲状腺素增加，促进了钙和磷的沉积，促使鹿茸骨基质的生长，使鹿茸停止生长并骨化，导致茸角脱落。

⑥产毛。羊毛的生长具有明显的季节性，一般都是夏季生长快，冬季慢。Morris用人为方法逐渐缩短光照时数，可使羊毛的生长速度减慢；延长光照，则可使羊毛生长速度加快。大多数毛皮动物皮毛的成熟，都是在短日照的秋冬季发生。

许多动物，如牛、羊、马、猪、兔和禽类，都有季节性换毛的现象。动物这种季节性换毛现象，都是由光照周期性变化引起的。例如，鸡在日照时间逐渐缩短的秋季开始换毛，牛在日照时间延长的春季脱去绒毛，换上粗毛。

⑦健康。连续光照使肉用仔鸡关节变形（外翻和内翻）、脊椎强直和膝关节增大的发病率增加。将光照时间从 23h/d 减少到 16h/d，可将肉用仔鸡死亡率从 6.2%降低到 1.6%。其原因是缩短光照有利于降低鸡心脏等器官的负荷，减少代谢病、腹水病和“心衰”的发生，提高鸡对某些疾病的免疫力。

2. 空气温度

（1）热环境与动物热调节。热环境（thermal environment）是指直接与畜禽体热调节有关的外界环境因素的总和，包括热辐射、温度、湿度、气流等，它们是影响畜禽健康和生产的极为重要的外界环境因素。热环境可表现为炎热、寒冷或温暖、凉爽。空气热状况取决于热辐射、气温、空气湿度和气流等因素的综合作用。

所谓“小气候（microclimate）”是指由于地表性质不同，或人类和生物的活动所造成的小范围内的特殊气候，如农田、牧场、温室、畜禽舍等的小气候。畜禽舍中小气候的形成除受舍外气象因素的影响外，与舍内的畜禽种类、密度、垫草使用、外围护结构的保温隔热性能、通风换气、排水防潮以及日常的饲养管理措施等因素有关。畜牧场的小气候除受所处的地势、地形、场区规划、建筑物布局等因素的影响外，还受畜牧场绿化程度的影响。

空气的热状况主要取决于气温。在自然状态下，气温从根本上取决于太阳辐射、空气湿度和气流的协同或制约也发挥着重要作用。

热力学第二定律表明，任何形式的能量转换都必然伴随热量的散失。动物体在代谢过程中产生的热量必须连续向外界环境中散失，否则会引起动物体温大幅度升高，破坏动物内环境稳定性，导致动物死亡。家畜是恒温动物，体温相对恒定是其生命存在的前提，相对恒定的体温依赖完善的体热调节。因此，热环境主要通过体热调节来影响动物的行为、生理机能、物质代谢强度等，进而影响动物的生产和健康。

在炎热或寒冷条件下，动物体所发生的许多生理机能的变化，大多数与热调节有关，或者为热调节生理过程中的一部分，或者为动物适应热环境的表现形式。例如，在高温环境中，动物采食量下降，就是为了减少产热量，维持体温恒定。

自然界的热环境还可通过饲料作物的生长、化学组成和季节供应，以及寄生虫和其他疾病的发生和传播，间接影响动物的生产和健康。

热环境对畜禽健康和生产力的影响，因动物种类、品种、个体、年龄、性别、被毛状态，以及对气候的适应性和不良气候条件的严酷程度及持续时间而不同。

①动物体温的概念。体温是指身体深部（体核）的温度（deep-body temperature or core temperature），是衡量恒温动物热平衡的唯一可靠的指标。测量动物体内深部的温度比较困难，而且躯体体内部位不同，温度也不完全相同。因此，一般以直肠温度（rectal temperature）作为内部体温的代表。在适温和不太热的情况下，直肠温度较颈动脉血液温度高0.1～0.3℃；在严重的热应激情况下，两者的温度相同。尽管直肠温度对环境条件迅速变化的反应迟钝，但直肠温度的变化能表示动物体深部温度的相应变化。反刍动物的瘤胃由于微生物发酵产生大量的热，其温度高于直肠2.2℃；但在瘤胃排空时，瘤胃与直肠温度之差下降为0.8℃。由于直肠温度能代表体温，又易测量，故长期以来均以直肠温度表示体温。在测量体温时，应使温度表的感应部位伸入直肠深部。例如，成年牛、马等大家畜为15cm，羊、猪为10cm，小家畜和家禽为5cm。温度表伸入直肠过浅，测定的温度值则较低，不能代表身体深部的温度。

由于外界环境温度一般比体温低，且身体的热量主要由皮肤散失，所以越向身体外部，动物体温度越低。

②皮温。皮肤表面的温度称为“皮温”（skin temperature）。皮温受身体本身和外界温热条件的影响，常随外界条件的变化而变化。动物身体部位不同，其皮温也不相同。一般的规律是，凡距离身体内部较远、被毛保温性能较差、散热面积较大、血管分布较少和皮下脂肪较厚的部位，皮温较低。所以，四肢下部、耳部和尾部在低温时皮温显著下降。例如，犊牛在35℃的高温环境中，直肠温度为39.8℃，身体各部位的皮温没有很大的差异，在36.5～38.5℃；可是在5℃的低温环境中，直肠温度为39.5℃，胸部皮温为31.2℃，耳部仅7℃。

体温既然从内部向外部递减，而外部温度、特别是皮温，随气温的变化而变化，因此整个动物身体的平均温度（平均体温）和蓄热量也相应变化，平均体温可按公式估计：平均体温＝0.7×直肠温度＋0.3×平均皮肤温度，由于皮温随部位而不同，所以应根据不同部位面积大小计算平均皮温（mean skin temperature）。通常测定若干点，以测定点部位占全身面积的百分数作权数，采用加权平均数的方法计算平均皮温。例如，计算牛平均皮温的公式为：

平均皮温$=0.25\times T_{躯干上部}+0.25\times T_{躯干下部}+0.32\times T_{四肢上部}+0.12\times T_{四肢下部}+0.02\times T_{垂皮}+0.04\times T_{耳}$。式中，$T$ 为该部位的皮温；系数为该部位所占全身皮肤面积的百分数。

躯干上部和躯干下部各测前后左右4个点；四肢上部前肢在肘部外测定2个点，后肢在股部和胫部外各测2个点；四肢下部前后肢分别在掌部和跖部外各测2个点；在垂皮下部左右各测定1个点；在右耳上部测定1个点。同部位2点以上均取其平均数。猪的平均皮温也可按如下经验公式略为推算：$T_s=0.007\times T+28.9$。式中，T 为气温；T_s 为平均皮温。

③平均体温。平均体温是指整个动物体各部位温度的加权平

均值，可以用公式计算。平均体温＝$0.7\times T_r+0.3\times T_s$。式中，$T_r$为直肠温度；$T_s$为平均皮温。

根据平均体温和身体的比热可以计算出全身的蓄热量。蓄热量是指动物体温度升高时所储存的热量，为平均比热与动物体质量之乘积。各种物质的比热以水为最大，肥胖动物含脂肪较多，含水相应较少，其比热也较小。一般含脂肪不太多的动物的平均比热以 3.5J/（℃·g）计（脂肪比热为 1.88，血液 3.77，肌肉 3.45，骨骼 1.26～2.93，水 4.184）。体重 500kg 动物平均体温升高 1℃，等于增加 1 749kJ 的蓄热。

④体温变化。恒温动物是指在正常的环境温度范围内，体温保持相对恒定的动物。体温恒定是指在环境温度变化时体温保持相对稳定（在一定范围内波动的）的现象。体温恒定是保持动物内环境稳定，维持细胞正常代谢的基础。

不同种类动物的体温不同，同一种类不同品种、不同年龄的动物体温也稍有差别。动物体温的差别与动物机体的代谢强度和体表的隔热能力有关，一般的规律是代谢强度高，体表隔热能力强的动物体温较高，反之则体温较低；幼龄动物体温较高，成年动物体温较低。

同一种动物在不同时间体温也有波动，存在着日变化和年变化。一般白昼活动的动物，体温在清晨时最低，在中午或气温最高时体温最高，如牛的体温一般在 17:00～18:00 最高，4:00～6:00 最低；夜间活动的动物如鼠，其体温夜间高、白天低。鸡的体温最高的时间与气温最高的时间相符合。羊早晨的体温在夏季最高，冬季最低，中午体温在春季最高。当动物的生活方式改变后，体温变化的曲线也完全改变。体温的正常日变化规律主要由于活动、觅食或饲喂产热增加，而休息、睡眠产热减少所致。如果昼夜温差或气温季节性变化很大，气温对动物的体温也产生很大影响，各种畜禽正常体温在不断变化的热环境条件下，动物体温的相对恒定是靠体热调节（thermoregulation）实现的，体热调节是指动物增加或减少产热与散热的过程。

（2）产热（heat production or thermogenesis）。动物体内的热量主要来自于饲料。动物胃肠中的饲料在被消化吸收过程中产生热量，营养物质在参与动物体能量和物质的代谢过程中也产生热量。动物的能量代谢不断进行，热量就会不断产生。在物质的分解和合成过程中总是伴随能量的释放、转移和利用。饲料中的化学能在动物体内被转化为机械能、电能和化学能的过程称为能量代谢。能量代谢的速度或强度称为“代谢率”（metabolic rate）。在一定时间内，动物机体的产热量取决于其“代谢率”，代谢率越高，产热越多。因此，产热量是衡量动物代谢率的一项重要指标。动物从饲料中获得的净能主要用于维持生命活动和进行各种生产。动物不进行生产，只进行正常生命活动并保持体重不变的情况下的产热量称为维持代谢产热，维持代谢产热量又包括基础代谢产热量和动物活动产热量。因此，动物的产热环节主要包括基础代谢产热、活动产热、生产代谢产热以及体增热（消化吸收饲料养分过程产热）。

①基础代谢产热。基础代谢（basal metabolism）在动物中常称为“饥饿代谢”（fasting metabolism），是指动物处于饥饿、休息（静卧清醒）、温度适宜（20℃）、消化道没有养分可吸收、清醒、安静状态下的产热量。此时的能量消耗只用于维持生命的基本生理过程，如血液循环、呼吸、泌尿、神经和内分泌等的正常运行，是动物在清醒状态下的最低产热量。在上述条件下，动物睡眠时的产热量比基础代谢产热量降低10%。各种动物单位体表面积基础代谢产热量非常相似，如马、鸡和小鼠每日基础代谢产热量平均分别为3 966kJ/m^2、3 946kJ/m^2和4 971kJ/m^2。大多数动物基础代谢产热量都很相似，均在4 200kJ/m^2左右。因此，动物的基础代谢产热量是与体表面积呈正比而不是与体重呈正比（但在生命早期，如人在1岁以内是与体重呈正比，生长迅速的动物产热量也是与体重呈正比，但此期时间较短），这就

是所谓“鲁伯纳体表面积定律”（Rubner's Surface-Area Law，1902）。因为动物体表面积较难测量，因而在实践中仍用体重估测动物基础代谢产热量。从理论上讲，形状相同、密度相等的动物体表面积与重量（W）的 2/3 次方（$W^{0.67}$）呈正比，但经试验测定，基础代谢产热与体重的 0.75 次方关系较为密切。目前估计代谢产热，仍用体重的 0.75 次方估测。成年动物不论体重大小，基础代谢产热量均可以下式估计：基础代谢$=K_1W^{0.75}$（kJ/d）。式中，W 为动物质量（kg）；K_1 为单位代谢体重的平均基础代谢产热量 [kJ/(kg·d)]，人为 134.3kJ/（kg·d），狗为 215.5kJ/（kg·d），鼠为 2 736.3kJ/（kg·d），猪为 79.7kJ/（kg·d）。

对于动物而言，确切的基础状态很难达到，所以，一般用静止代谢代替基础代谢。静止代谢要求动物禁食、处在静止状态，在温度适中条件下用间接方法测定的动物的产热量。静止代谢产热量$=KW^{0.75}$（kJ/d）。式中，W 为动物质量（kg）；K 为常数，为单位代谢体重的平均静止产热量 [kJ/（kg·d）]，兔为 64.7kJ/（kg·d），绵羊为72.4kJ/（kg·d），猪为68.1kJ/（kg·d），奶牛为 117kJ/（kg·d）。

②体增热。当动物休息于舒适的环境中，产热量取决于采食量，饥饿动物因采食而增加的产热量被称为体增热（Heat increment，HI）。体增热也被称为“热增耗”、“增生热”或“特殊动力作用”（specific dynamic action，SDA）。体增热由两部分组成：一部分为动物摄食、消化和吸收饲料时，因细胞生物化学反应使代谢强度增加而产生的热量；另一部分为饲料在消化道运动时，被微生物发酵所释放的热量，如反刍动物的瘤胃，马属动物的盲肠和大肠中的内容物被微生物发酵产生大量的热。

“体增热”常伴随采食过程而增加，因此又称为消耗饲料产热或食后增热。热增耗的多少与动物采食量和饲料的种类有关，采食量越大，热增耗越多；采食粗料的热增耗比采食精料的热增耗多，如反刍动物采食精料的热增耗占饲料代谢能的 25%～40%，采食粗料的热增耗占代谢能的40%～50%。按纯养分计算，蛋白质的体增热最大，约占总代谢能的30%；脂肪最少，占代谢能的5%～10%；碳水化合物居中，占代谢能的10%～15%。值得注意的是，体增热对于低温环境中动物御寒具有重要作用，但在高温环境中则会增加动物的热负荷。

③生产代谢产热。生产代谢产热是指动物生产产品，如生长、繁殖、产乳、产蛋、产毛等或劳役而增加的产热量。通常净能中的能量在满足维持代谢需要后剩余部分用于生产产品，在动物产品的形成过程中，始终伴随着热量的产生。生产代谢（productive metabolism）产热量取决于产品的种类和数量。役畜工作时所消耗的能量仅有20%转变为机械能，其余80%直接转变为热能。妊娠后期母牛产热量较空怀母牛增加20%～30%，泌乳20kg的牛，产热量较干乳期妊娠牛增加50%。每生产1kg牛乳，大约需要2 845kJ的能量。

④活动产热。活动产热是指动物因起卧、站立、步行、自由运动、觅食、饮水、争斗、适应环境变化和其他生理活动等而增加的产热量。消化系统生理活动如咀嚼、吞咽、胃肠蠕动、消化酶的分泌、消化、吸收等所增加的热量均属于活动产热。例如，当热环境发生变化时动物进行热调节，如外周血管的收缩、竖毛肌收缩、汗腺分泌和肌肉紧张度的改变等所产生的热量也属于活动产热；又如，除马属动物外，各种动物站立时的能量消耗较躺卧时增加15%。体重450kg的牛每步行1.6km，产热量增加1 381kJ。此外，动物免疫系统因抵抗疾病而增加的产热量也属于活动产热。

体内不同器官和组织的总产热量不同，产热最多的组织器官是肌肉，在基础代谢的情况下，肌肉产热量占总产热量的1/3以上；其次为肝脏，约占12%；其余为心脏、肾、神经系统和皮肤等。肌肉产热量最多，并不是肌肉的代谢特别旺盛，而是肌肉在身体内的数量最多。如果以单位重量计，以肾、心脏、胰、肝和唾液腺的产热较多，肌肉最少。

应当强调的是，在总产热量中，基础代谢产热是保障基本生命活动所必需的；生产代谢产热始终伴随着生产产品和做功而产生；在维持代谢产热中，有些是对动物生产毫无意义，如适应环境、应激反应等产热。因此，通过改善环境减少这部分维持代谢产热以及为生产产热散失创造条件，将是提高饲料转化率的根本措施。

⑤影响动物产热的因素。

a. 年龄。动物的代谢率随年龄增长而下降。因此，动物相对产热量随着年龄增加而降低，但绝对产热量则随着体重增加而增加。

b. 性别。公畜代谢率高于母畜，阉畜与母畜相似。因此，公畜产热量大于同等条件下母畜产热量。

c. 营养状况。营养状况好的动物，代谢水平高，产热量大；瘦弱动物代谢水平低，产热量小。

d. 生产水平。生产力越高的动物，产热量越大。这主要是因为在动物产品形成过程中，始终伴随着热量的产生，而且产热量与形成的产品存在一定的数量关系。

e. 采食量。采食量越大的动物，产热量越大。这主要是因为采食量增大，体增热也增大。

f. 活动量。动物运动量和肌肉活动量越大，产热量越大。

g. 个体大小。个体大的动物，绝对产热量大，相对产热量小。如体重441kg的马，每天产热20 849kJ；体重2kg的鸡，每天产热量为594kJ；体重0.018kg的小鼠，每天产热量为16kJ。但如果以每单位体重（kg）计，马、鸡和小鼠每天产热量分别为47.28kJ、297.00kJ、888.89kJ，即体重越小的动物每单位体重的产热量越多。

(3) 散热（heat loss or thermolysis）。动物体在生命活动过程中所产生的热量只有以相应的速度向外散失，才能维持体温恒定。动物散热的主要部位是皮肤和呼吸道，其次是胃肠道。

动物散热的方式有 4 种，即辐射散热、传导散热、对流散热和蒸发散热。

①辐射散热。辐射（radiation）是指物体表面以电磁波形式连续释放能量的过程，这种能量可以不通过中间介质而传递。温度大于绝对零度的任何物体都能放出辐射能，其辐射波长随辐射体温度升高而逐渐变短。辐射散热是指动物与周围环境可度量距离内物体之间以电磁波形式进行的热交换。动物皮肤的辐射波长在 5 000～20 000nm，大部分为 9 000nm。据维恩位移定律（Wien's Displacement Law），某一物体表面的最强辐射波长 λ 为：$\lambda=2\ 897/(T+273)$。式中，T 为绝对温度。

例如，当皮肤平均温度为 30℃ 时，其最强辐射波长为 $2\ 897/(30+273)=9.6$（μm），即 9 600nm，与黑体的最强辐射波长 9 660nm 相类似。黑体辐射的总能量比例于绝对温度的 4 次方（史蒂芬-玻尔兹曼定律，Stefan-Boltzmann Law），即：

$$Qr=\sigma T^4$$

式中，Qr 为辐射散热量（W）；σ 为史蒂芬-玻尔兹曼常数，等于 5.67×10^{-8} W/（$m^2\cdot K^4$）；T 为绝对温度。

动物一方面通过长波辐射散热，另一方面又从环境辐射得热，动物的辐射散热减去环境辐射得热，才是净辐射散热，净辐射散热量主要取决于动物体表辐射面的面积和辐射面温度与环境温度的差。因此，动物的净辐射散热量可以用下式表示：

$$Qr=Ar\sigma(\varepsilon_1 T^4bs-\varepsilon_2 T^4a)$$

式中，Ar 为动物可发生辐射热交换的体表面积（m^2）；σ 为斯蒂芬-波尔兹曼常数［5.67×10^{-8} W/（$m^2\cdot K^4$）］；ε_1 为动物体表的发射率（emissivity）；ε_2 为环境的发射率；Tbs 为动物体表面温度（K）；Ta 为环境的平均辐射温度（K）。

发射率是指某种物体表面放射或吸收辐射能的能力。黑体能吸收全部外来的辐射能，一个完全的反射体则完全反射外来的辐射能。一个善于吸收辐射能的物体，也必是一个善于放射辐射热的物体。发射率的大小自完全反射的 0 到完全吸收的 1。除光亮的金属外，一切物体对红外线的放射率与黑体相似。

无论动物被毛和周围物体的颜色如何，对红外线的辐射率均可以 1 表示。

环境平均辐射温度（mean radiant temperature，MRT）是表示环境辐射热平均强度的指标。某一环境的 MRT 可根据黑球温度及其周围的气流速度按下式估计。由于黑球温度的高低受黑球对流散热的影响，故用风速校正之。

$$\mathrm{MRT} = tg + 2.4v0.5(tg - ta)$$

式中，tg 和 ta 分别为黑球和空气的温度（℃）；v 为风速（m/s）。黑球温度（black-globe temperature）是表示环境辐射热强度的指标，用黑球温度表测量。黑球温度表为一直径为10～15cm 漆黑的中空铜球，其中插入普通温度表，置于要测量的环境中 15min，读出温度表上的读数，即得黑球温度。

如果知道动物被毛表面的温度和有效辐射面积及环境的平均辐射温度，在没有太阳辐射的影响下，就有可能推算出动物的净辐射散热量。

当环境温度低于动物辐射面温度时，动物散失热量，其净辐射散热为正值；当环境温度高于动物辐射面温度时，动物获得热量，其净辐射散热为负值；当环境温度与动物辐射面温度相等时，动物失热，其净辐射散热为零。

②传导散热。传导散热（heat loss of conduction）是指直接接触的两物体通过分子或原子的振动或旋转等将热量从高温处向低温处传递的过程。温度较高物体分子或原子的运动速度大，温度较低的物体分子或原子运动速度小，在分子或原子运动的传递过程中，伴随着热量的传递，使温度较低的物体分子或原子运动速度增大并获得热量，使温度较高的物体分子或原子运动速度减小并散失热量。动物体呼吸道和皮肤都具有传导散热的作用。呼

吸道是将热传给较冷的吸入空气，皮肤主要是通过直接与较冷物体，如地面、冷水等接触而进行传导散热。空气是热的不良导体，动物体表通过空气传导散失热的热量有限。传导散热可以用下式粗略表示：

$$Qcd = AcdK(Tbs - Ta)$$

式中，Qcd 为传导散热量（W）；Acd 为动物体表与冷物体直接接触的有效面积（m^2）；K 为冷物体的传热系数［W/（m^2·℃）］；Tbs 和 Ta 为分别为动物体表和冷物体表面的温度（℃）。

动物传导散热取决于与其接触物体的温度，当动物体表温度高于物体表面温度时，动物散失热量，传导散热量为正值；当动物体表温度低于物体表面温度时，动物获得热量，传导散热量为负值。水的导热性较空气大。在炎热的夏季，对猪和牛进行冷水浴，可以增加传导散热。

③对流散热。对流（convection）是指流体如空气的相对运动。对流散热是动物与流体（气体或液体）之间分子相对位移造成的热传递。当畜体体表温度高于流体（如空气和水等）温度时，通过对流可以带走畜体表面热量，发生对流热散。与动物对流散热有关的流体主要是空气。水禽、水牛等动物也通过水体流动进行对流散热。对流形成的原因有两种：一种是由外力作用发生对流，称为“强制对流”（forced convection）；另一种为空气因受热不均导致密度变化而产生的对流，称为“自然对流”（natural or free convection）。对流散热量取决于散热面的面积和散热面温度与空气温度之差，可粗略用下式表示：

$$Qcv = Acvh(Tbs - Ta)$$

式中，Qcv 为对流散热量；Acv 为动物可供对流的体表面积（m^2）；h 为对流系数［W/（m^2·℃）］；Ta 和 Tbs 为分别为气温和体表温度（℃）。

对流系数较难估计，受动物的大小、形态、气流的朝向、风速的大小等因素影响。如当风速为0.2m/s时，体重60kg猪的强制对流系数为3W/（m^2·℃），而4kg猪的强制对流系数为5W/（m^2·℃）；当风速增加到0.5m/s时，60kg猪和4kg猪的强制对流系数分别为5W/（m^2·℃）和8W/（m^2·℃）。当环境温度为20～30℃时，自然对流系数均为3～4W/（m^2·℃）。

④蒸发散热。动物的蒸发散热（heat loss of evaporation）是指动物体表水从液态变为气态时吸收动物体热量的过程。当皮肤温度为34℃时，动物体表每蒸发1g水约散失2.43kJ热量。只要皮肤有水分蒸发，就伴随着热量的散失。动物体表蒸发散热的部位主要为皮肤表面和呼吸道。

a. 皮肤蒸发。皮肤蒸发的机制有二：一为渗透蒸发（diffusion evaporation），即皮肤组织水分通过上皮向外渗透，水分在皮肤表面蒸发。因为渗透蒸发不见有水滴，常称为“隐汗蒸发”（insensible perspiration evaporation）。另一种为出汗蒸发（perspiration evaporation），即通过汗腺分泌，使汗液在皮肤表面蒸发。出汗多时，常见皮肤表面有水滴残留，故又称为“显汗蒸发”（sensible perspiration evaporation）。出汗散热能力与汗腺发达程度和被毛状态有关，马属动物汗腺较发达；牛次之；绵羊有汗腺，但较小且为突发性汗腺；猪无活动汗腺，鸡、兔、狗等均无汗腺。对于大多数动物，由于被毛的阻滞作用，即使动物处于高温高湿汗腺分泌汗液多，但是汗液也很难在皮肤表面蒸发，蒸发对动物散热作用不大。因此，在高温高湿时，动物主要靠增加渗透蒸发和呼吸道蒸发而散热。

估计皮肤蒸发散热量的理论公式为：

$$Qe = AeKeVn(Pbs - Pa)$$

式中，Qe为皮肤蒸发散热量（W）；Ae为有效蒸发面积（m^2）；Ke为蒸发常数；V为风速（m/s）；n为风速指数；Pbs和Pa分别为皮肤表面及外界空气水汽压（mbar）。

b. 呼吸道蒸发。呼吸道黏膜湿润、温度高、水汽压大，空气的水汽压一般相对较低，当水汽压较低的空气通过呼吸道时，呼吸道黏膜的水分子很容易从空气中逸出而发生蒸发作用；吸入呼吸道的空气的温度通常低于体温，因经呼吸道的传导、对流的散热作用而使空气温度升高，饱和压水气压也随之提高，从而能容纳更多的水汽。呼吸道蒸发的主要部位是上呼吸道。

呼吸道蒸发散热是通过肺泡表面水分蒸发和吸入冷空气变热而进行的。当气温较低时，动物呼吸次数减少而深度增大；当气温升高时，动物呼吸变得短而急促。

所谓热性喘息就是指在高温环境中，动物出现的增加呼吸频率、减少呼吸深度的现象。热性喘息常见于汗腺不发达或缺乏汗腺的动物如猪、鸡、狗。值得注意的是，热性喘息在排出大量的水蒸气的同时，将体内大量 CO_2 排出体外，导致呼吸性碱中毒。

估计呼吸蒸发散热量的理论公式为：

$$\mathrm{Qre} = KeVr(Pbs - Pa)$$

式中，Qre 为呼吸蒸发散热量（W）；Vr 为呼吸量（L/h）；Ke、Pbs 及 Pa 与前式相同。

在实践中，常用体重减差法、呼吸面罩法、皮肤覆皿法和氯化物沉积法等来直接或间接估计全身、呼吸道或局部皮肤的水分蒸发量，然后再计算蒸发散热量。

在无风和蒸发面一定的情况下，蒸发散热量取决于环境相对湿度（特别是贴近皮肤的一层空气相对湿度），空气相对湿度越小，蒸发散热量越大；相对湿度为100%，蒸发散热量为零，但在任何情况下不会为负值，呼吸道蒸发散热量一般为正值。

辐射散热、传导散热和对流散热合称为“非蒸发散热”、“可感散热”或“显热发散”（sensible heat loss）。非蒸发散热量的大小主要受环境温度的影响，非蒸发散热的结果是导致空气温度变化。蒸发散热也称“潜热发散”（latent heat loss），主要包括皮肤蒸发散热和呼吸道蒸发散热，蒸发散热量主要受空气湿度的影响，不导致空气温度变化。此外，通过胃肠道加热饲料和饮水可消耗部分体热，同时粪、尿排泄也带走少量热，但这种散热不属于正常的生理热调节范围。

⑤影响散热的因素。

a. 空气的温度、湿度和气流。低温环境有利于辐射、传导和对流散热，湿度增大，有利于传导散热；在低温环境中，气流增大，有利于对流散热。干燥空气有利于畜体表面水分蒸发，因而有助于蒸发散热。随着环境温度升高，皮肤辐射、传导、对流散热量减少；在一般情况下（气温低于体表温度），当环境温度一定时，增大气流可以促进蒸发散热和对流散热；在高温环境中，湿度增大，动物蒸发散热量减少。可见，低温、高湿和大气流对动物体热调节不利；高温、高湿和小气流对动物体热调节也不利。

b. 动物体表面积。在温度一定时，动物体表热交换面积越大，散失热量越多。一般来说，动物体表相对面积与动物体重呈负相关，即动物体格（体重）越大，单位体重面积越小，单位体重散失热量也越小，抗寒力强。

c. 动物的姿态。动物身体舒展时，体表散热面积大，散热量多；身体蜷缩时，体表散热面积小，散热量减少。

d. 动物的被毛状态。动物的被毛为角质蛋白，是热的不良导体，被毛间存留有静止、干燥的空气，它也是热的不良导体。因而，被毛越厚，越致密、散热量越少。

e. 皮下脂肪层。皮下脂肪层是热的不良导体，皮下脂肪越厚，越有利于保温。

3. 空气湿度对动物的影响

（1）空气湿度的概念。空气湿度（air humidity）是表示空气中水汽含量多少或空气潮湿程度的物理量。空气水分含量越大，湿度越大。空气在任何温度下都含有水汽，大气空气中的水汽主要来自江、河、湖泊、海洋等水面及地表、植物叶面的水分蒸发。畜禽舍空气中的水汽主要来自畜禽体表和呼吸道蒸发的水汽（占70%～75%）、暴露水面（粪尿沟或地面积存的水）和潮湿表面（潮湿的垫草、畜床、堆积的粪污等）蒸发的水汽（占10%～25%）、通过通风换气带入的舍外空气中的水汽（占10%～15%）。

（2）描述空气湿度的指标。在气象学中，常用水汽压、绝对湿度、相对湿度、饱和差和露点等表示空气湿度。

①水汽压（water vapour pressure）。水汽压是指空气中水汽本身所产生的压力，单位为帕（Pa）、毫巴（mbar）等。在一定温度下，空气容纳水汽的最大量是一个定值，超过这个定值，多余水汽就凝结为液体或固体。将空气中所能容纳的水汽量达到最大时的状态称为饱和状态。空气水汽达到饱和时的水汽压被称为"饱和水汽压"，空气温度增加，饱和水气压很快增大。

②绝对湿度（absolute humidity）。绝对湿度是指单位体积空气中所含水汽的质量，单位为克/立方米（g/m^3）。空气中水汽含量越大，绝对湿度越大，利用绝对湿度直接表示空气中水汽的含量。

③相对湿度（relative humidity）。相对湿度是指空气中实际水汽压与同温度下饱和水汽压之比，用百分率表示。即：

相对湿度＝（实际水汽压/饱和水汽压）×100%

相对湿度说明水汽在空气中的饱和程度。空气相对湿度越小，表明空气水分越不饱和，实际水汽压与饱和水汽压的差值越大。通常空气相对湿度大于80%为高湿，小于40%为低湿。

在绝对湿度一定时，随着环境温度的升高，实际水气压和饱和水汽压均增大，但前者的速度小于后者。因此，在水汽含量不变时，环境温度越高，相对湿度越小。

④饱和差（saturation deficit）。饱和差是指在某一温度下饱和水汽压与当时空气中实际水汽压之差。饱和差越大，表示空气越干燥，否则反之。

⑤露点（dew point）。在空气中水汽含量不变，且气压一定

时，因气温下降，使空气达到饱和时的温度称为露点温度，简称为“露点”，单位为摄氏度（℃）。空气中水汽含量越多，则露点越高，否则反之。如果气温高于露点，则说明空气水分尚未饱和；若气温小于或等于露点，则说明空气水分已达饱和。

（3）空气湿度的变化规律。空气湿度也有日变化和年变化的现象，气温越高，蒸发的水分越大，绝对湿度越大。所以，在1d中和一年中，温度最高的时候，绝对湿度最高；而相对湿度则与气温的日变化和年变化相反，在1d中温度最低的时候，相对湿度最高，在清晨日出前空气水分往往达到饱和而凝结为露、霜和雾。我国大部分地区因属于季风气候，夏季受来自海洋潮湿的空气的影响，冬季又受来自大陆干燥空气的影响。因此，相对湿度最高值出现于降水最多的夏季，最低值出现在干燥的冬季。

（4）畜禽舍空气湿度的变化。在封闭畜禽舍，由于畜禽皮肤和呼吸道以及潮湿地面、粪尿、污湿垫料等的水分蒸发，舍内空气的绝对湿度总是大于舍外。在冬季，封闭式和通风不良的畜禽舍，舍内水汽有75%左右来自畜禽体的蒸发，舍内空气的绝对湿度更显著大于舍外；在门窗敞开、通风良好的夏季，舍内外湿度相差不大。半开放式和开放式畜禽舍，舍内的空气湿度和舍外空气湿度相差不大。

在标准状态下，干燥空气与水汽的密度比为1∶0.623，水汽的密度较空气小。在封闭式畜禽舍的上部和下部湿度均较高。其原因是下部（地面和畜禽体）表面水分不断蒸发，聚集在畜禽舍上部。在保温隔热不良的畜禽舍内，如果空气潮湿，当舍内气温下降至露点时，空气中水分会凝结为雾；虽然气温未降低到露点，但如果门、窗、地面、墙壁和天棚的保温性能不好，温度降低到露点，则水分在畜禽舍的内表面凝结为水或冰，渗入围护结构的内部，则使其保温性能更进一步降低；当气温升高时，这些水分又再蒸发出来，使舍内空气湿度经常很高。畜禽舍天棚、墙壁长期潮湿，墙壁表面会生长绿霉，墙壁灰泥会脱落，影响建筑物的使用寿命和增加维修保养费用。

4. 空气湿度对畜禽热调节的影响 空气湿度对畜禽热调节的作用受温度的影响，在适宜温度条件下，空气湿度对畜禽体产热、散热和热平衡无明显影响，但当温度过高或过低时，空气湿度对动物热调节具有重要影响。一般来说，当空气湿度增大，可加剧高温或低温对动物的不良影响；当湿度减小，可缓解高温或低温对动物的不良影响。

（1）空气湿度对蒸发散热的影响。畜禽体蒸发面的水汽压取决于蒸发面的温度和潮湿程度，皮温越高，越潮湿（如出汗），则水汽压越大，越有利于蒸发散热。若空气水汽压升高，畜禽体蒸发面水汽压与空气水汽压之差减小，则蒸发散热量也减少。在高温条件下，空气湿度增大，不利于畜禽体蒸发散热。因此，在高温条件下，空气湿度增大，会使畜禽体散热更为困难。在低温环境中，散热的主要形式为非蒸发散热。因此，空气湿度对蒸发散热的影响并不显著。

（2）空气湿度对非蒸发散热的影响。在低温环境中，非蒸发散热是畜禽体主要散热方式，非蒸发散热越少，越有利于低温时畜禽体的热调节。在低温环境中，空气湿度越大，非蒸发散热量越大，其原因是由于湿空气的热容量和导热性分别比干空气高 2 倍和 10 倍，从而空气水分增加了畜禽被毛的导热性，降低了体表热阻，使动物辐射和传导散热大大增加，加剧了动物冷应激。

（3）空气湿度对产热量的影响。在适温条件下，湿度高低对产热量没有影响。但是，如果动物长期处在高温和高湿环境中，蒸发散热受到抑制，代谢率降低，动物产热量减少；如果动物突然处于高温和高湿环境，由于体温升高和呼吸肌强烈收缩，使动物产热量增加。在低温环境中，高湿可促进非蒸发散热，加剧动物冷应激，引起动物产热量增加。

（4）空气湿度对机体热平衡的影响。在适宜温度环境中，空气湿度变化对畜禽体热平衡影响并不显著。

在高温环境中，空气湿度增大，畜禽体蒸发散热受阻，体温升高。例如，黑白花奶牛在 26.7℃时，当相对湿度从 30%增加到 50%时，体温升高 0.5℃；猪在 32.2℃时，当相对湿度从 30%增加到 94%时，体温升高 1.39℃。

在有限度的低温环境中，空气湿度变化对畜禽体热平衡无显著影响。此时，动物可通过提高代谢率以抵御空气湿度变化对热平衡的影响。例如。在－11.1～4.4℃的低温环境中，相对湿度在 47%～91%变化，对牛的体温无明显影响。但较低的环境温度和高湿，却会大大加重体热调节的负荷，加剧体热平衡的破坏和体温降低的速率。

5. 空气湿度对畜禽生产力的影响

（1）在高温环境中，增加空气相对湿度，不利于动物生殖活动。在适宜温度和低温环境中，相对湿度对动物的生殖活动影响很小。例如，据田野观察分析，当 7～8 月平均气温超过 35℃时，牛的繁殖率与相对湿度呈密切的负相关。到 9 月和 10 月初，气温下降到 35℃以下，湿度对繁殖率的影响很小。

（2）在适宜温度条件下，湿度对动物生长发育和肥育无明显影响，如在温度比较适宜的条件下，相对湿度 45%、70%或 95%时体重 30～100kg 猪的增重和饲料消耗没有显著的差异；在 15℃适温中，相对湿度高低对犊牛的生产性能也无显著影响。在高温环境中，空气湿度增加，动物生长和肥育速度下降。例如，气温超过最适温度 11℃，相对湿度从 50%增至 80%，猪的增重和饲料利用率显著降低。在低温环境中，空气湿度增加，动物生长和肥育速度下降。例如，饲养在 7℃以下的犊牛，相对湿度从 75%升高到 95%，增重率和饲料利用率显著下降。一般认为，在气温 14～23℃、相对湿度 50%～80%时猪肥育效果最好。

（3）产奶量和奶的组成。在低温和适宜温度条件下（气温在 24℃以下），空气相对湿度变化对奶牛的产奶量、奶的组成、饲料和水的消耗以及体重等都没有影响。但在高温环境中（如当气温高于24℃），随着相对湿度升高，黑白花牛、娟姗牛和瑞士黄牛的采食量、产奶量和乳脂率都下降。在30℃时，当相对湿度从50%增加到75%，奶牛产奶量下降7%，乳蛋白含量也下降。

（4）产蛋量。在适宜温度和低温条件下，空气相对湿度对产蛋量无显著影响。然而，在高温环境中，空气相对湿度高，对蛋鸡产蛋有不良影响。例如，有报道，冬季相对湿度在85%以上对产蛋有不良影响。产蛋鸡的上限临界温度随湿度的升高而下降，如相对湿度为75%时，产蛋鸡耐受的最高温度为28℃；相对湿度为50%时，产蛋鸡耐受的最高温度为31℃；相对湿度为30%时，产蛋鸡耐受的最高温度为33℃。

6. 空气湿度对动物健康的影响

（1）高湿环境。高湿环境为病原微生物和寄生虫的繁殖、感染和传播创造了条件，使畜禽传染病和寄生虫病的发病率升高，并有利于其流行。如在高温高湿条件下，猪瘟、猪丹毒和鸡球虫病等最易发生流行，畜禽也易患疥、癣及湿疹等皮肤病。高湿是吸吮疥癣虫生活的必要条件，因此，高湿对疥癣蔓延起着重要作用。高湿有利于秃毛癣菌丝的发育，使其在畜禽群中发生和蔓延。高湿还有利于空气中猪布鲁氏杆菌、鼻疽放线杆菌、大肠杆菌、溶血性链球菌和无囊膜病毒的存活。高温高湿尤其有利于霉菌的繁殖，造成饲料、垫草的霉烂，极易造成霉玉米，使赤霉病及曲霉菌病的大量发生。在梅雨季节，畜禽舍内高温高湿往往使幼畜禽的肺炎、白痢和球虫病暴发蔓延或流行。

低温高湿，畜禽易患各种呼吸道疾病，如感冒、支气管炎、肺炎等，以及肌肉、关节的风湿性疾病和神经痛等。但在温度适宜或偏高的环境中，高湿有助于空气中灰尘下降，使空气较为干净，对防止和控制呼吸道疾病有利。

（2）低湿环境。空气过分干燥，特别是再加以高温，能使皮肤和外露黏膜发生干裂，从而减弱皮肤和外露黏膜对微生物的防卫能力，易引起呼吸道疾病。低湿有利于白色葡萄球菌、金黄色葡萄球菌、鸡白痢沙门氏杆菌以及具有脂蛋白囊膜病毒的存活。湿度过低易使家禽羽毛生长不良。低湿还是家禽互啄癖发生和猪皮肤落屑的重要原因之一。空气高燥会使空气中尘埃和微生物含量提高，易引发皮肤病、呼吸道疾病，并有利于其他疾病的传播。

畜禽舍的防潮措施在多雨潮湿地区，要保持舍内空气干燥是困难的，只有在建筑和管理等各方面采取综合措施，才能使空气的湿度状况有所改善。防止畜禽舍空气湿度过大的基本措施有：畜禽场场址应选择在高燥、排水良好的地区；为防止土壤中水分沿墙上升，在墙身和墙脚交界处设防潮层；坚持定期检查和维护供水系统，确保供水系统不漏水，并尽量减少管理用水；及时清除粪尿和污水，经常更换污湿垫料，有条件的最好训练家畜（如猪）定点排粪尿或在舍外排粪排尿；加强畜禽舍外围护结构的隔热保暖设计，冬季应注意畜禽舍保温，防止气温降至露点温度以下；保持正常的通风换气，并及时排除潮湿空气；使用干燥垫料，如稻草、麦秸、锯末、干土等，以吸收地面和空气中的水分。

7. 气流对动物的影响

（1）气流的产生。在地球表面上，由于空气温度的不同，使各地气压的水平分布也不相同。气温高的地区，气压较低；气温低的地区，气压较高。空气从高气压地区向低气压地区的水平流动，被称为“风”（wind）。两地的气压相差越大，则风速也越大。在同样的压差下，风速与两地的距离有关。距离越近，风速越大；距离越远，风速越小。我国大陆处于亚洲东南季风区域，夏季大陆气温高，空气密度小，气压低，海洋气温低，空气密度大，气压高，故盛行东南风。东南风为大陆带来了潮湿的空气和充沛的降水；冬季大陆温度低，空气密度大，气压高，海洋温度高，空气密度小，气压低，故多形成西北风或东北风。北风所形成的气候干燥，多沙尘。

（2）气流状态的描述。气流的状态通常用风向（wind direction）和风速（wind speed）来表示。风向就是风吹来的方向，气象上规定以圆周方位来表示风向，常以8个或16个方位表示。风向是经常发生变化的，一段时间内的风向常用风向频率来表示。风向频率是指在一定时间内某风向出现的次数占该时间刮风总次数的百分比。在实际应用中，常用一种特殊的图式表示风向的分配情况，即将诸风向的频率按比例绘在8个或16个方位上，这种图被称为“风向玫瑰图”。风向玫瑰图可以表明一定地区一定时间内的主风方向，在选择畜禽场场址、建筑物配置和畜禽舍设计上都有重要的参考价值。风速是单位时间内风的行程，常以米/秒（m/s）表示。气象上也常用蒲氏风级表来表示。

（3）畜禽舍气流。畜禽舍内外的空气通过门、窗、通气口和一切缝隙进行自然交换而发生舍内空气流动，或以通风设备造成舍内空气流动。在畜禽舍内，畜禽的散热使温暖而潮湿的空气上升，使畜禽舍上部气压大于舍外，下部气压小于舍外，则畜禽舍上部热空气由上部开口流出，舍外较冷的空气则由下部开口进入，形成舍内外空气对流。舍外有风和采用风机强制通风时，舍内空气流动的速度和方向取决于舍外风速、风向和风机流量及进风口位置；外界气流速度越大，畜禽舍内气流速度也越大。畜禽舍内围栏的材料和结构、笼具的配置等对畜禽舍气流的速度和方向有重要影响，如用砖、混凝土筑成的猪栏，易导致栏内气流流通不畅。

畜禽舍内的气流速度可以说明畜禽舍的换气程度。若气流速度在0.01～0.05m/s，说明畜禽舍的通风换气不良；在冬季，畜禽舍内气流大于0.4m/s，对保温不利；结构良好的畜禽舍，气流速度微弱，很少超过0.3m/s。舍内适宜气流速度与环境温度有关，在寒冷季节，为避免冷空气大量流入，气流速度应在0.1～0.2m/s；在炎热的夏季，应当尽量加大气流或用风扇、风机加强通风，速度一般要求不低于1m/s。

①气流对畜禽体热调节的影响。

a. 气流对非蒸发散热的影响。在适宜温度条件下，气流可促进非蒸发散热（主要是对流散热）。在适宜温度和低温条件下，若温度保持不变，随着气流速度的增大，则非蒸发散热量增大。其中，对流散热增加的速度要大于辐射散热增加的速度。当气流速度保持不变时，随着温度升高，气流促进非蒸发散热的作用下降。当气流温度等于皮肤温度时，则对流散热的作用消失；如果气温高于皮温，则机体从对流中获得热量。在低温潮湿的条件下，随着气流速度的增加，动物的非蒸发散热量显著增加，这使动物感到更冷。在低温潮湿条件下，增加气流速度，有可能冻伤或冻死动物。

b. 气流对蒸发散热的影响。在适温和低温时，如果机体产热量不变，风速增大，则皮肤蒸发散热量反而减少，其原因是在适温和低温时，增大风速会增加对流散热，降低皮肤温度和水汽压，使皮肤的蒸发减少。如果在低温时因风速增大而增加产热量，则蒸发散热量也随之增大。风速增大，达到最大蒸发量的气温也随之提高。例如，奶牛在风速 0.2m/s 的环境中，气温 26.7℃时已达最大蒸发散热量；而在 4.5m/s 的风速中，35℃时才达到最大蒸发散热量。

c. 气流对产热量的影响。在适温时，增大风速对产热量没有影响；在高温时（低于皮温），增大风速有助于延缓产热量增加；在低温时，增大风速则显著增加产热量。例如，气温在 18.3℃以上，风速大小不影响欧洲牛的产热量。但在 0℃时，即使风速自 0.2m/s 增大到 0.7m/s，也能使阉牛产热量增加 6%。在−7.8～−6.7℃的低温中，风速自 0.2m/s 增大到 4.5m/s，黑白花奶牛产热量增加 20%～35%，但体温仍保持正常。

②气流对畜禽生产力和健康的影响。

a. 气流对畜禽健康的影响。在适温时，风速大小对动物的健康影响不明显；在低温潮湿环境中，增加气流速度，会引起关节炎、冻伤、感冒和肺炎等疾病发生。在低温潮湿环境中，增加气流，会导致仔猪、雏禽、羔羊和犊牛死亡率增加。

b. 气流对畜禽生产力的影响生长和肥育。在低温环境中，增加气流，动物生长发育和肥育速度下降。例如，仔猪在低于下限临界温度（如 18℃）时，风速由 0m/s 增加到 0.5m/s，生长率和饲料利用率下降 15%和 25%。在适宜温度时，增加气流速度，动物采食量有所增加，生长肥育速度不变。例如，在 25℃等热区中，风速从 0.5m/s 增加到 1.0m/s，仔猪日增重不变，饲料消耗增多。在高温环境中，增加气流速度，可提高动物生长和肥育速度。例如，在气温为 32.4℃和相对湿度为 40%时，当风速从 0.3m/s 增加到 1.6m/s 时，肉牛平均日增重从 0.64g 增加到 1.06g。气温达30℃以上时，风速由 0.28m/s 增至 1.56m/s，可提高 300～350kg 阉牛的日增重。再如，气温 21.1～35.0℃时，气流自 0.1m/s 增至 2.5m/s，可使雏鸡的增重提高 38%。

c. 产蛋性能。在低温环境中，增加气流速度，蛋鸡产蛋率下降。在高温环境中，增加气流，可提高产蛋量。例如，在气温为 32.7℃、湿度为 47%～62%的条件下，风速由 1.1m/s 提高到 1.6m/s，来航鸡的产蛋率可提高 1.3%～18.5%。在 30℃环境中，当风速从 0m/s 增至 0.8m/s，鹌鹑产蛋率从 81.9%增至 87.2%。在适宜温度环境中，风速 1m/s 以下的气流对产蛋量无明显影响。

d. 产奶量。在适宜温度条件下，风速对奶牛产奶量无显著影响，如气温在 26.7℃以下，相对湿度为 65%，风速在 2～4.5m/s，对欧洲牛及印度牛的产奶量、饲料消耗和体重都没有影响。但在高温环境中，增大风速，可提高奶牛产奶量。例如，与适宜温度相比较，在 29.4℃高温环境中，当风速为 0.2m/s 时，产奶量下降 10%，但当风速增大到 2.2～4.5m/s，奶牛产奶量可恢复到原来水平。在 35℃的高温中，风速自 0.2m/s 增大到 2.2～4m/s，黑白花牛的产奶量增加 25.4%，娟姗牛产奶量增加 27%，瑞士褐牛产奶量增加 8.4%。

③畜牧生产中的气流控制。

a. 高温条件下畜禽舍气流的控制。在高温环境中，增大气流，有利于动物生产和健康。因此，在夏季高温季节，一般都增大畜禽舍的通风量。畜禽舍通风可利用门窗关闭或打开调节自然通风；也可通过调节畜禽舍通风管，增大通风面积；还可安装风机，进行机械通风。集约化、规模化的猪场、鸡场和牛场，由于畜禽饲养密度大，产热量大，夏季畜禽舍温度和湿度大，自然通风难以满足要求，需科学设计，安装风机，进行机械通风。夏季通风要求气流速度不低于 1m/s，气流方向最好不要直吹畜禽体。

b. 低温条件下气流的控制。在低温环境中，增大风速不利于动物的生产和健康。因此，在环境温度低时，在保障排除畜禽舍内空气有害气体和多余水分的前提下，应尽可能减少通风量，关闭门窗，减小风机运转速度。但在低温环境中，须保持适宜的通风量，以排除畜禽舍空气中的水和有害气体。在控制气流时，一方面，要注意风速大小适宜，满足生产需求；另一方面，气流分布要均匀，不留死角，以免局部地区空气污浊。此外，要避免贼风对畜禽的危害。所谓贼风，就是一股冷而速度大的气流。贼风的危害在于使生活在温暖环境中的动物局部受冷，引起动物关节炎、肌肉炎、神经炎、冻伤、感冒以至肺炎等。防止贼风的方法是堵住屋顶，天棚、门窗和墙的缝隙。畜禽舍中设置漏缝地板时易产生贼风，应尽量缩小猪舍内设置漏缝地板的面积，以免贼风吹袭猪体。

二、化学因素对畜禽的影响

（一）空气中的有害物质对人畜的影响

1. 大气污染的概念　大气污染就是指在空气的正常成分之外又增加新的成分，或者使原有某种成分骤然增加，对人、畜和其他生物的健康产生了不良的影响，甚至会引起自然界发生某些变化。大气中的污染物质来自自然界和人为两方面。自然界的火山爆发、森林火灾、地震和开采各种天然矿藏可产生大量的污染物质（如各种微粒、硫化氢、硫氧化物、各种盐类和异常气体）等，能造成局部的或短期的大气污染。人为的污染物主要来自为工业生产过程和人类生活排放的有毒、有害气体、微生物和烟尘，如氟化物、二氧化硫、氮氧化物、一氧化碳、氧化铁微粒、氧化钙微粒、砷、汞、氯化物、各种农药的气体等。畜禽场和畜禽产品加工厂既可排放氨、硫化氢、甲烷、吲哚、粪臭素等有害气体，也可以排放粉尘和微生物。

2. 大气污染对空气环境的危害 烟尘对太阳光有一定的吸收和散射能力，因此，烟尘可以减少太阳直接辐射到地球表面的辐射强度，导致空气浑浊度增加、能见度降低。大气中的酸性污染物与降水结合，产生酸雨，造成水体污染，导致水生生物大量死亡，污染土壤，导致农作物减产。大气中的二氧化碳、尘埃等能使大气产生“温室效应”，引起全球气温升高，造成冰川融化、海平面上升，导致沿海城市被淹、土壤盐碱化，气温升高还导致大陆局部地区干旱、水涝、土地沙漠化等灾害频繁发生。由于人类使用氯氟烃做空调、冰箱等制冷剂，可导致大气臭氧层被破坏。

3. 大气污染对动物的危害 大气污染首先对动物呼吸器官造成危害，当动物吸入受到污染的空气时，可引起呼吸器官机能的改变，影响肺组织的气体交换。同时，进入肺泡的污染物质可迅速被吸收、不经肝解毒直接进入血液循环分布到全身。其次，大气污染可以影响动物体血液中血红蛋白的运输氧的功能。实验证明：当血液中碳氧血红蛋白达到5%时，可损害血红蛋白输送氧的能力相当于丧失200mL的血液。对贫血和血液循环障碍的病人来说，可能产生严重影响。最后，大气污染对动物体可产生急性和慢性中毒，当大量有毒物质浓度急剧增加时，可产生急性毒害作用；当大气污染物浓度低，但长期作用也能使动物产生慢性中毒。

（二）水环境对畜禽的影响

饮用水的污染主要由于各种工农业生产、生活污水排入水源造成的，主要包括工业废水、生活污水、畜产与渔业污水和含农药的农用污水等。

1. 水污染的危害

（1）引起介水传染病流行。介水传播的传染病主要是肠道传染病，当饮水受到病原微生物污染时，就会引起疫病传播。

（2）引起急性或慢性中毒。当水体受到重金属或农药污染时，人畜饮用后根据污染程度，就会引起急性或慢性中毒。

2. 水体的自净　水体自净包括混合稀释、沉降和逸散、中和、有机物分解、生物转化、日光照射。

3. 水源的种类

（1）地面水。包括江、河、湖、塘及水库等。这些水主要是由降水或者地下水在地表汇集而成。地面水的特点：来源广、水量足，也容易受到生活及工业废水的污染。但有较强的自净能力，是常用的水源。一般流动的水比死水自净力强，水量大的比水量小的自净力强。因此，尽量选用水量大、流动的地面水作为牧场水源。

（2）地下水。地下水深藏在地下，由降水和地表水经土层渗透到地面以下而形成。地下水经过过滤，水中悬浮物和细菌大部分被滤过。地下水不易受污染，但流经地层和渗透时，溶解土壤中的各种矿物质盐类，而使水质硬度增加。地下水的特点是：水中有机物和细菌少、清澈、硬度大。但某些地区地下水含有某些矿物质，如氟化物、砷化物。所以，选择地下水作水源时，首先要进行检验。

4. 水的卫生学特性

（1）物理学指标。水受到污染后，水的感官性状会受到不同程度的影响。

①水温。随气温的季节性变化，水温也发生相应的变化。水温直接影响水中细菌的繁殖、水的自净作用和矿物质的溶解。水温突然升高，存在有机污染的可能，所以在监测水质时，应记录水温。地面水的温度随季节和气温变化而变化，其变化范围为0.1～30℃，地下水一般在8～12℃。

②色泽。饮用水应为无色。水呈任何颜色都表明水中存在有污染物质。含腐殖质的水呈棕色或棕黄色；富含藻类的水呈绿色或黄绿色；含低铁盐的水到达地面后呈黄褐色。饮水色度不超过15°，且无异色。

③混浊度。表示水中悬浮物和胶体对光线透析阻碍程度的物理量。清洁水应是透明的。若水中含有泥沙、有机物、矿物盐、生活污水、工业污水及藻类的生长，都可使水的混浊度增加。混浊的水也往往含有大量微生物，使介水传染病发生率增高。

以1L水中含有相当于1mg标准硅藻土形成的混浊度为1个浑浊度单位。我国饮用水的浑浊度标准为5°。

④臭和味。臭指水质对鼻子嗅觉的不良刺激。味指水质对舌头味觉的刺激。清洁水无异臭、异味。人及畜禽粪便污染、工业废水污染、水中大量藻类死亡、含硫地层的地下水都可产生异臭。水中溶解的各种盐类和杂质都可产生异味。如含铁盐的水有涩味，含镁盐有苦味等。

（2）化学指标。

①pH。pH表示水的酸碱度，取决于所含氢离子和氢氧根离子浓度的多少。天然水pH多为7.2～8.5；我国饮用水标准为6.5～8.5。

工业废水和生活污水等污染水体时，pH可发生明显的改变。酸性和碱性土壤地区，池塘或水库中的水也往往相应的呈酸性和碱性。

②总硬度。总硬度是指溶于水中的钙、镁盐类的总含量（水

的硬度以“度”来表示，即1L水中钙、镁离子的总含量相当于10mg的氧化钙时，称为1°）。

畜禽可以饮用不同硬度的水，但突然改变饮水硬度，会引起畜禽胃肠功能紊乱，消化不良、腹泻，称为“水土不服”。一段时间后则会逐渐适应。

按硬度大小，可将水分为软水（低于8°）、中等硬水（8°～16°）、硬水（17°～30°）、极硬水（30°以上）。我国卫生标准，饮用水硬度≤450mg/L，即≤45°。

③氮化物。氮化物包括有机氮、蛋白氮、氨氮、亚硝酸盐氮和硝酸盐氮。有机氮是指有机含氮化合物的总称；蛋白氮是指已经分解成较为简单结构的有机氮。它们主要来源于动植物，如粪便、植物体、藻类和原生动物的腐败等。水中氨氮、亚硝酸盐氮和硝酸盐氮的含量变化，能表明水体污染和净化情况，这三者也常称为水的“三氮”。其中，氨氮是天然水被人畜粪便等有机物污染后，在耗氧微生物作用下分解成的中间产物；亚硝酸盐氮是水中氮在有氧条件下，经亚硝酸菌作用分解的产物；亚硝酸氮是含氧有机物分解的最终产物。“三氮”均增高时，表明水体在过去和新近都受污染，自净正在进行；若仅硝酸盐含量增加，表明污染已久，且已经趋于净化。

④氯化物。自然界的水一般含有氯化物，是水流经含氯化物的地层，或受生活废水和工业废水的污染所致。

⑤硫酸盐。天然水中均含有硫酸盐。当硫酸盐突然升高时，表明水体被污染。

⑥溶解氧（DO）。溶解于水中的氧气称溶解氧。水温越低含氧量越高。清洁地面水溶解含氧量接近饱和状态。它是水中有机物氧化分解的重要条件。若水中溶解氧较低，在不同程度上说明水体受有机物污染的可能性较大。天然水体常温下一般为5～10mg/L。饮用水DO≥4mg/L。

⑦化学耗氧量（COD）。用强氧化剂（高锰酸钾或重铬酸

钾）氧化 1L 水中的有机物质所消耗掉的氧的含量。COD 是一个间接指标，代表水中可被氧化的有机物和还原性无机物的含量。

COD 越高，说明水受有机物污染的可能性越大。但高锰酸钾或重铬酸钾不能使吡啶、苯等有机物氧化，一般所测值约为理论值的 95%。饮用水 COD 不高于 15mg/L。

⑧生化需氧量（BOD）。水中有机物在微生物的作用下，1L 水进行生物氧化分解所消耗的溶解氧量。水中的有机物越多，所需的生化需氧量就越高。实际工作中都以 30℃时培养 5d 后 1L 水减少的溶解含氧量来表示，称为 5 日生化需氧量（BOD_5），这是评价水体污染的一项重要指标。

⑨总需氧量（TOD）。总需氧量（TOD）指 1L 水中还原物质（有机物和无机物）在一定条件下氧化时所消耗的氧的毫升数。是评价水体被污染的一项重要指标，其值越大，污染越严重。

⑩总有机碳（TOC）。总有机碳（TOC）指水中有机物的全部含碳量，是评价有机物污染成都的综合指标之一。只能相对表示水中有机物的含量，但不能说明有机污染的性质。

（3）毒理学指标。毒理学指标是指水质标准中规定的某些物质本身是毒物，当其含量超过一定程度时，就会直接危害机体，引起中毒。这类指标往往是直接说明水体受某种工业污染的重要证据。

①氟化物。水中一般含有适量氟化物，它有良好的抗龋齿作用，但含量高则可引起中毒。地面水高氟的原因，主要是各种含氟工业的污染结果；地下水高氟，则是地区性含氟矿的结果。我国饮水标准规定，氟含量 0.5～1.0mg/L。

②氰化物。水中氰化物主要来源于各种工业（如炼焦、电镀）废水的污染。氰化物毒性很强，可引起急性中毒。饮用水标准规定，水中氰化物含量不得超过 0.05mg/L。

③汞。与铅、镉、砷、铬合称“五毒”，汞为五毒之首。主

要来自工业废水，形式多样，普遍存在。汞毒性很强，有机汞甚于无机汞，主要作用于神经系统、心、肾、胃肠道，且易富集。汞污染引起中毒，最早是1953年在日本雄本县水俣地区发生，故又称“水俣病”。随后在世界各地相继发生，成为第一大公害病。饮用水标准规定，水中汞含量不得超过0.001mg/L。

④铅。铅工业用途广，是最早出现危害的元素（四乙基铅加入汽油防爆）。水中铅主要来自工业废水，铅有积累作用，主要引起神经系统和血液病变。饮用水标准规定，水中铅含量不得超过0.05mg/L。

⑤镉。镉主要来自钨、钼、锌矿和原子能工业，能在动物骨骼中大量沉积，导致贫血，骨骼变形、易折、如针刺样疼痛，严重时导致人畜死亡。镉污染引起中毒，最早是第二次世界大战后在日本富山县神通川发生，称为“痛通病”或“骨痛病”。饮用水标准规定，水中镉含量不得超过0.01mg/L。

⑥砷。砷是红细胞的组成成分，微量有促生长作用，过量有剧毒。主要影响中枢神经系统、毛细血管渗透性和新陈代谢，能溶血，对皮肤和黏膜有刺激作用。砷主要来自多种工业废水和农药（砷酸铅、砷酸钙杀虫剂）。砷是传统的剧毒药，俗称砒霜。砷主要存在于冶炼、农药、皮革、染料等工业废水中。饮用水标准规定，水中砷含量不得超过0.05mg/L。

⑦六价铬。铬在废水中主要以三价铬和六价铬两种形态存在，六价铬的毒性比三价铬大10倍。六价铬有很大的刺激性和腐蚀作用；它能夺取血中部分氧，使血红蛋白变为高铁血红蛋白，致使血红细胞携氧机能发生障碍，血中氧含量减少，发生内窒息；对神经系统有毒害作用；三价铬和六价铬都有致癌作用。饮用水标准规定，水中六价铬含量不得超过0.05mg/L。

（4）微生物学指标。细菌学检查特别是肠道菌的检查，可作为水受到动物性污染及其污染程度的有力根据，在流行病学上具有重要意义。

水体受到工业废水、生活污水、人畜粪便污染，可使水中细菌大量增加。通常检查水中的细菌总数、总大肠菌群、游离余氯来间接判断水质受到污染的情况。

①细菌总数。1mL 水在普通琼脂培养基中，于 37℃经 24h 培养后所生长的细菌集落总数。当水被人畜粪便污染时，细菌总数可急剧增加。饮用水标准规定，1mL 水中细菌总数不超过 100 个。

②大肠菌群。肠道中主要有大肠菌群、粪链球菌和厌氧芽孢菌三类。它们都可随人畜粪便进入水体，而大肠菌群数量最多，且它在外界环境中生存条件与肠道致病菌相近。所以，水体中大肠菌群的多少是直接反映水体受人畜粪便污染的一项重要指标。

a. 大肠菌群指数。水中大肠菌群的数量，一般用大肠菌群指数或大肠菌群值表示。大肠菌群指数是指 1L 水中所含大肠杆菌群的数目。饮用水标准规定，大肠菌群指数不超过 3 个。

b. 大肠菌群值。大肠菌群值是指含有 1 个大肠菌群的水的最小容积（mL）。

c. 游离余氯。对饮用水进行氯化消毒时，水中细菌及各种杂质要消耗一定量的氯。这些在水中氯的消耗量，称为水的需氧量。为保证饮用水的安全，加氯不仅要保证消毒，而且还要剩余一部分游离状态的活性氯。消毒后水中剩余的活性氯称为“游离性余氯”。如果尚存余氯，说明已经满足消毒需要。所以，余氯是用来评价氯消毒效果的一项指标。饮用水标准规定，余氯不能低于 0.05mg/L。

（三）土壤环境对畜禽营养的影响

1. 土壤的物理性状 土壤是地壳表面的岩石经过长期的风化和生物学的作用形成的。其固形成分主要是矿物质颗粒，即土粒。

土粒依其直径大小分为石砾（粒径 1～3mm）、沙粒（粒径 0.01～1mm）、粉粒（粒径 0.001～0.01mm）、黏粒（粒径小于

0.001mm）4种。

根据各种粒径土粒所占比例分为沙土、黏土和沙壤土三大类。

（1）沙土。颗粒大、空隙大、透气透水性强、吸湿性小，易于干燥，有利于有机物的分解。它的导热性大，热容量小，易增温，也易降温，昼夜温差明显。这种易冷易热的特性对畜禽是不利的。

（2）黏土。颗粒细、空隙小、透气透水性差、吸湿强、容水量大、容易变潮。在其上修建畜禽舍容易潮湿。

（3）沙壤土。这类土壤由于沙粒和黏粒比例适宜，兼具沙土和黏土的优点。透气透水良好，持水性小，雨后不宜泥泞，易于保持适当的干燥，可防止病菌、寄生虫、蚊蝇等生存和繁殖。同时，因透气性好，有利于土壤的自净。导热性小，热容量大，土温比较稳定，对畜禽的健康、卫生防疫、绿化种植比较适宜。又因其抗压性好、膨胀性小，适合作畜禽舍的地基。

尽管沙壤土是建立畜牧场较为理想的土壤，但在一定地区内，由于客观条件的限制，选择最理想的土壤是不容易的。需要在畜禽舍的设计、施工、使用和其他日常管理上，设法弥补当地土壤缺陷。

2. 土壤的化学特性　土壤的成分很复杂，包括矿物质、有机物、土壤溶液和气体。一般土壤中矿物质占90%～99%，有机质占1%～10%。

土壤中的化学元素，与畜禽关系密切的有钙、磷、钾、钠、镁、硫等常量元素，还有畜禽所必需的微量元素，如碘、氟、钴、钼、锰、锌、铁、铜、硒等。

土壤中某些元素的缺乏或过多，往往通过饲料和水引起畜禽地方性营养代谢疾病。

如土壤中钙磷缺乏，在原始养殖状态下，可能引起畜禽的钙磷代谢障碍，甚至出现佝偻病和软骨症；缺镁则导致畜体物质代谢紊乱甚至出现痉挛症；缺钾或钠时，畜禽食欲不振、消化不良、生长发育受阻等。饲料中富含硒元素，可引发猪白肌病。

3. 土壤的生物学特性 土壤中的生物包括微生物、植物和动物。微生物中有细菌、放线菌和病毒；植物中有真菌和藻类；动物包括鞭毛虫、纤毛虫、蠕虫、线虫和昆虫等。

土壤细菌大多为非病原性杂菌，土壤微生物对土壤的自净具有重要作用。

病原微生物可以在土壤中可存活几个月或若干年，如霍乱杆菌可存活 9 个月、布鲁氏菌可存活 2 个月、沙门氏杆菌可存活 12 个月、破伤风杆菌和炭疽杆菌可存活 16～17 年。因此，发生过疫情的地区对畜禽威胁很大。

4. 土壤特性对畜禽的影响

（1）影响水体、空气的质量。使水体、空气中的化学性状及微生物指标发生变化；土壤潮湿或沼泽化会使空气湿度增大，畜禽易发生疾病（感冒、风湿性疾病及动物肢蹄性疾病）。

（2）影响土壤自净能力。土壤中含水量高时，空气含量少，使有机物分解慢，且不彻底（厌氧分解），并常含有病原微生物、寄生虫及病媒昆虫。

（3）影响饲料作物（牧草）质量。由于土壤中某些元素过多或不足，使生长于此地区的饲料含有该类元素过多或不足，畜禽食用这种饲料后会引起某些地区畜禽特有的疾病，称为生物地化流行病。

5. 土壤中生命化学元素对畜禽营养的影响

（1）分类。动物生命活动必须从环境中吸收的化学元素，称为生命化学元素。主要分为：

①大量元素：C、H、O。

②常量元素：Ca、P、Mg、K、Na、S、Cl。

③微量元素：Fe、Cu、Mn、Zn、Se、I、Co 等。

④痕量元素：Cr、F、Mo、Si。

微量元素在畜禽生产过程中容易成为限制性营养因子，不同动物在不同生长阶段或生理过程对营养元素的需要量是不同的。

（2）元素的协同与拮抗作用。微量元素之间具有非常复杂的相互作用，彼此之间往往存在着相互拮抗与协同作用，从而影响它们被动物机体吸收及对机体的生理作用。

①协同作用。如 Cu^{2+} 可以促进 Fe^{2+}、Fe^{3+} 的吸收，没有 Cu^{2+}，Fe^{2+} 就不能进入血红蛋白分子。当 Fe^{2+} 和 Fe^{3+} 充足而 Cu^{2+} 缺乏时，机体同样可以发生贫血。

②拮抗作用。饲料中含有大量锌时，畜禽对铜的吸收能力降低（吸收过程中，锌会置换铜）；镉的存在可干扰铜在肠内吸收。硫、砷与硒可以减弱彼此的毒性。

（3）易引起畜禽缺乏或过量的化学元素。

①钙。长江流域土壤呈酸性而缺钙；干燥盐碱土壤中的钙，植物不易吸收。高温多雨地区因土壤淋洗，饲草中钙含量也低。缺钙易引起幼畜软骨症和老年家畜的骨质疏松；奶牛缺钙，奶的钙含量下降。

②磷。我国大部分地区缺磷，尤其是酸性红、黄壤缺磷更明显。此外，植物中的磷大多数是植酸磷，利用率很低。所以，饲料中都不同程度地添加磷；否则，畜禽生产会受到严重影响。我国饲料中添加磷的量没有控制，因此而造成的环境污染明显。

③硒。硒在我国土壤中的分布具有明显的区域性，东北三省缺硒最严重，是家畜白肌病高发区。沿海地区比内陆地区缺硒严重。沿海省份从北向南均严重缺硒，但北部省份比南部省份更严重。欧洲及北美洲土壤中缺硒也较为普遍。

总的来说，酸性、中性土壤中的硒不易被植物吸收，硫能抑制植物吸收硒，镁会与硒结合形成植物不易吸收的化合物。生长较快的幼畜对饲料中缺硒比较敏感，可引起生长缓慢及白肌病。肉鸡可引起渗出性素质。

④碘。沿海土壤中的碘含量高于内陆地区，内陆地区的畜禽

容易缺碘，引起地方性甲状腺肿，生长缓慢，胚胎早死，如蛋鸡产蛋量下降、兔子死亡率增加等。氢氰酸根（CN^-）可抑制植物对碘的吸收。

⑤氟。高氟地区有：西北地区的盆地、盐碱地、沙漠周围地区；萤石矿区及火山、温泉附近；工业污染地区，如砖瓦厂附近。

对畜禽的影响主要是骨骼、牙齿、关节。急性中毒可引起消化不良（拉稀）、关节肿胀（痛风），蛋禽产蛋量急剧下降，破、软壳蛋增加，甚至引起死亡。

三、生物因素对畜禽的影响

（一）畜禽舍微生物的来源及分类

1. 来源

（1）畜禽舍的粪便。

（2）饲料、垫草、脱落的皮屑毛屑。

（3）病畜禽的咳嗽、打喷嚏（量大且传播远）、呼吸（少）。

2. 分类

（1）普通微生物：常见微生物，不致病的。

（2）病原微生物：致病微生物。

（二）舍内微生物的特点

1. 微生物在清洁的空气中不易存在。

2. 湿度适宜的环境也不利于微生物生存，高、低湿均有利于微生物生存。

3. 舍内微生物多以微粒为载体。

4. 微生物一旦形成芽孢则耐性强，抗不利环境能力强。

（三）舍内微生物的传播

1. 气源传播

2. 气源传播的途径

（1）灰尘传播。微生物以灰尘为载体随呼吸进入机体导致疾病传播。

（2）飞沫传播。病原微生物以飞沫为载体进入机体，导致疾病传播，如咳嗽、喷嚏、鸣叫喷出的液体小滴。

（四）减少舍内微生物的措施

1. 保证通风换气量和适宜的通风换气方式。
2. 病畜禽隔离。
3. 加强日常的防疫与消毒。
4. 及时消除粪尿和垫草。
5. 最好全进全出。
6. 采用除尘器，保持环境的清洁。

（五）寄生虫对畜禽的影响

畜禽寄生虫病对养殖业的危害是十分严重的。几乎各种畜禽都不同程度地感染有寄生虫。但寄生虫病对畜禽的危害是缓慢的，加之症状不明显，因而常被人们忽视。

1. 寄生虫病的危害

（1）患有寄生虫病的畜禽，由于体质差、抗病力弱，可诱发各种疾病，严重影响畜禽的健康生长。

（2）降低畜禽产品的质量和数量。如患有疥癣的羊只，可使产毛量大大减少；黄牛患有牛皮蝇，牛皮经济价值降低。

（3）有些寄生虫的寄生，可使大量的肉、内脏不能利用而废弃。如猪患有猪囊尾蚴病，人误食后会得绦虫病。

2. 畜禽正确的驱虫程序

（1）羊。每年全群驱虫 2 次，晚冬早春及秋季驱虫，在寄生虫严重地区，5～6 月可增加 1 次，幼畜在当年 8～9 月进行首次驱虫，断奶前后进行保护性驱虫，母畜在产前进行驱虫，严重地区产后 3～4 周进行再驱虫。

（2）猪。母猪分娩前 7～14d 及初产母猪配种前 7～14d 驱虫 1 次，公猪每年至少驱虫 2 次，育成猪及肥猪转群前及引进猪并群前必须驱虫 1 次。

（3）家禽。驱虫一般选择在傍晚，清晨则可清除排出的虫体，防止再次污染。

（六）饲料污染及其控制

饲料污染是指饲料在生产、加工、运输、储存及调制等过程中，残留、混入各种有毒有害物质。饲料污染可分为生物性污染和化学性污染两大类。生物性污染主要是包括霉菌与霉菌毒素、细菌与细菌毒素、饲料害虫等。化学性污染包括重金属污染、农药污染和滥用抗生素、激素等饲料添加剂造成的污染。这里介绍饲料的生物性污染及其控制。

1. 霉菌及其毒素的污染控制 霉菌在自然界中分布很广、种类繁多。能在饲料中生产霉菌毒素的产毒霉菌有30多种，主要是曲霉属、青霉属、镰刀菌属。

霉菌毒素是某些霉菌在生长繁殖、新陈代谢过程中的产物。已知毒素200多种，能污染影响饲料的卫生质量且对动物具有毒性的霉菌毒素有30多种。最常见的代表性毒素是黄曲霉毒素和玉米赤霉烯酮等。

（1）黄曲霉毒素。自然界广泛存在黄曲霉菌，在高温高湿环境中，当无有效防霉措施时，玉米、饼粕类、糠麸类等饲料原料及加工好的成品料，都十分容易滋生黄曲霉菌。黄曲霉毒素毒性最大，它可引起肝病变、突变、癌变和免疫抑制等。黄曲霉类毒素有20多种，其中B_1毒素最强，是氰化钾的10倍。

黄曲霉的产毒条件以水分最为重要，最适宜的相对湿度在80%以上，最适宜的温度为28～30℃。

（2）玉米赤霉烯酮。是一种非类固醇类激素，由禾谷镰刀菌产生，主要污染气候寒冷地区的谷物，如玉米、稻谷等。产毒条件为12～24℃，相对湿度为40%～60%。毒副作用表现为雌激素中毒症，能引起猪和牛的不孕或流产。

2. 防止霉菌毒素污染的措施 潮湿是霉菌繁殖的主要因素，防霉是预防饲料被霉菌污染的最根本的措施。

（1）控制饲料原料水分。谷物饲料收获后要迅速干燥，使其水分在短时间内降到安全水分范围内，即13%以下。

（2）控制加工过程中的水分和温度。饲料加工后如果散热不充分即装袋储存，会因温差导致水分凝结，以引起饲料霉变。特别是生产颗粒料，含水量应在12.5%以下，料温要比室温高3～5℃。

（3）注意饲料产品的包装、储存和运输。包装要密封；储存要干燥，相对湿度不超过70%；运输要防雨淋、日晒。

（4）应用饲料防毒剂。饲料加工过程中，适当添加防霉剂，常用的有丙酸及其盐类。

3. 去毒方法　对霉变严重的饲料必须废弃，对轻度霉变的一定要进行去毒处理。

（1）剔出霉粒法。可用风选法或20%盐水漂除。

（2）混合稀释法。将受轻度污染的饲料与大量未受污染的混合稀释，降低污染毒素浓度含量至允许范围。

（3）脱毒处理。可通过物理、化学、生物方法进行不同程度的失活或去除。

①物理脱毒法包括水洗、溶剂提取、加热和日光照射等方法。此法经济可取、常用。

②化学脱毒方法是用碱性物质处理饲料使毒素失活，去毒效果好但破坏了饲料适口性，不实用。

③微生物脱毒法是利用某些微生物的生物转化作用对霉菌毒素破坏或转变为低毒物质。此法对饲料营养物质损失少，但尚在探索研究中。

（4）用添加剂脱毒或缓解。用某些吸附性强的矿物质，如活性炭、膨润土、沸石，添加到饲料中吸附毒素。

4. 沙门氏菌的污染与预防　植物性饲料主要防霉菌污染，动物性饲料主要防沙门氏菌污染。

沙门氏菌主要来自患病的人或动物以及带菌者，可人畜共患交叉感染。主要的传播途径是水、土壤和饲料。病原菌随人畜粪便等排泄物及病尸污染土壤和水源。而饲料和水源的污染是导致沙门氏菌传染的主要原因。尤以动物性饲料原料最为多见，如骨粉、肉粉、血粉、鱼粉等。

从生产、加工、储藏、运输等各环节预防，特别是检出效率较高的动物性饲料。具体措施如下：

（1）选择优质原料。应选用健康动物为原料来源，不得选用传染病死畜或腐烂变质的畜禽、鱼类及下脚料。

（2）科学的加工方法。通过高温处理或其他消毒灭菌方法，灭活沙门氏菌；同时控制水分，如血粉水分含量不得高于 8%。

（3）包装运输。包装要密封；运输要防止包装袋破损和雨淋日晒；使用时不要堆放过多。

（4）添加有机酸。添加有机酸，降低饲料 pH，可有效地灭活或抑制沙门氏菌的生长。

第四节　畜禽场污染的来源和污染物的性质

在畜牧业生产以农户小规模饲养为主的时期，粗放散养的小规模畜禽场饲养畜禽头数不多，其粪尿大多数作肥料就地施用，对周围环境污染不大。集约化、工厂化、规模化的畜牧业生产，一方面，大幅度地提高了畜牧业生产水平，增加了畜禽产品的数量；另一方面，产生了大量畜禽粪尿、污水等畜牧业生产废弃物，不仅给畜禽环境控制、改善以及畜禽疫病的预防带来新的困难，而且这些废弃物如不经处理，还会危害畜禽健康和生产，污染周围环境，形成畜产公害。此外，工农业生产的迅速发展以及交通、居民生活产生的大量废气、废水、废渣、化肥和农药等，使环境中有毒有害物质增加，污染空气、土壤、水源。这些污染物有可能通过食物链对人畜健康构成潜在的危害。因此，畜禽场环境保护应包括两方面的内容：一是防止畜禽场产生的废水、废气和粪便对周围环境产生污染；二是避免周围环境污染物对畜禽生产造成危害，以保证畜禽健康和畜禽生产的顺利进行。

一、畜禽场的环境污染

1. 环境污染的概念　环境污染是指自然环境诸要素（空气、土壤、水体等）受到人类生产、生活活动过程产生的或来自自然界的污染物的污染，并超过自然界的自净能力而达到一定程度，对人、畜和其他生物产生不良影响的现象。一方面，畜禽生活在各种环境因素之中；另一方面，畜禽的生活又影响其所生存的环境。因而，自然界中各种环境因素本身之间以及各种环境因素与畜禽之间是互相联系、互相依存及互相制约的，它们之间保持着一种相对的动态平衡状态，在动态平衡中，各因素在不断循环中得到更新和净化。在各种环境因素的正常动态平衡系统中，如渗入一些有毒有害物质，其数量若不多，即使造成轻度污染，也可通过物理、化学和生物的作用降低其浓度或使其完全消除，因而达到净化，不致对人畜造成危害。只有当这些有害物质数量增加到一定程度，超过了环境系统的净化能力时，才会造成生态平衡破坏，使环境受到污染。

2. 畜牧场环境污染产生的原因

（1）畜牧业经营方式及饲养规模的转变。20 世纪 80 年代以前，我国畜牧业多为分散经营，或者在农村中仅作为一种副业，畜禽头数不多、规模小，畜禽粪便可作肥料及时就地处理，恶臭物质可很快自然扩散，对环境的污染不严重。近二三十年来，我国畜牧业逐渐由农村副业发展成独立的产业，规模由小变大，头数成千上万，经营方式由分散到集中、由副业到产业化，饲养管理方式向高密度、集约化、机械化和工厂化方向转变，随之粪尿及污水量大大增加。因而，由于畜牧业经营方式的改变、饲养规模扩大和畜禽生产的集中，使单位土地面积上载畜量增大，废弃物产量超过了农田的消纳量。这些废弃物如不及时被处理，任意排放或施用不当，就会污染周围空气、土壤和水源等，形成畜产公害，威胁人畜健康。据上海市调查和估算，1988 年全郊区畜禽粪便流失量为 20%以上，超过了 82 万 t；尿流失量为 60%左右，约为 170 万 t；污水流失量为 80%以上，达 500 万 t，造成了严重的环境污染。畜禽粪便污染增加了疾病传播的机会，降低了畜禽对疾病的抵抗力，造成了畜禽疾病的蔓延，导致了畜群死亡率上升。

（2）畜牧场由农区、牧区转向城镇郊区。过去各国的畜牧业多依赖于农业，就近取得农副产品或牧草作为饲料、饲草。因而，畜牧场多设在农区和牧区。随着工业化和城市化的发展，城镇与工矿区人口大量集中，对畜产品的需求量显著增多，为便于采购饲料原料、对畜产品进行加工和销售，畜牧场大多设在城市近郊。这样一方面使农牧生产脱节，粪尿不能及时施用于农田；另一方面，畜牧场与居民点过于接近，畜牧业产生的恶臭与噪声对人类生活环境造成不良影响。

（3）农业生产由使用有机肥料逐渐转向使用化学肥料。随着化学工业的发展，化学肥料的生产量越来越大，而价格越来越低，运输、储存、使用也都比较方便，增产效果显著。相反，家畜粪肥体积大，施用量多，装运不便，劳动工资及运输费用相对较高。这样就造成家畜粪肥使用量减少，粪肥积压，变为废弃物，难以处理，形成“畜产公害”。本来家畜的粪尿是很好的有机肥料，经过处理，将粪肥施入农田，除能供给农作物养分外，还可改进土壤的理化性质，提高土壤肥力，改善农产品品质。在国内，我国广大农村有在农业生产中使用畜禽粪作肥料的丰富经验和传统；在国外，也有利用畜禽粪便作肥料生产农产品的实例，以人口和工业化比较集中的英格兰和威尔士为例，其家畜的粪尿和垫草，几乎全部作肥料，每年每 $667m^2$ 平均施用1.6～

3.0t。这不但对农业生产有很大的好处，而且避免了环境污染。但是，如对畜粪不进行科学处理，就会污染周围环境，造成畜产公害。

（4）工农业生产、交通运输和居民生活产生的废弃物对畜牧场环境的污染。工农业生产、交通运输和居民生活所排放的废水、废气和废渣，污染畜牧场的土壤、饲料和水源，严重危害畜禽的健康，降低畜禽产品品质，妨碍畜牧业生产水平的提高，同时污染物也通过畜禽产品危害人体健康。因而，在发展经济的同时，必须保持环境良好或使环境状况不断得到改善。

（5）兽药、饲料添加剂滥用。生产者和经营者无节制过量使用微量元素添加剂，使畜禽粪便中的锌、铜、铁、硒含量过高，对环境造成了新的污染。生产者盲目增加饲料蛋白质含量，使粪尿中氮的含量增加，对土壤、水体构成了新的污染。生产者为预防疾病，促进动物生长，盲目使用抗生素（如四环素、土霉素、磺胺类药物等）、激素类药物（如雌激素、孕激素）、镇静剂（如氯丙嗪、安定、甲喹酮等）、激动剂（如克伦特罗），造成药物在粪便和尿液中残留，污染环境。

畜牧场的环境保护，从总体来说，要根据国民经济计划的要求，对工农企业和畜牧场统一安排、合理布局，并使各自的废弃物就地处理。对于一个畜牧场来讲，建场之初，对处理废弃物的设施要同时设计、同时施工、同时投产，要避免有害物质对环境的污染。经验证明，环境污染可在较短的时间内造成，而消除这种污染则需较长的时间。如已产生了严重的污染再去治理，不仅要付出更大代价，有的还难以取得良好的效果。畜牧场建成后，则要经常保持畜牧场内的环境整洁、空气清新、水质洁净。有条件时可对废弃物进行综合利用，以增加畜牧场的收入。在注意防止废弃物污染周围环境的同时，还应注意防止可产生的噪声和大量滋生的蚊蝇对附近居民的骚扰与危害。

3. 畜牧场污染物质

（1）外界环境产生的污染物。工农业生产、交通运输、居民生活过程中产生的“废水”“废气”“废渣”（简称“三废”）、农药和化肥，以及畜牧生产中产生的粪尿等废弃物，都会对空气、水、土壤以及饲料造成污染，并由此对人畜健康、自然环境、畜牧生产等造成危害。外界环境中的主要污染物质包括：①空气污染物。空气污染物包括有害气体，如 CO_2、SO_2、CO、HF、H_2S、NH_3、氮氧化物以及畜牧场粪便分解产生的恶臭气体等，空气尘粒与空气微生物等。②土壤污染物。土壤污染物包括重金属、农药、放射性物质、病原微生物等。③水体污染物。水体污染物包括有机物，如碳水化合物、蛋白质、脂肪和木质素等；植物营养物，如氮、磷、钾、硫等；重金属，如汞、镉、砷、锌、铜、钴等；农药、兽药、酚类化合物、氰化物、酸碱及一般无机盐类、放射性物质、病原微生物、致癌物等。

（2）畜牧场产生的污染物。畜牧场产生的污染物主要有：①畜禽粪便。为畜牧场主要废弃物，畜禽粪便含有有机物、矿物质、微生物、寄生虫等，如果处理得当，可以作为肥料、燃料、饲料，造福人类；如果处理不当，则会造成严重的环境污染。②污水。包括生活污水，在清洁畜禽舍与设施、冲洗粪便等过程产生的污水以及畜产品加工厂、屠宰场产生的污水。③噪声。动物鸣叫声、机械运转声以及机动车辆行驶时产生的声音。④动物尸体。主要为畜牧场内剖检或死亡畜禽的尸体以及畜禽产品加工厂排放的废弃兽毛、蹄角、血液、下水以及孵化厂产生的死胚及蛋壳。⑤畜牧场产生的废气。包括臭气、细菌、病毒和灰尘等。畜牧场在生产过程中可向大气中排放大量的微生物（主要为细菌和病毒）、有害气体（NH_3 和 H_2S 气体）、粉尘和有机物，这些污染物会对周围地区的大气环境产生污染。如 10.8 万头的猪场，每小时向大气排放 15 亿个菌体、15.9kg NH_3、14.5kg H_2S、25.9kg 粉尘，污染半径可达 4.5～5.0km。一个存栏 72 万只鸡的规模化蛋鸡场，每小时向大气排放 41.4kg 尘埃、1 748 亿个菌体、2 087m^3 CO_2、13.3kg NH_3和 2 148kg 总有机物。畜牧场产生的恶臭气体主要成分是 NH_3、H_2S、硫醇、吲哚、粪臭素。它们分属脂肪酸、醇、酚、醛、酮、酯类及盐基类、氮杂环类等物质。

二、畜禽粪便的污染

（一）畜禽粪便的化学特性

1. 矿物质元素　包括钙、镁、钾、氯、碘、硫、磷、铜、铁、镁、钠、硒、锌、钴、钼、铅、镉、砷、铬、锶、矾等。

2. 含氮有机物　包括尿素、尿酸、氨胺、含氮脂类、核酸及其降解产物、吲哚和甲基吲哚。

3. 粗纤维　包括纤维素、半纤维素和木质素。

4. 无氮浸出物　包括多糖（淀粉和果胶）、二糖（蔗糖、麦芽糖、异麦芽糖和乳糖）和单糖。粪中的无氮浸出物主要来自于消化道食物残渣。

（二）畜禽粪便的生物学特性

1. 微生物　粪尿中微生物主要有正常微生物和病原微生物两类。正常微生物包括大肠杆菌、葡萄球菌、芽孢杆菌和酵母菌等；粪便中含有的病原性微生物包括青霉菌、黄曲霉菌、黑曲霉菌和病毒等。

2. 寄生虫　粪便中含有蛔虫、球虫、血吸虫、钩虫等。

3. 毒物　粪便中的毒物主要来自于两个方面：一是粪中病原微生物和病毒的代谢产物；二是在饲料中添加药物的残留物，包括重金属、抗生素、激素、镇静剂以及其他违禁药品等。

第三章 养殖场规划设计

随着我国集约化畜牧业的迅猛发展，养殖场及其周边环境问题是日益突出，已经成为制约畜牧业进一步发展的主要因素之一。为了防止环境污染，保障人畜的健康，促进畜牧业的可持续发展，依据国家相关法律法规要求，做好规范选址、合理布局、有利于卫生防控，尽量做到完善合理。

第一节　场址选择

选择场址时，应根据养殖场的经营方式、生产特点、饲养管理方式以及生产集约化程度等基本特点，对地势、地形、土质、水源以及居民点的配置、交通、供电、物资供应等方面进行综合考虑，科学选址。

一、社会环境

场址周边的生态环境是决定养殖场今后盈利与否的关键，周围环境要有利于动物防疫和粪污处理、环境的保护与利用，植被覆盖良好，无极端土壤。

场址周边环境应符合《中华人民共和国畜牧法》的要求，符合地方政府的土地和环保规划要求。应选择在地方政府规划的区域进行建场，不能在禁养区和限养区建场。选址要求：在周边城镇或居民区的下风向，要远离村庄、居民区，周围 1 000m 内没有居民，3 000m 内没有化工厂、屠宰场、肉联厂等污染源；要远离交通主干道，距离公路主干道在 1 000m 以上，与其他养殖场间距要在 2 000m 以上；严禁在生活饮用水水源保护区、风景名胜区、自然保护区建场。

二、地势、地形

场址应选在依山傍水之地、四周有天然隔离屏障（如河流、湖泊、山川等）、土壤通透性好、地下水位低、无洪涝威胁、历次洪水水位线以上的地方。还要考虑通风要好，切忌将养殖场建在常年瘴气笼罩的山窝里，以免污浊空气长期累积，以致场区常年空气恶劣。

（一）地势高燥

养殖场应建在地势高燥之地，要高于当地历史洪水的水位线。其地下水位应在 2m 以下。如此地势，可以避免夏季多雨季节洪水的威胁和减少因土壤毛细管水上升而造成的地面潮湿。低洼潮湿的场地，不利于畜禽的体热调节和肢蹄的健康，反而有利于病原微生物和寄生虫的生存，并且可以严重影响到建筑物的使用寿命。场址要选择远离沼泽之地，因为沼泽地区常是畜禽体内外寄生虫和蚊蝇的生存聚集场所。

（二）朝阳避风

场址地势要朝阳避风，以保持场区小气候温热状况的相对稳定，减少冬季风雪的侵袭，特别是要避开西北方向的山口和长谷地形。

局部区域的空气涡流现象，常是由于地势、地形条件引起的，在这种情况下，会造成场区的空气滞留，从而造成空气污浊、潮湿、阴冷或闷热等现象。在南方的山谷或山坳里，畜禽舍排出的污浊气体有时会长时间地停留和笼罩在该地区，造成空气污浊。所以，这类地形都不适宜选作养殖场之用。

（三）平坦开阔

地势平坦并且稍有坡度，以利于排水，并防止积水和泥泞。

地面坡度最好在1%～3%，最大不能超过25%。如果坡度太大，对建筑施工不利，也会因雨水的常年冲刷而使场区坑洼不平。

所选地形还要开阔整齐。场地不能过于狭长或边角太多，场地狭长往往会影响建筑物的合理布局，拉长生产作业线，同时也使得场区的动物疫病卫生防控和生产联系不便。边角太多则会增加场区防护设施的投资。

三、水源、水质

在养殖场的生产过程中，畜禽的饮水、饲料清洗与调制、畜禽舍和用具的洗涤、畜体的冲刷等，都要用到大量的水。所以，在选择养殖场的场址时，必须要考虑到有一个可靠的、安全的水源。

养殖场对水源的要求：水量要充足，要能满足本场生产、生活、消防及建筑施工用水；养殖场可共享周边地区的自来水设施，但为确保场内不断水，必须建造自己的水塔或储水池；水质要良好，而且取用方便，无论是地面水还是地下水，都应对水样进行物理、化学和微生物污染等方面的分析化验，确保人畜生产、生活安全。

（一）水源因素

水在自然界分布广泛，可分为地表水、地下水和降水三大类。但因其来源、环境条件和存在形式不同，又有各自的卫生特点。

1. 地表水　包括江、河、湖、塘及水库等。这些水主要由降水或地下水在地表径流汇集而成，容易受到生活及工业废水的污染，常常因此引起疾病流行或慢性中毒。地表水一般来源广、水量足，又因为它本身有较好的自净能力，所以仍然是被广泛使用的水源。因此，应尽量选用水量大、流动的地表水作畜禽养殖场的水源。在管理上可采取分段用水和分塘用水。

2. 地下水　地下水深藏在地下，是由降水和地表水经土层渗透到地面以下而形成。地下水经过地层的渗滤作用，水中的悬浮物和细菌大部分被滤除。同时，地下水被弱透水土层或不透水层覆盖或分开，水的交换很慢或停顿，受污染的机会少。但是，地下水在流经地层和渗透过程中，可溶解土壤中各种矿物盐类而使水质硬度增加。因此，地下水的水质与其存在地层的岩石和沉积物的性质密切相关，化学成分较为复杂。水质的基本特征是悬浮杂质少，水清澈透明，有机物和细菌含量极少，溶解盐含量高，硬度和矿化度较大，不易受污染，水量充足而稳定且便于卫生防护。但有些地区地下水含有某些矿物性毒物，如氟化物、砷化物等，往往引起地方性疾病。所以，当选用地下水时，应经过水质检验达标后，才能选作水源。

3. 降水　大气降水指雨、雪，是由海洋和陆地蒸发的水蒸气凝聚形成的，其水质依地区的条件而定。靠近海洋的降水可混入海水飞沫；内陆的降水可混入大气中的灰尘、细菌；城市和工业区的降水可混入煤烟、二氧化硫等各种可溶性气体和化合物，因而易受污染。但总的来说，大气降水是含杂质较少而矿化度很低的软水。降水由于储存困难、水量无保障，因此除缺乏地表水和地下水的地区外，一般不宜作为养殖场的水源。

（二）水质因素

水的卫生学标准根据使用目的不同分畜禽饮用水水质标准和畜禽产品加工用水水质标准。《无公害食品　畜禽饮用水水质》（NY 5027—2008）对畜禽饮用水具体规定了各项指标，从感官性状及一般化学指标、细菌学指标、毒理学指标 3 个方面明确了具体的标准值（表 3-1）。

表 3-1　水质指标

项　目		标准值	
		畜	禽
感官性状及一般化学指标	色	≤30°	
	混浊度	≤20°	
	臭、味	不得有异臭、异味	

（续）

项　　目		标准值	
		畜	禽
感官性状及一般化学指标	总硬度（以 $CaCO_3$ 计，mg/L）	≤1 500	
	pH	5.5～9.0	6.5～8.5
	溶解性总固体（mg/L）	≤4 000	≤2 000
	硫酸盐（以 SO_4^{2-} 计，mg/L）	≤500	≤250
细菌学指标	总大肠菌群（每 100mL MPN）	成年畜 100，幼畜和禽 10	
毒理学指标	氟化物（以 F^- 计，mg/L）	≤2.0	≤2.0
	氰化物（mg/L）	≤0.20	≤0.05
	砷（mg/L）	≤0.20	≤0.20
	汞（mg/L）	≤0.01	≤0.001
	铅（mg/L）	≤0.10	≤0.10
	铬（六价，mg/L）	≤0.10	≤0.05
	镉（mg/L）	≤0.05	≤0.01
	硝酸盐（以 N 计，mg/L）	≤10.0	≤3.0

四、土质

要求土壤没有被污染过；没有地质化学环境性地方病；避免地下水位高、沼泽性强的土壤；沙质土壤建场最好，透水性好，容水量及吸湿性小，毛细管作用弱，导热性小，保温良好。

养殖场选址还应该考虑到场址与周边社会关系，如交通运输、电力供应以及有无其他经营企业等因素。场址选择必须遵循社会公共卫生准则，使养殖场不致成为周围社会地污染源，同时也要考虑到养殖场不受周围环境的污染。总之，合理而科学地选择场址，对组织养殖场高效、安全的生产具有重大意义。

第二节　规划布局

根据生产功能，养殖场可以进行多功能划分。养殖场的功能划分是否合理，各个区域的建筑物布局是否得当，不仅直接影响到基建投资、经营管理、生产组织和经济效益，而且会影响到场区的小气候状况和疫病防控成效。因此，在选址上进行分区规划与确定各区建筑物的合理布局，是建立良好养殖环境和组织高效生产的基础工作及可靠保证。

一、规划原则

要本着有利于防疫、便于饲养、提高生产效率和优化场区小气候等原则进行。规划中要考虑养殖场的发展、地形地势、场内运输、气候条件、生产工艺等因素，合理安排道路、供水、排污和绿化等。

1. 利于生产　养殖场的总体布局首先要满足生产工艺流程的要求，按照生产过程中的顺序性和连续性规划及布置建筑物，达到有利于生产，便于科学管理，从而提高劳动生产率。

2. 利于防疫　规模养殖场规模大，饲养密度高。要保证正常的生产，必须将卫生防疫工作提高到首要位置。一方面，在整体位置上应着重考虑养殖场的性质、畜禽本身的抵抗力、地形条件、主导风向等方面；另一方面，还要采取一些行之有效的防疫措施。

3. 利于运输　养殖场日常饲料、畜禽及生产和生活用品的运输任务非常繁忙，在建筑物和道路布局上，应考虑生产流程的内部联系和对外界联系的连续性，尽量使运输路线方便、简捷、不重复、不迂回。

4. 利于生活管理　养殖场在总体布局上应使生产区和生活区做到既分隔又联系，位置要适中，环境要相对安静。要为职工创造一个舒适的工作环境，同时又要便于生活、管理。

二、功能分区

养殖场根据功能通常划分为生活区、管理区、辅助生产区、生产区和隔离区（粪便废弃物处理区）。在区域划分时，首先应该从人畜保健的角度出发，以建立最佳生产联系和卫生防疫条件，合理安排各区位置。考虑地势和主风向进行合理分区，通常如图 3-1 所示。

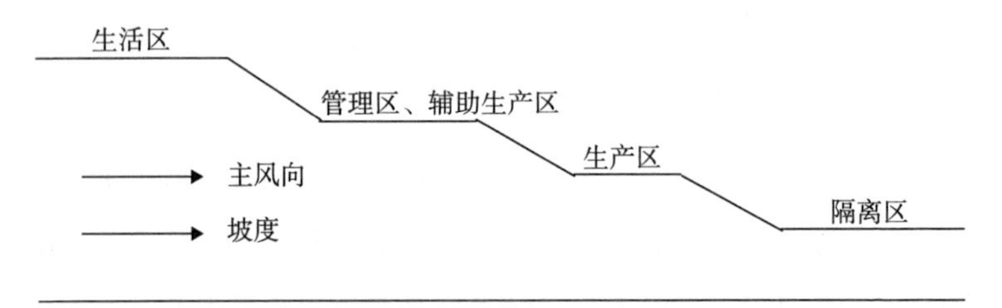

图 3-1 养殖场各区依地势、风向配置示意图

1. 生活区 主要包括食堂餐厅、职工值班室、娱乐文化室、厕所等。应建在场区的上风头和地势较高地段，并与生产区保持 100m 以上的距离，以保证生活区良好的卫生环境。应在靠近场区大门内侧集中布置。

2. 管理区 包括与经营管理、产品加工销售有关的建筑物，主要包括办公室、接待室、会议室、技术资料室、化验室、传达室、警卫值班室、更衣消毒间和车辆消毒设施等。要与生产区严格分开，保证 50m 以上距离，外来人员只能在管理区活动，场外运输车辆牲畜严禁进入生产区。管理区应建在靠近场区大门内侧集中布置。

3. 辅助生产区 主要包括供水、供电、供热、饲料加工和仓库等设施，这些设施要紧靠生产区布置，与生活区、管理区没有严格的界限要求，对于饲料加工和仓库，则要求仓库的卸料口开设在辅助生产区向外，仓库的取料口开在生产区内，杜绝外来车辆进入生产区，保证生产区内外运料车互补交叉使用。

4. 生产区　主要布置不同类型的畜禽舍、蛋库、奶厅、输精室、展厅、装运台等。

5. 隔离区（粪便废弃物处理区）　主要包括兽医室、隔离室、解剖室、病死动物存储处理设施及粪污处理设施。隔离区应处于全场常年主导风向的下风处和全场场区的最低处，并应与生产区之间设置300m卫生间距或隔离带。隔离区内的粪便污水处理设施也应与其他设施保持适当的间距，并与生产区的污道和专用管道相连，与场区外有专门道路和大门相通。

三、建筑布局

在已确定的功能分区内，建筑物的布局是否合理，对场区环境状况、卫生防疫条件、生产组织、劳动生产率以及基建投资等都有直接影响。

为了搞好养殖场建筑物的布局，应先根据所规定的任务与要求（饲养畜禽的种类、数量、产品产量），确定饲养管理方式、集约化程度和机械化水平、饲料需要量和饲料供应情况（饲料自产、购入与加工调制等），然后进一步确定各建筑物的形式、种类、面积和数量。在此基础上，综合场地的其他各种因素，制订最优布局方案。

（一）根据生产环节确定建筑物之间的生产联系

各种动物饲养场的生产过程大致包括以下环节：①种畜的饲养管理与繁殖；②幼畜的培育；③商品畜的饲养管理；④饲料的运输、储存、加工、调制与分发；⑤畜舍的清理；⑥产品的加工、保存与运送；⑦疫病的防治。

上述过程需在不同建筑物中进行，彼此发生功能性联系，可用图3-2表示：

养殖场建筑物的布局必须统筹安排彼此间的功能联系，否则

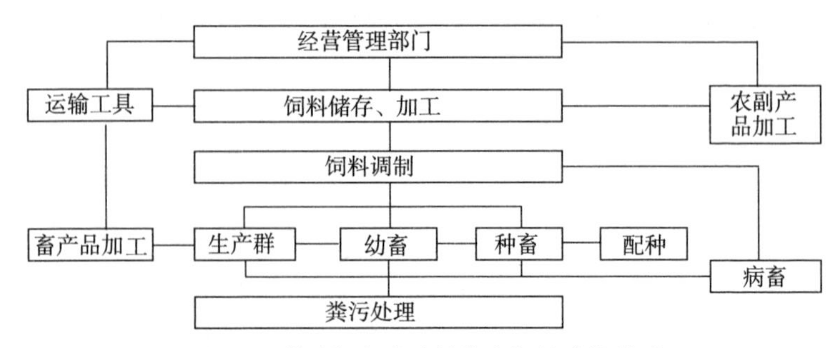

图 3-2 养殖场各类建筑物之间的功能联系

将影响生产的顺利进行，甚至造成无法挽回的后果。

（二）布局类型

1. 紧密型 各种畜舍间及与其他建筑物间的距离较小，如猪场两栋间只设运动场无走道。优点是这种布局的畜舍很密集、紧凑，占地面积小，设备投资较少。

2. 疏散型 畜舍间距较大，两栋间除设运动场外，还有道路或有相应距离作为绿化带。优点是通风、防疫较好。缺点是占地面积较大、投资大。

（三）建筑位置

按生产环节分，母畜舍与幼畜舍应靠近，公畜舍应在僻静的地方生产，生产群应在不同地段，分区饲养，种、幼在上风向。

根据现场的具体条件和遵循分区规划的卫生要求而合理选定，除在地势与风向上考虑外，并应保持一定的卫生间距。

单一经营与专业化生产。为保证防疫安全，应将种畜、幼畜和生产群分开，设在不同地段，种畜群、幼畜群应在防疫较安全地带，即在上风向，如果是综合经营场，在同一生产区内必须划分小区布局、不混杂交错配置，种畜群与商品畜群必须保持不少于 200m 的距离，而不同畜种的畜舍间距不应少于 50m。

（四）朝向与方位

南向畜舍，由于太阳高度角随季节而发生变化，冬季太阳高度角较小，阳光射入舍内较深，有利于保温，夏季太阳高度角较大，则相反。因此，南向冬暖夏凉。

朝向还与通风有关。我国地理位置处于亚洲东南季风区，夏季盛行东南风，冬季多东北风或西北风。因此，畜舍朝南有利于夏季通风，而防止冬季寒风侵袭。一般认为，南偏东或西15°～30°是允许的，南方炎热地区为免日晒，尽量避免偏西朝向，最佳朝向是南略偏东为宜。

（五）间距

1. 从采光角度看　为保证各栋畜舍在冬季能获得充足的太阳照射，依冬至日太阳高度角而定。一般要求间距应为舍高的1.5～2倍。

2. 从通风角度看

（1）机械通风。间距为舍高的1～1.5倍。

（2）自然通风。畜舍长轴垂直于夏季主风向，后排畜舍受到前排的阻挡，通风效果不好。据气流曲线，气流在遇到障碍物阻挡后即上升越过障碍物前进，要经过此障碍物高度大4～5倍的距离才能恢复原状。但实际上不可能有这么大的距离，如果使畜舍长轴与夏季主风向呈一定角度，可降低距离。

3. 从卫生防疫角度看　我国畜舍卫生间距还无具体规定。据前苏联材料，同种家畜为30m，不同种家畜为50m，防火间距一般为12～30m，积粪场与居民点住宅保持200m、与畜舍保持100m的卫生间距，设围墙可降至50m。由此可见，畜舍间的卫生间距，不能单纯从节约用地来考虑，必须综合防火、防疫、通风、采光来确定。为保证冬季采光，要求畜舍与其相邻建筑物或树木间的距离不能小于建筑物与树木高度的2倍。因此，畜舍间卫生间距不少于20m是合理的。

（六）道路组织

要求道路短而直，以保证最短的运输、供电、供水线路，减少投资，主干道宽5.5～6.5m，支干道宽为2～3.5m，主干道与场外运输线路相连，支干道与畜舍、饲料库、产品库、兽医建筑物、储粪场等连接。

路面要求坚实，排水良好（有一定弧度），道路设备不妨碍场内排水，道路两侧也设有排水沟。

畜禽场的运输是很繁忙的，以一个10万只蛋鸡场为例，每天需12～13t饲料，运出更多的鸡粪，蛋3 000～4 500kg。养猪场、奶牛场的运输量更大，考虑到防疫要求，道路应有所分工，场内要把运输饲料、畜产品的道路（清洁道）与运送粪便的道路（污染道）分开，不得交叉使用。

（七）畜禽运动场设置

舍外运动场应选择在背风向阳的地方，一般是利用畜舍间距（猪、鸡），也可在场内比较开阔的地方设置（牛）。

运动场要平坦，稍有坡度，以利于排水与保持干燥，四周应设置围栏，其高度为：马1.6m、羊1.1m、鸡1.8m、牛1.2m、猪1.1m。

在运动场的一侧，应种植树木，运动场围栏外侧应设排水沟。

每头家畜的舍外运动场参考面积：成乳牛20m^2、青年牛15m^2、带仔母猪12～15m^2、种公猪30m^2、2～6月龄仔猪4～7m^2、肥育猪5m^2、羊4m^2。

四、公共卫生设施

（一）场界与区界

畜牧场场界划分要明确，四周应建较高的围墙或坚固的防疫沟以防止场外人员及其他动物进入场区、传播疾病，沟内应放水。场内各区应设围墙或小型防疫沟，种植防护林带。在畜牧场大门及各区域入口处，应设相应消毒设施，如车辆消毒池、人的脚踏消毒槽等。

（二）用水环节

1. 用水量情况

（1）人的生活用水：每人每日 20～40L 计。

（2）畜禽用水：各种畜禽的需水量。

为了经常地、充分地保证用水，在计算养殖场用水量及设计施工时，必须按单位时间内最大消耗量来计算。

2. 给水方式

（1）分散式给水。是指各用水点分散地由各水源（井、河、湖、塘等）直接取水。

（2）集中式给水：即自来水。

（三）排水设施

场内排水系统多设置在各种道路的两旁及畜禽运动场的周围，一般采用斜坡式排水沟，如采用方形明沟，最深处不超过 30cm，沟底应有 1%～2%的坡度，上口宽 30～60cm，暗沟排水系统，如超过 200m，应增设沉淀井，沉淀井距水源至少 200m 的距离。

（四）粪污处理设施

1. 粪尿分离时 粪呈固态储存，储粪场应放在生产区的下风向，与住宅保持 200m，与畜舍保持 100m 的卫生间距（有围墙可缩至 50m）。储粪池一般深 1m，宽 9～10m，长 30～50m，每头家畜所需储粪池面积按储放 6 个月堆入高 1.5m 计，牛 2.5m^2、马 2m^2、羊或猪 0.4m^2。

2. 粪水不分时

（1）粪水池。容积分别为奶牛每天每头 0.07～0.08m^3，猪（70kg）每天每头 0.004～0.005m^3，且远离畜舍 60～90m，并离开居民点 150m，并放在下风方向。

（2）沉淀池。粪水在池内静置可使 50%～85%的固形物沉淀，沉淀池应大而浅，但其水深不小于 0.6m，最大深度不超过 1.2m。

(3) 氧化池。氧化池是一种通过往粪水中充空气以供氧来促进好气菌繁殖分解有机固形物来达到粪便无害化的粪水处理方式。应尽量不使固形物沉淀,因此粪水在水池中的流速必须保持在 0.45～0.60m/s。

第三节 畜禽舍设计

根据畜禽的生物学特点,结合当地自然气候条件,选择适用的材料建筑,确定适宜的畜禽舍形式与结构,进行科学设计、合理施工、采用舍内环境控制设备和科学的管理,就能够为动物生产和活动创造良好的环境。本节仅以猪舍设计为例加以阐述。

一、猪舍建筑设计原则

1. 猪舍排列和布置必须符合生产工艺流程要求。一般按配种舍、妊娠舍、分娩舍、保育舍、生长舍和肥育舍依次排列,尽量保证一栋猪舍一个工艺环节,便于管理和防疫。

2. 猪舍的设计处理。依据不同生长时期猪对环境的要求,对猪舍的地面、墙体、门窗等做特殊设计处理。

3. 猪舍建筑要便利、清洁、卫生,保持干燥,有利于防疫。

4. 猪舍建筑要与机电设备密切配合,便于机电设备、供水设备的安装。

5. 因地制宜,就地取材,尽量降低造价,节约投资。

二、猪舍建筑常见类型

由于地域区别和气候的差异,导致我国的猪舍建筑形式多种多样,按猪舍的结构组成和用途可分为 4 类。常见的猪舍类型示意图见图 3-3。

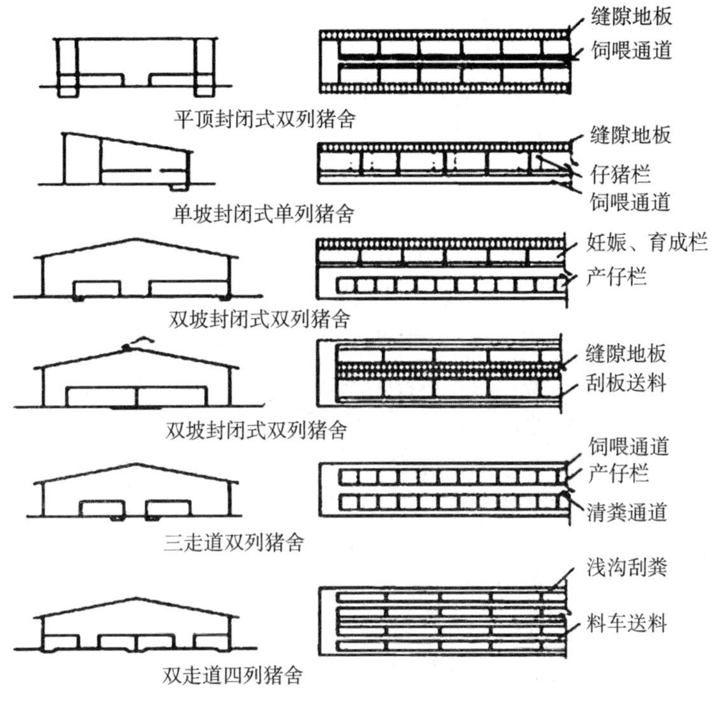

图 3-3　常见的猪舍类型示意图

（一）按建筑外围护结构特点划分

可分为开放式、半开放式、密闭式、组装式 4 种类型。

1. 开放式　三面有墙，一面无墙，结构简单，通风采光好，造价低，冬季防寒困难。

2. 半开放式　三面有墙，一面设半截墙，略优于开放式。

3. 密闭式　分有窗式和无窗式。有窗式四面设墙，窗设在纵墙上，窗的大小、数量和结构应结合当地气候而定。一般北方寒冷地区，猪舍南窗大，北窗小，以利于保温。为解决夏季有效通风，夏季炎热地区还可在两纵墙上设地窗，或在屋顶上设风管、通风屋脊等。有窗式猪舍保温隔热性能好；无窗式四面有墙，墙上只设应急窗（停电时使用），与外界自然环境隔绝程度较高，舍内的通风、采光、舍温全靠人工设备调控，能为猪提供较好的环境条件，有利于猪的生长发育，提高生产率，但这种猪舍建筑、装备、维修、运行费用大。

（二）按屋顶形式划分

主要分为单坡式、双坡式、拱顶式、半气楼式等类型，还有平顶式、折板式、锯齿式、联合式等类型猪舍。

（三）按舍内猪栏配置划分

可分为单列式、双列式、多列式。

1. 单列式 猪栏一字排列，一般靠北墙设饲喂走道，舍外可设或不设运动场，跨度较小，结构简单，省工省料造价低，但不适合机械化作业。

2. 双列式 猪栏排成两列，中间设一工作道，有的还在两边设清粪道。猪舍建筑面积利用率高，保温好，管理方便，便于使用机械。但北侧采光差，舍内易潮湿。

3. 多列式 猪栏排列成三列以上，猪舍建筑面积利用率更高，容纳猪多，保温性好，运输路线短，管理方便。缺点是采光不好，舍内阴暗潮湿，通风不畅，必须辅以机械，人工控制其通风、光照及温湿度。

（四）按猪舍用途划分

可分为配种猪舍（含公猪舍、空怀母猪舍和后备母猪舍）、妊娠母猪舍、分娩猪舍（产房）、仔猪保育舍和生长育肥舍。

三、猪舍的地面和排污设计

1. 地面设计 猪舍地面是猪活动、采食、躺卧和排粪的地方，要求保温、坚实、不透水，平整防滑，便于清洗消毒。修建猪舍时，地基顶部应设防潮层，可在地表下铺一层孔隙较大的材料（如炉灰渣、空心砖、粗沙石等），厚15～30cm，以增加其保温性能。表面多用水泥粗面，地面要有3%～5%的坡度，以利于排污。

（1）空怀舍、妊娠舍、生长舍、育肥舍。大多是前面 2/3 为水泥地面，坡度为 3%～5%，后面 1/3 为漏粪地板（铸铁、水泥条或者钢筋喷塑等），漏粪板下面是一条宽约 60cm 的粪沟，在粪沟的始断做一个蓄水池定时放水将粪便冲走。若要人工收集猪粪，则在漏粪板下面做一个表面光滑、长度为 35cm、坡度为 20%～30%的斜面，斜面底部是一条宽 25cm 的小沟用来收集猪粪。在猪栏的前面做一个宽约 43cm、高约 15cm、深约 12cm 的 U 形饲喂槽。

（2）分娩、保育舍。由于现已广泛推广使用免维修型铸铁分娩栏、保育栏，床架中间不再设置任何支撑脚，因此要求在猪栏排粪区底部设置同上的自动冲水粪沟或人工拣粪粪沟。施工时要求保证猪栏前后支脚处的标高，前后脚的距离为 210cm。放置仔猪保温箱的地面要设计成水泥平台，高度与分娩栏的底面一致，水泥平台之上为分娩栏的仔猪保温区或保育栏放置食槽的地方。这样可回收因猪采食而拱落的饲料，避免饲料浪费。

2. 排污设计　现代规模化养猪猪群密度大，每天产生的粪便也较多，因此合理的排污设计是维持猪舍环境的重要因素。各种猪群平均日排泄粪尿量见表 3-2。

表 3-2　各种猪群平均日排泄粪尿量

类别	种猪	后备种猪	哺乳母猪	保育猪	仔猪	育肥猪
粪尿混合（L/头）	10	9	14	1.5	3	6
粪（kg/头）	3	3	2.5	1	1	2

（1）舍内粪沟的设计。目前，猪舍内的排污设计有人工拣粪粪沟、自动冲水粪沟和刮粪机清粪。为了保证排污彻底而顺畅，设计的粪沟须有足够的宽度和坡度及一定的表面光滑度，自动冲水粪沟还必须有足够的冲水量。粪沟设计的一般情况是：人工拣粪粪沟宽度为 25～30cm、始深 5cm、坡度 0.2%～0.3%，主要

用来排泄猪尿和清洗水，猪粪则由工人拣起运走；自动冲水粪沟宽度为60～80cm、始深30cm、坡度1.0%～1.5%，将猪粪尿收集在粪沟内，然后由粪沟始断的蓄水池定时放水冲走；刮粪机清粪的粪沟宽为100～200cm、坡度0.1%～0.3%，利用卷扬机牵引刮粪机将粪沟内的猪粪尿清走。

（2）总粪沟的设计。一般情况下，万头猪场总粪沟宽度80cm左右、坡度1.0%～1.5%。如果各栋舍之间的地势有一定的落差，则可以利用这种地势来作为总排粪沟的沟底斜度。一般采用埋置预制水泥管则比较理想。

四、猪舍的通风和保温设计

1. 通风设计 设计良好的通风系统，可使猪舍经常保持冷暖适宜、干燥清洁，不但能及时排除舍内的臭味或有害气体，而且还能防止疾风对猪只的侵害。

（1）自然通风。在自然通风的情况下，猪舍应合理地设计朝向、间距、门窗的大小和位置及屋面结构。一般情况下，单栋建筑物的朝向与当地夏季主导风向垂直，猪舍间距大于5倍猪舍的高度，通风情况最好。但是，目前兴建的规模化养猪场都是一个建筑群，要获得良好的自然通风，一般将猪舍的朝向与夏季主导风向成30℃左右布置，舍间距约为猪舍高度的3倍；门窗的尺寸应根据劳力型或劳力型向科技型转变的养猪形式，不仅要满足通风的要求，而且要满足猪群转栏或饲料车、清粪车的使用要求。常用尺寸为：主门120cm×200cm，其他门100cm×200cm。窗户的面积主要根据采光要求和猪舍面积而定。

自然通风主要靠热压通风，要求在猪舍顶部设置排气管，墙的底部设置进气管。可在计算出通风管总面积后，根据所确定的每个排气管的断面积，求得一栋舍内需要安装的排气管数。风管总面积的计算公式如下：

$$A = L/V$$

式中，A 为风管总面积（m^2）；L 为确定的通风换气量（m^3/s）；V 为空气在排管中的流速（m/s）。

（2）机械通风。机械通风有 3 种方式：负压通风、正压通风和联合通风。负压通风是用抽风机抽出舍内污浊空气，让新鲜空气通过进气管进入舍内；正压通风是用风机将舍外新鲜空气强制性送入舍内，使舍内压力增高，污浊空气经风管自然排除；联合通风是一种同时采用机械送风和排风的方式，适用于大型封闭式猪舍。

现代规模化养猪猪群密度大，舍内环境经常随着猪只的数量、体重及室外气温而改变，有时单靠自然通风是不够的，还应设置必要的机械通风装置，通过风机送风和排风，从而调节猪舍内的空气环境。例如，美国三德公司封闭式猪舍的通风系统，它在屋顶正中设计垂直通风道并安装蒸发式冷风机，把风送入设置在屋架下弦的水平风道，再经水平风道两侧面的送风口均匀地送到舍内；在南北两侧墙上装有排风机，墙的内侧有通气管与排风机相连，这样有助于把接近地面的部分气体抽出，是一种良好的机械通风方式。

2. 保温设计 对猪舍进行合适的保温设计，可以解决低温寒冷天气对养猪的不利影响，又可以节约能源，夏天还可以隔热和减少太阳的热辐射。因此，在设计猪舍时，应尽可能采用导热系数小的建材作为修建屋面、墙体和地面的材料，以利于保温和防暑。目前，北方地区猪舍多采用“单斜面半敞开式”结构形式，设计时应充分考虑以下 4 点：

（1）猪舍的方位。采用坐北向南、东西延长（阳光透过率低的地区，偏西 5°～8°为好），要有一个合理的采光屋面（冬季能使太阳光最大限度地射入棚内，夏季能使太阳的高度角近乎垂直，舍内遮阴面大，去掉棚膜，通风凉爽）。

（2）猪舍前坡。采光部分用双层结构模式，里层为永久性铝合金架玻璃采光层，外层为无滴漏塑料薄膜（西北地区风沙大，可设计为钢架保温采光结构），夜间加草帘等覆物。

（3）棚顶。多使用土木结构，建造时最好铺足够的保温材料（如炉灰、锯末等），并用多层材料（如草泥、石棉瓦等）组合在一起，有效地提高其保温性能。

（4）墙体。仅次于棚顶，要选择导热系数小的材料，确定合理的隔热结构，提高墙壁的保温能力。目前，大部分猪场都是采用砖砌的墙体，如果使用空心砖或在墙体内填充一些稻草、碎纸片、泡沫塑料等，可以有效地改善其保温性能。

五、猪舍内部结构设计

猪舍内部结构包括前墙、后墙、中梁柱、猪栏、食槽、走道、粪沟等部分。现以北方地区常用的“单斜面半敞开式”日光节能猪舍为例介绍。

猪舍型式为“单斜面半敞开式”日光节能舍，中梁柱高2.8m，前墙高1.1～1.2m，后墙高1.9m，走道宽1.0～1.2m。标准栋为：4.5m（跨度）×60m（长度）＝270m^2。单间：4.5m（长）×3.0m（宽）＝13.5m^2。

这种单间和标准栋适合于各类型的猪舍，如配种舍、妊娠舍、分娩舍、保育舍、后备舍及育肥舍。不同的是：分娩舍和保育舍不安装隔栏，而装配专用的限位栏和保育栏；分娩舍和保育舍排污沟的位置距离前墙基1.5m，其他舍的排污沟位置设在南墙基内侧部；配种舍、妊娠舍的栏高1.1m，其他舍为1.0m；饮水器的高度因猪的年龄而异。

第四章 畜禽舍和畜禽饲养设施

畜禽舍作为畜禽养殖的重要基础,其主要用途是使畜禽与外界的不利环境隔离,为畜禽饲养创造一个合理的环境。在畜禽舍内设置畜栏、禽笼以及喂饲、饮水、清粪等设备,以便提高饲养的工效和提高畜禽产品量。其主要可以分为敞开式、半封闭式和封闭式。

第一节 畜禽舍饲养及育雏设施

一、猪的饲养设施

(一) 猪场养殖类型

猪场养殖类型包括半机械化、机械化以及工厂化养猪 3 种类型。

半机械化是指养猪生产的个别环节实现了机械化，但还需大量的手工劳动。

机械化是指养猪生产的各个环节实现了机械化，但生产过程对自然条件还有一定的依赖性，如猪舍小，气候不能进行人工调节，冬季和夏季需要采取一定的人工措施。

工厂化养猪具备工业生产的特点,生产过程完全摆脱了自然条件的影响,整个养猪过程在封闭的厂房内进行,各个生产环节具有严密的计划性、流水性和节奏性,各项作业实现了高度的机械化和自动化。

(二) 猪舍

按猪舍建筑的结构形式，可以分成 3 种形式：敞开式猪舍、封闭式猪舍、半封闭式猪舍。

1. 敞开式猪舍 用于机械化程度不高的养猪生产中。猪舍三面封闭,冬季背风的一面敞开,并在敞开一面的外围用矮墙围成一运动场。这样,猪舍实际上由运动区(室外)和躺卧采食区构成。

分成 3 种类型:单坡式、不等坡式和双坡式(图 4-1)。

图 4-1　敞开式猪舍类型

优点:通风、采光性能良好。

缺点:舍内气候与外界接近,生产过程受自然条件制约。

2. 封闭式猪舍　由屋面和四周闭合的墙构成一个封闭的空间,屋面和墙均设保温层,故又称保温舍。一般不设窗户,人工光照、机械通风,舍内气候完全靠机械调节。保温层材料有蛭石板、膨胀珍珠岩、岩棉板、泡沫塑料等。

封闭式猪舍是工厂化养猪常用的猪舍形式,国外采用较多,我国正处于起步阶段(图 4-2、图 4-3)。

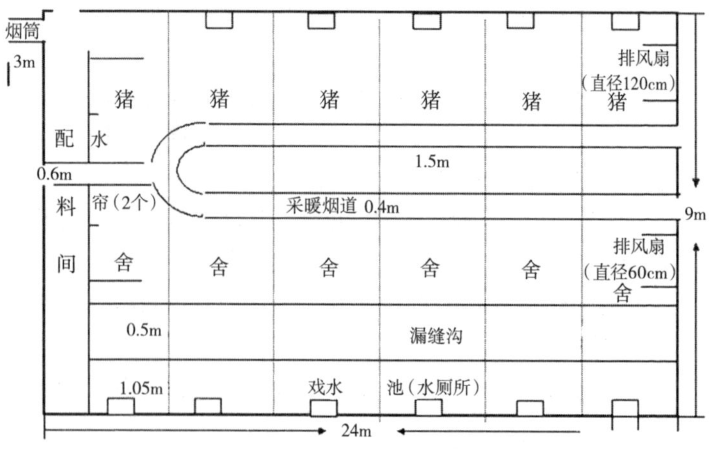

图 4-2　标准化养猪"150"模式封闭猪舍平面示意图

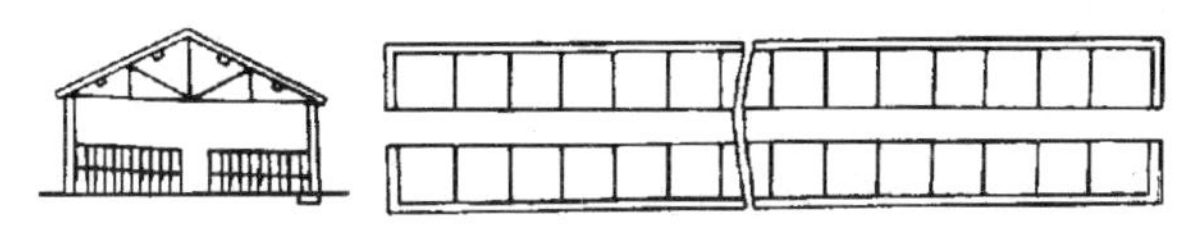

图 4-3　双列封闭式猪舍

3. 半封闭式猪舍　它介于上述二者之间，有 2 种形式：①在敞开式的基础上，背风的一侧建一堵矮墙，躺卧采食区与运动区通过一活门相连。②有闭合四周墙，但墙中不设保温层。两侧墙靠屋檐处设连续的缝隙通风口，屋脊上设通风口，用于冬季自然通风；两侧墙上设可封闭的矩形通风口，用于夏季通风(图 4-4、图 4-5)。

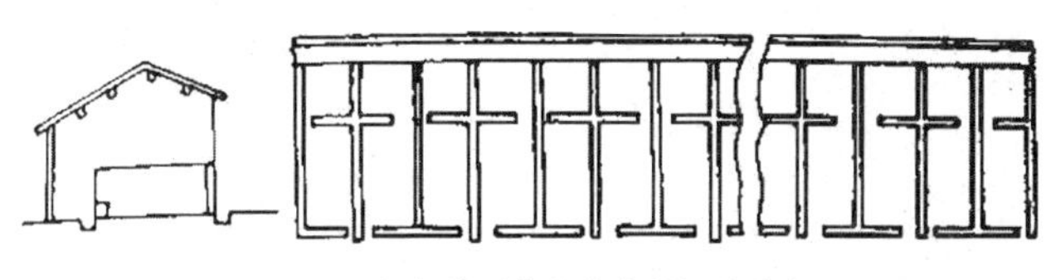

（a）单列带走廊半封闭式猪舍

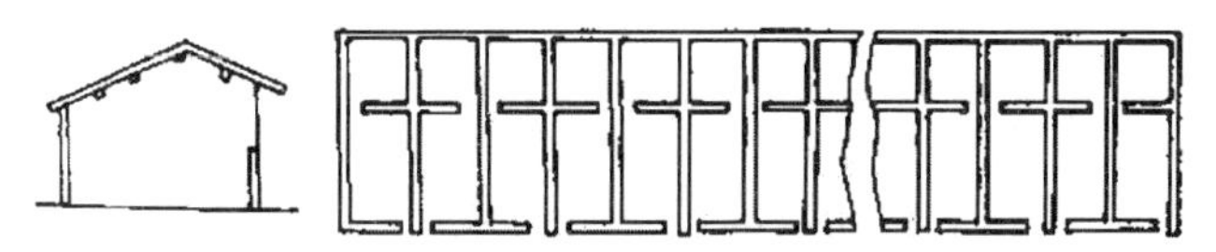

（b）单列不带走廊半封闭式猪舍

图 4-4　单列半封闭式猪舍示意图

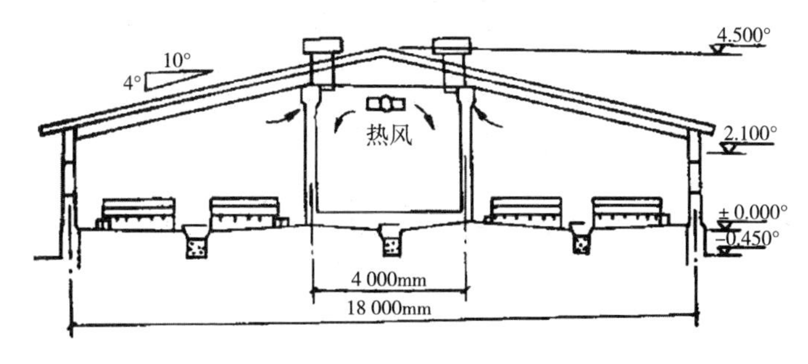

图 4-5　分娩哺乳幼猪猪舍剖面图

（三）猪栏

猪栏是养猪的基本单位，一栋猪舍是由若干个猪栏构成的。猪栏按其结构可分为实体猪栏、栅栏式猪栏和综合式猪栏。按饲养的对象可分为群饲猪栏和单饲猪栏（图 4-6～图 4-10）。单栏又分为分娩猪栏和普通猪栏。特点：一猪一栏，减少猪的活动，缩短猪的育肥期。造价略高。

图 4-6　单饲栅栏式育肥猪栏

图 4-7　单饲栅栏式育肥猪栏（双列封闭式猪舍）

图 4-8 群饲栅栏式育肥猪栏

图 4-9 群饲栅栏式育肥猪栏（双列封闭式猪舍）

分娩母猪的限位，只能垂直下降后才能躺下，避免压着仔猪，饲槽和饮水装置设在前面，地板可以是水泥、局部缝隙或全缝隙。限位架两侧是仔猪活动区，仔猪可以通过限位架下面的孔

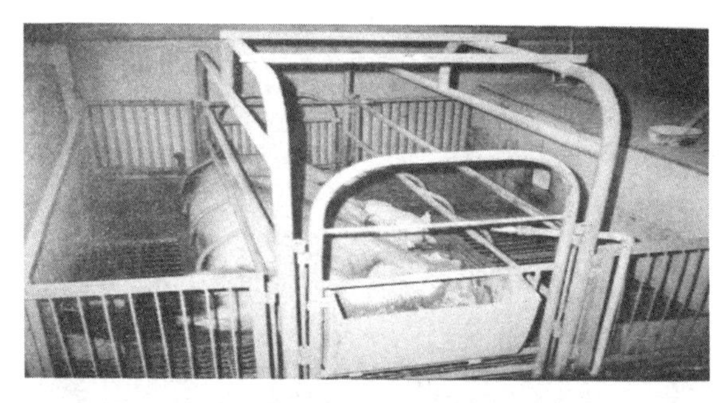

图 4-10　单饲产仔栏

隙出入，两侧活动区宽度不等，窄的一侧装有仔猪饮水器，宽的一侧则是仔猪休息采食的区域，设有仔猪饲槽和局部加热装置（图 4-11～图 4-14）。

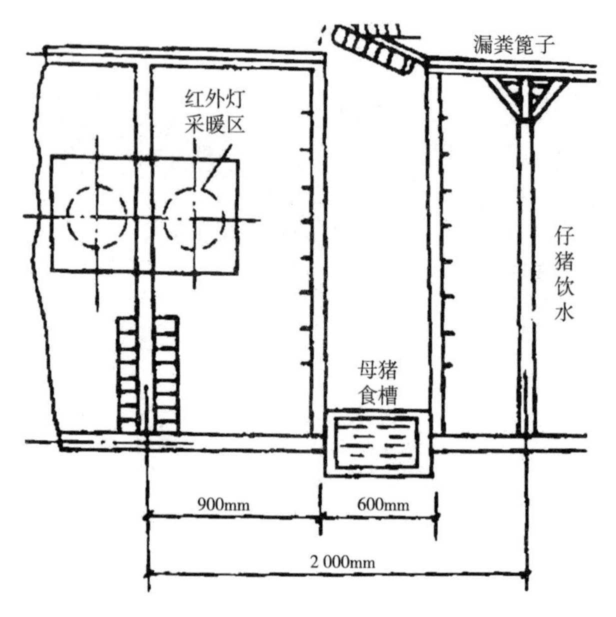

图 4-11　分娩哺乳栏平面图

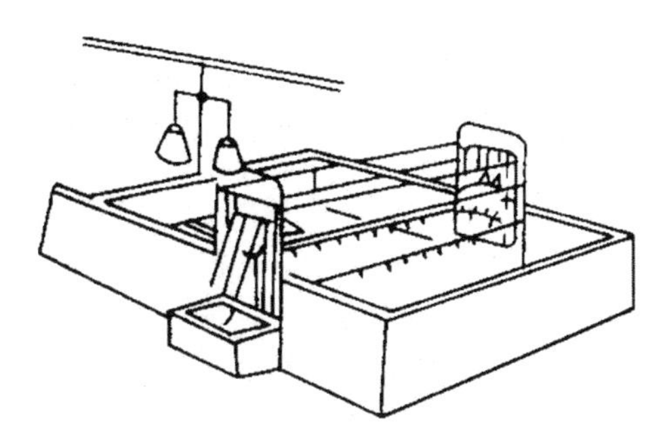

图 4-12　分娩哺乳栏

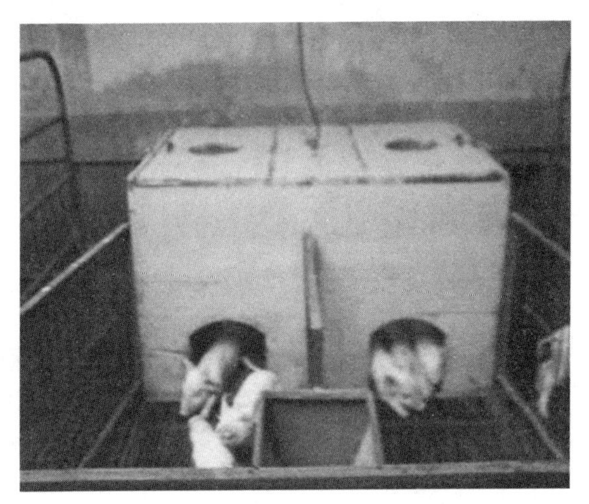

图 4-13　保暖箱外部

猪栏尺寸：

1. 普通单栏尺寸　高度 0.9～0.95m，长度 2.1～2.5m，宽度 0.55～0.65m。

2. 分娩栏尺寸　分娩栏母猪限位架顶端高度为 0.9～1.0m，限位架宽度为 0.6～0.65m，长度和仔猪活动区尺寸根据仔猪断奶的早晚有所不同。在限位架两侧，较窄的一侧宽度为 0.4～0.5m，较宽的一侧为 0.45～0.75m。总宽度为 1.5～1.8m。分

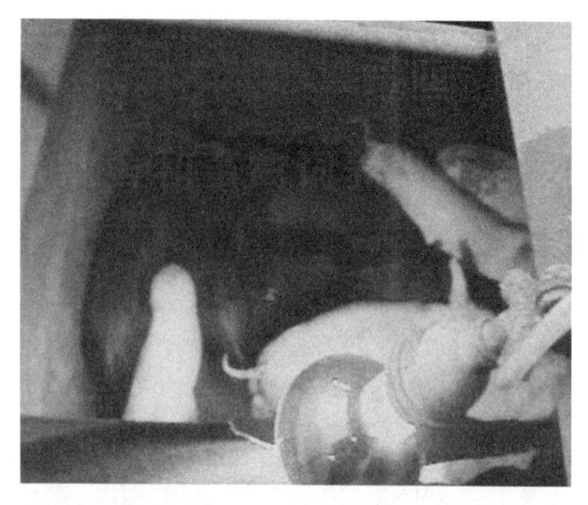

图 4-14　保暖箱内部

娩栏总长为 2.1～2.7m。

（四）仔猪培育设备

仔猪培育设备主要有红外线灯、加热地板和加热垫等。

图 4-15　红外线灯

1. 红外线灯　分娩栏下是加热地板，每窝仔猪应有功率为 250W 的红外线灯；如没有加热地板，每窝需要有 650W 的红外线灯（图 4-15）。

2. 加热地板　分为热水管式和电热式两种（图 4-16）。

图 4-16　加热地板

二、鸡的饲养设施

（一）饲养方式

按饲养设备分为平养和笼养。按网架和笼架的距地高度分为普通式和高床式。

1. 平养 平养是在鸡舍地面的垫草上或在距地面一定高度的平网上饲养。平养可分厚垫草平养、全网平养和半网平养3种。

（1）厚垫草平养。在鸡舍地面上铺上4～12cm厚的垫草（切碎的麦秆稻草或锯木屑），鸡粪混入垫草中，根据污染程度可定期添加新垫草，当鸡转群或出场时一次清除。喂饲设备为一定数量的盘筒式饲槽，饮水器常用吊塔式或槽式，如饲养雏鸡则饮水器常为真空式。

（2）全网平养（或全栅条平养）。在鸡舍的整个饲养面积内架设金属网或木制栅条，鸡粪可通过网格或栅条缝隙漏下，每天由刮板清除，也可转群时由人工或装载机一次清除。喂饲和饮水设备与厚垫草平养相同。全网平养用于饲养种鸡时，如果用手工捡蛋，常在舍的一侧隔出走廊，在纵向间壁上安放产蛋箱，以便于捡蛋。

（3）半网（或半栅条）平养。在鸡舍的中央或在一侧或两侧设纵向网架，上铺金属网或栅条，其余为厚垫草地面，半网面积占鸡舍面积的1/3～2/3。饲喂设备和饮水设备都在半网上，鸡粪漏入半网下面由刮板清除或与垫草一起定期清除（图4-17）。

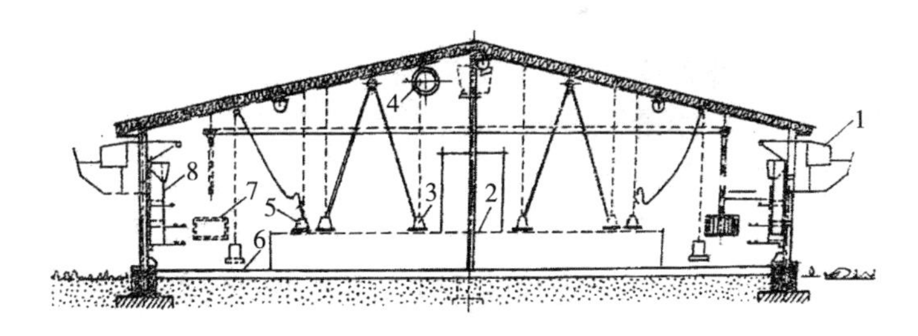

图4-17 半网平养种鸡舍

1. 通风口 2. 网架 3. 盘筒式饲槽 4. 暖风管 5. 吊塔式饮水器 6. 吊道小车 7. 地面垫草 8. 产蛋箱

平养的优点是活动范围大、设备简单；缺点是饲养密度低，每鸡位的建筑投资大，劳动生产率相对较低。平养主要用来饲养雏鸡、肉用仔鸡、种鸡、青年鸡或水禽。其中，雏鸡常用厚垫草平养，其余则为厚垫草平养、全网平养和半网平养都有应用。

2. 笼养 笼养是将一定数量的鸡关闭在笼内饲养。根据鸡笼的组装形式，可分阶梯式、半阶梯式、叠层式、阶叠混合式及平置式，见图4-18。

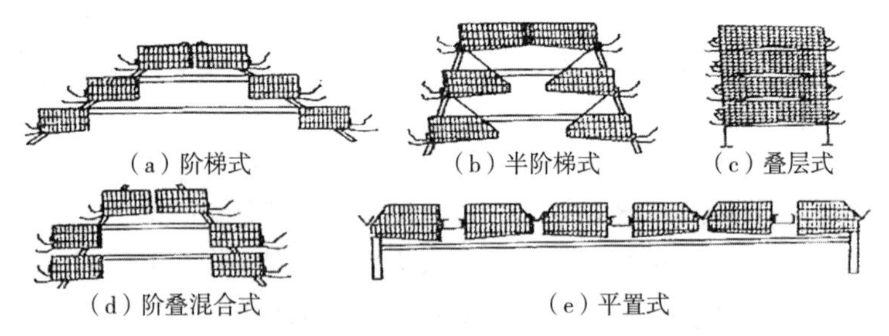

图4-18 鸡笼的类型

笼养的优点是饲养密度大、劳动生产率高、碎蛋污蛋少、控制疾病比较容易；缺点是设备投资大、制造安装的技术要求严、对饲料和舍内环境等要求高。目前，笼养在产蛋鸡饲养中已占多数，笼养也用于雏鸡、青年鸡、种鸡和肉鸡的饲养。

阶梯式和平置式的优点是鸡笼的环境一致、除粪作业简化；缺点是饲养密度低。叠层式的优点是舍饲密度高，使每鸡位建筑投资低，劳动生产率高；缺点是对鸡舍环境控制要求严格，除粪设备比较复杂。半阶梯式则介乎上述两者之间。

（二）笼养设备

笼养设备包括笼架和鸡笼两部分。鸡笼的分类如下：

1. 蛋鸡笼 鸡笼由冷拉低碳钢丝焊制，并经酸洗和镀锌。它由底网、顶网、前网、后网和侧网等构成。侧网用来将鸡笼分隔成许多格，每格养鸡2～5只，为了制造方便，常以3～6格笼制成一体。蛋鸡笼笼底倾角为7°～11°，底网端部伸出笼外140～225mm，并呈凹状，作为集蛋槽。前网以直径3mm的垂直线为主，配以少量水平线，垂直线间距55～60mm，便于鸡的采食，蛋鸡笼的笼饲养密度根据鸡大小不同而为20～26只/m^2，每只鸡应有的采食长度为110～120mm。

图4-19（a）为全阶梯配置的国产9LT-316型蛋鸡笼，每笼体有4格小笼，笼格尺寸（长×宽×高）为468mm×325mm×400mm，每笼格饲养4只鸡，笼饲密度为26.2只/m^2，每鸡采食长度为117mm。

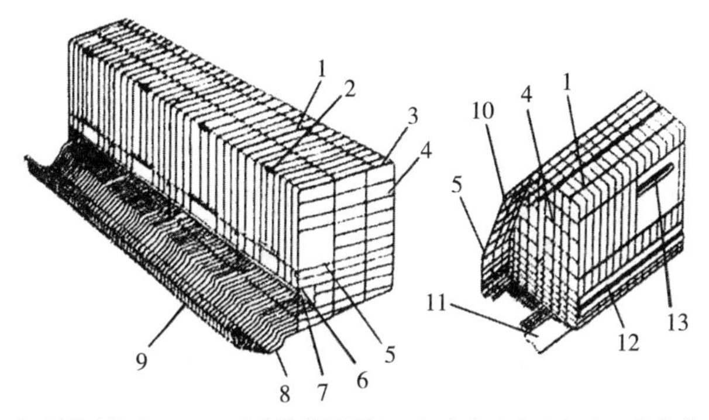

（a）蛋鸡笼（9LT-316型全阶梯配置）　（b）肉鸡和青年鸡一次育成鸡笼（94LTR-120型阶梯配置）

图4-19　鸡笼

1. 顶前网　2. 笼门　3. 笼卡　4. 侧（隔）网　5. 饮水口　6. 护蛋板　7. 挂钩　8. 底网　9. 集蛋槽　10. 后网　11. 垫板　12. 调节挡条　13. 方水管

2. 肉鸡笼和青年鸡笼　肉鸡笼和青年鸡笼有类似之处，因此其结构往往通用。只是肉鸡笼的笼底网常采用涂塑编织底网或高压聚乙烯塑料底网，以防肉鸡产生胸囊肿。

肉鸡和青年鸡饲养有分段饲养和不换笼饲养两种。分段饲养可以都是笼养，也可以饲养前期平养后期笼养，不换笼饲养是目前的发展趋势。

在笼的侧隔网上有一垂直的凹槽，内安置方水管，在方水管上对着每一笼格有两个乳头式饮水器，方水管在隔网的凹槽内可上下调位，以适应肉鸡和青年鸡不同的生长期。底网采用涂塑平型钢丝，局部垫有塑料板。

（三）育雏设备

雏鸡从出壳到6周龄为育雏期。在这一时期，特别是7～10日龄以前，雏鸡体温调节系统没有形成，体温不稳定。所以，需要采用必要的育雏设备进行人工给热。

1. 对育雏设备的要求

（1）具有良好的控温和保温性能。育雏器可以对4周龄前的雏鸡提供合适的温度，此过程中应尽量减少热量的散失，以节约能源。

（2）便于清洁管理，以防止疾病传染。

（3）结构简单，便于安装。

2. 育雏设备的类型 分为平养育雏设备和笼养育雏设备。

（1）平养育雏设备：育雏伞和育雏温床。特点：结构简单、投资少、应用广。

（2）笼养育雏设备：叠层式育雏笼。特点：充分利用空间，节约禽舍面积和节省热能，便于饲养管理，能有效地提高劳动生产率，但一次性投资大。它比较适合于大中型养鸡场，在我国有较大发展。

3. 育雏伞 育雏伞是平养育雏的主要设备之一。育雏伞按加温热源可分为电热式和燃气式。以电热式应用较多。9BW-500型育雏伞见图4-20。

此外，我国还生产了GYD-2型温床式电热育雏伞。

特点：作为发热元件的绝缘电加热线装在混凝土板式地坪内，地坪直径1.6m，上面悬挂直径1.5m的保温伞。

优点：以加热地板作为热源符合热流向上的规律，能起到一定的省电效果。

缺点：混凝土地坪安装不便，且鸡粪被直接加热后易散发污气。

育雏伞常和厚垫草平养育雏相配合。垫草层厚10～15cm，育雏伞悬吊于厚垫草上方，供30日龄以前的雏鸡作局部供热，

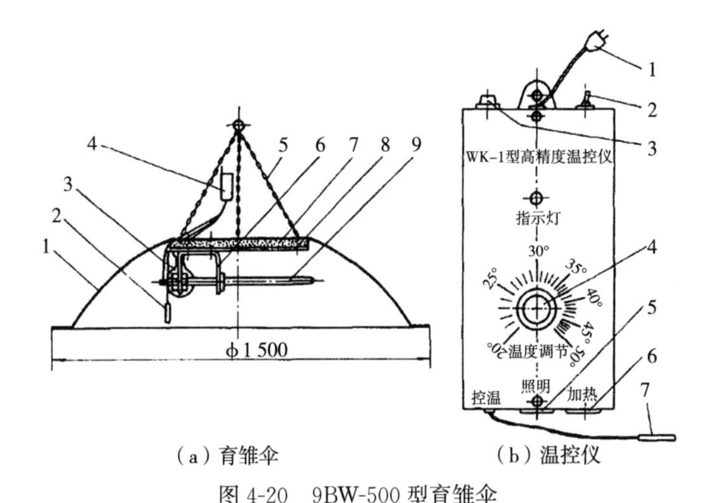

（a）育雏伞　　（b）温控仪

图 4-20　9BW-500 型育雏伞

育雏伞结构：1. 玻璃钢壳体　2. 感温头　3. 白炽灯　4. 温控仪　5. 吊链　6. 电热管支架　7. 隔热板　8. 铝合金反射板　9. 电热管

温控仪：1. 电源插头　2. 照明开关　3. 保险管　4. 温度调节旋钮　5. 照明灯插座　6. 电热管插座　7. 感温头

30 日龄后育雏伞吊至高处。每一批育雏结束（42～60d）后粪便和垫草可用推土机清除。在 15 日龄以内，在育雏伞周围应围以护圈，护圈高约 45cm，直径约为育雏伞直径的 1 倍。15 日龄以后可除去护圈。

饲槽：在雏鸡 5 日龄以内采用尺寸为 320mm×320mm 的方形浅饲槽，浅饲槽高 18mm。5 日龄至 2 周龄改用长饲槽，饲槽上有活动轴以免雏鸡弄脏饲槽。15 日龄以后改用普通盘筒式饲槽。

饮水器：雏鸡在 15 日龄以前采用真空式饮水器，15 日龄后改用吊塔式饮水器。

4. 叠层式笼架　鸡笼一般由 2～2.2mm 低碳钢丝制成。鸡笼的底网设有倾斜度，底网网眼较小，一般为 12mm×25mm，侧网和后网网眼为 25mm×25mm。前网的栅栏间距一般应能在

20～35mm调节，或采用能上下移动的横片来调节，以适应雏鸡大小的变化，避免雏鸡逸出。饲槽也需要进行高度调节。雏鸡单个鸡笼的长度较大而高度较小，一般长700～1 000mm，宽450～900mm，高240～320mm，每只鸡笼容纳10～20只雏鸡。笼饲密度为30～40只/m^2。在育雏笼内常设有加热器和温度控制装置，以便能在保持一定室温（>20℃）的情况下笼内保持雏鸡不同时期所需的温度。育雏后期不必用加热器。9LDC型雏鸡笼养设备见图4-21。

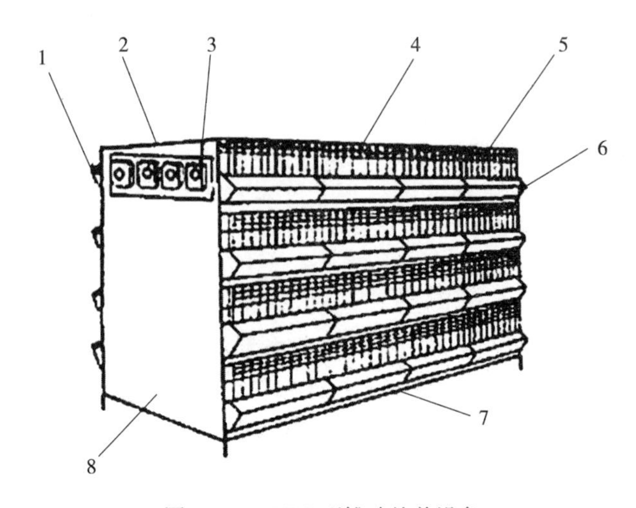

图4-21　9LDC型雏鸡笼养设备

1. 水槽　2. 笼架　3. 控温仪　4. 加热器　5. 鸡笼　6. 饲槽　7. 承粪槽　8. 侧板

（四）鸡舍尺寸

1. 平养鸡舍的平面尺寸　平养鸡舍所需的建筑面积 S 应为：

$$S=\frac{N}{D}+\frac{LB_w}{2}+I(B_h-B_w)$$

式中，S 为建筑面积（m^2）；N 为每舍鸡位数（个）；D 为鸡的平养舍饲密度（个/m^2）；L 为建筑物周长（m）；B_w 为墙厚（m）；B_h 为鸡舍宽度（m）；I 为工作间长度（m），可取为3.6m。

2. 笼养鸡舍的平面尺寸　建筑宽度B_h为：

$$B_h = B_w + MB_c + 2B_{a1} + (M-1)B_{a2}$$

式中，B_h为建筑宽度（m）；B_w为墙厚（m）；B_c为笼组数（m）；B_{a1}和B_{a2}为两侧走道和两列鸡笼间走道的宽度（m）；M为鸡笼列数（个）。

建筑长度L为：

$$L = \frac{N}{M\mathrm{n}} L_c + L_1 + L_2 + L_3 + L_4$$

式中，L为建筑长度（m）；M为鸡笼列数（个）；n为每笼组饲养的鸡只数（只）；L_c为每笼组的长度（m）；L_2和L_3为头架和尾架的长度（m）；L_1和L_4为头架和尾架后的工作区长度（m）。

3. 鸡舍高度　取决于饲养方式及气候条件等，地面平养鸡舍应为2.1～2.7m，网上平养鸡舍应为2.7～3.6m，笼养鸡舍要求鸡笼顶面距天棚板间距为0.8～1.5m。在选择高度时，寒冷地区或鸡舍跨度小时应取小值，炎热地区或鸡舍跨度大时应取大值。

三、奶牛的饲养设施

（一）奶牛的饲养方式

有放牧和舍饲两类。放牧分为全放牧和半拴牧；舍饲分为拴养、厚垫草散养和隔栏散养。

奶牛的厚垫草散养式舍饲因对奶牛的照管差，不易得到较高的产奶量，目前已应用很少。当前常用的舍饲是拴养和隔栏散养。

（二）奶牛的饲养设备

1. 拴养牛床　在拴养牛舍内，奶牛就拴系在牛床上，作为奶牛休息、饮水、采食、站立和躺卧之用。牛床的长度应考虑奶牛的舒适和清粪的方便性（图 4-22）。

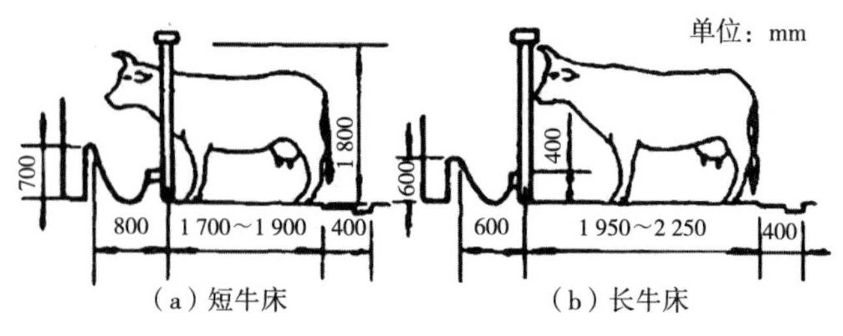

（a）短牛床　（b）长牛床

图 4-22　拴系牛舍的牛床

2. 拴系设备　拴系设备用来限制奶牛在牛床内的活动范围，使其能正常地接受饲养管理。但拴系设备也不能妨碍牛的正常站立、躺卧、饮水和采食。拴系设备分软式颈架和硬式颈架（图 4-23）。

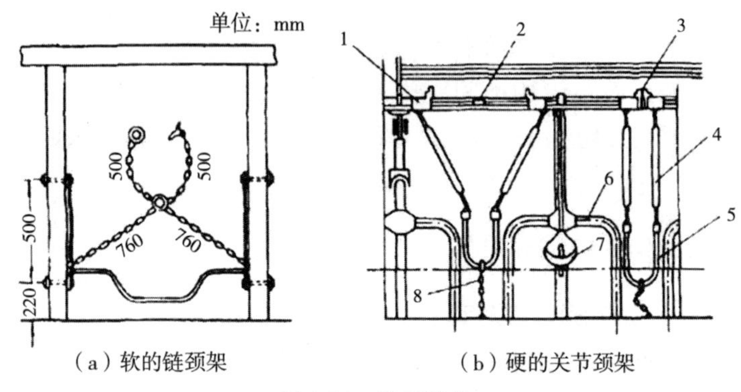

（a）软的链颈架　（b）硬的关节颈架

图 4-23　拴系设备

1. 滑架　2. 颈架传动器　3. 颈架机构　4. 颈架管
5. U 形架　6. 牛床架　7. 自动饮水器　8. 限位链

隔栏用来供牛自由进入休息。如图 4-24 所示，隔栏位于两栏架之间，隔栏长度和栏架之间的宽度应该与牛体大小相适应。隔栏宽度尺寸应使牛较舒适，但不能转身，以免将牛粪排在栏内。

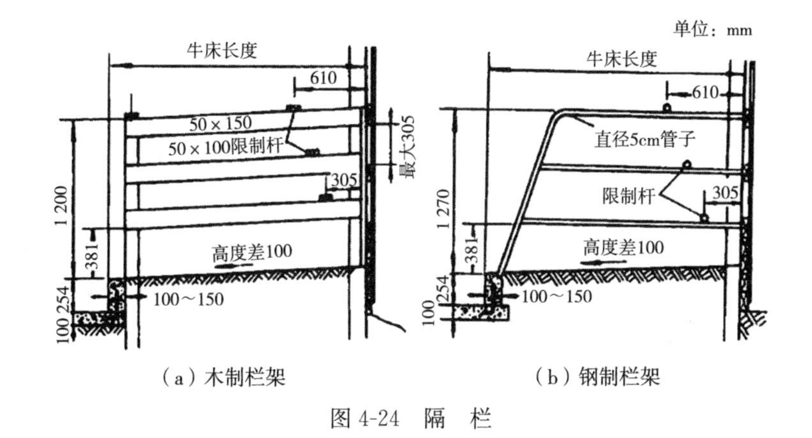

（a）木制栏架　　（b）钢制栏架

图 4-24　隔　栏

第二节　畜禽喂饲机械设备

一、技术要求和类型

畜禽喂饲机械设备技术要求主要以工作可靠、操作方便、能对所有畜群提供相同的采食条件、减少饲料损失并能防止饲料污染变质为主。

喂饲畜禽的配合饲料和混合饲料分为：干料（含水量20％以下）、稀料（含水量70％以上）和湿拌料（30％～60％）3种。

喂饲机械设备分类以及特点：

1. 干饲料喂饲机械设备　主要用于配合干饲料的喂饲。它的设备简单，劳动消耗少，特别适于不限量的自由采食。但它只能用来喂饲全价配合饲料，不能利用青饲料和其他多汁饲料。这是现代化养鸡、养猪应用最广泛的形式。

2. 湿拌料喂饲机械设备　用于采用青饲料的湿混合饲料。在现代化畜牧业中，它主要用于养牛场，用低水分青贮料、粉状精料和预混料混合成细碎而湿度不大的全价饲料喂牛。用于养猪的湿拌料含水量较大，输送性能差，所以劳动消耗量大，在现代化养猪场中已很少应用，它只用于需要利用青饲料的一般猪场。

3. 稀饲料喂饲机械设备 可用于采用青饲料的稀混合料，也可以用于配合饲料加水形成的稀饲料。用温热的稀饲料喂猪能提高饲料转化率，稀饲料输送性能好，设备较简单，但它只能用于限量喂饲。这类设备在我国部分养猪场用于喂饲包含青饲料的稀料。在欧洲常用于现代化养猪场，将配合饲料加水形成的稀饲料喂饲繁殖母猪。稀饲料喂饲机械也可用于犊牛和羔羊的喂饲。

二、干饲料喂饲机械设备

（一）储料塔

用来储存饲料，便于实现机械化喂饲。它常设置在畜禽舍外的侧端部。料塔多为镀锌钢板制，塔身断面呈圆形或方形（图4-25）。

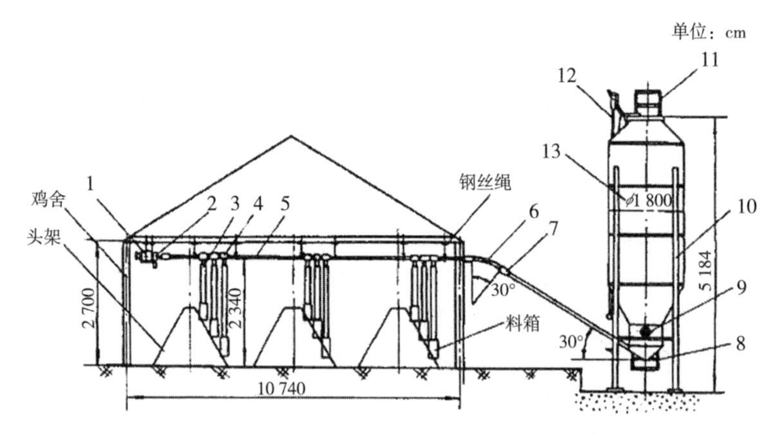

图 4-25 储料塔和输料机及其与鸡舍、笼架的配合关系

输料机：1. 电动机 2. 机头 3. 塑料管 4. 下料管接头 5. 送料管 6. 弯头 7. 接头 8. 机尾

储料塔：9. 破拱装置 10. 塔架 11. 梯子 12. 拉手 13. 塔身

（二）输料机

用来将饲料从储料塔运入畜禽舍（图 4-25），输料机常用的

有弹簧螺旋式和索盘式两种，其工作部件与相应形式的喂料机工作部件类似，只是尺寸规格较大，因此输料能力较高。

（三）喂料机

用来将饲料送入畜禽饲槽。可分为固定式和移动式。

1. 固定式干饲料喂料机　按照输送料的工作部件可分为弹簧螺旋式、链板式和索盘式。

（1）弹簧螺旋式，见图 4-26（a）。主要应用于鸡的平养，也可以用于猪和牛的饲养。一般常与配料管配合使用。

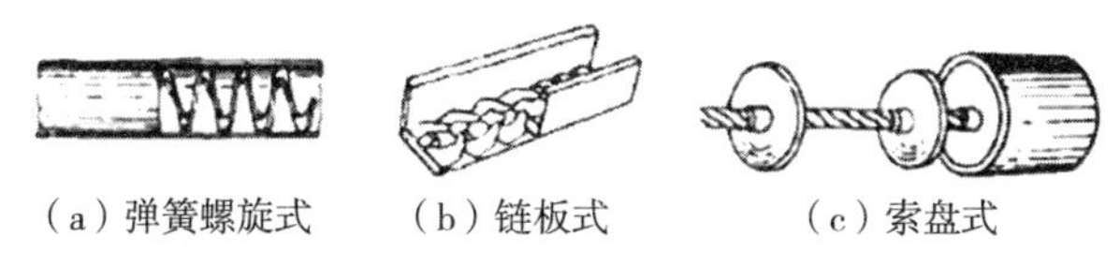

（a）弹簧螺旋式　（b）链板式　（c）索盘式

图 4-26　固定式干饲料喂料机

（2）链板式，见图 4-26（b）。常用于平养或笼养鸡的喂饲，常与饲槽配合使用。链板通过料箱并在饲槽底上移动，将料箱内的饲料向前输送，链板做环状运动一周后又回入料箱。在链板移动或停止时，鸡可以啄食在链板上方的饲料。

（3）索盘式，见图 4-26（c）。索盘可用于喂饲各种畜禽。索盘常与配料管配合使用，并经常是用同一组设备同时完成输料机和喂料机的工作。当用于喂鸡时，索盘也可与饲槽配合使用。

3 种固定式干饲料喂料机的驱动装置示意图见图 4-27。

2. 移动式干饲料喂料机　常见于鸡舍和猪舍。移动式干饲料

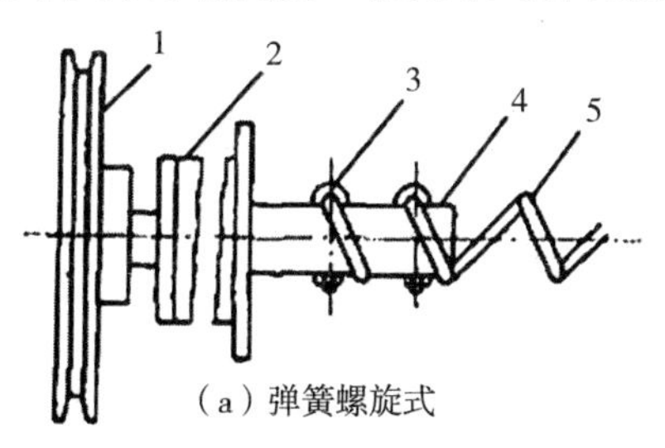

（a）弹簧螺旋式

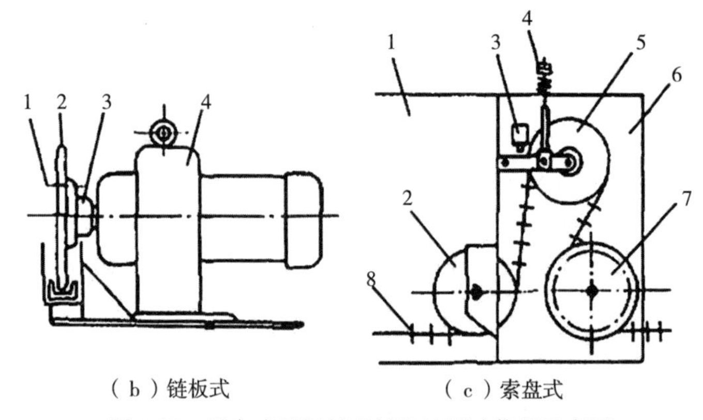

（b）链板式　　（c）索盘式

图 4-27　固定式干饲料喂料机的驱动装置示意图

(a) 弹簧螺旋式的驱动装置：1. 皮带轮　2. 机头壳体　3. 钩头螺栓　4. 驱动轴　5. 弹簧螺旋

(b) 链板式的驱动装置：1. 安全销　2. 驱动链轮　3. 传力套　4. 减速器

(c) 索盘式的驱动装置：1. 料箱　2. 导向轮　3. 行程开关　4. 张紧轮弹簧　5. 张紧轮　6. 传动箱　7. 驱动轮　8. 索盘

图 4-28　移动式干饲料喂料机

喂料机是一个钢索牵引的小车，工作时喂料机移到输料机的出料口下方，由输料机将饲料从储料塔送入小车的料箱，当小车定期沿鸡笼或猪栏前移动时将饲料分配入饲槽进行喂饲（图 4-28、图 4-29）。

（四）饲槽

饲槽随畜禽的种类和日龄而异，鸡用干饲料饲槽可分为长饲

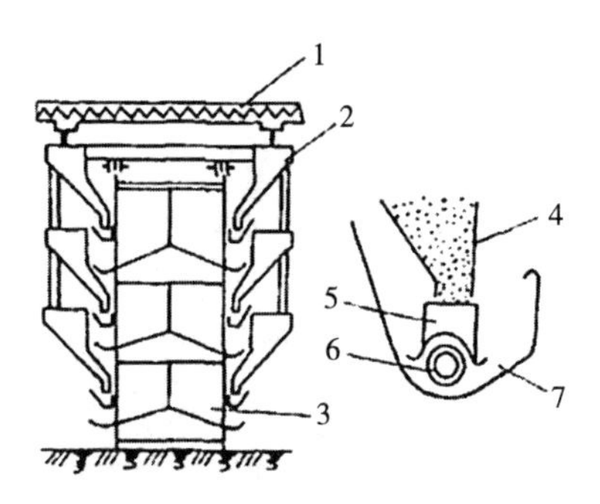

图 4-29　多料箱移动式干饲料喂料机

1. 输料机　2. 料箱　3. 鸡笼　4. 料箱　5. 喂料调节器　6. 弹簧圈　7. 饲槽

槽和盘筒式饲槽（图 4-30、图 4-31）。

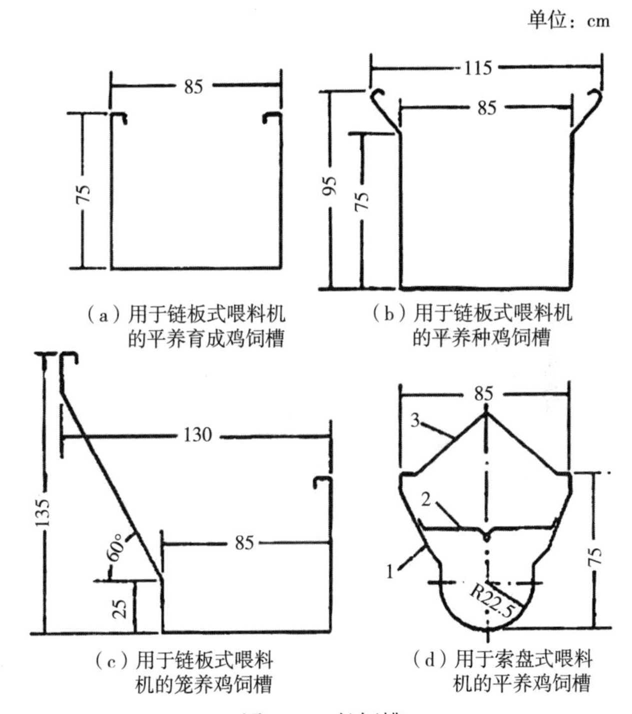

图 4-30　长饲槽

1. 饲槽　2. 限位钢丝　3. 防晒架

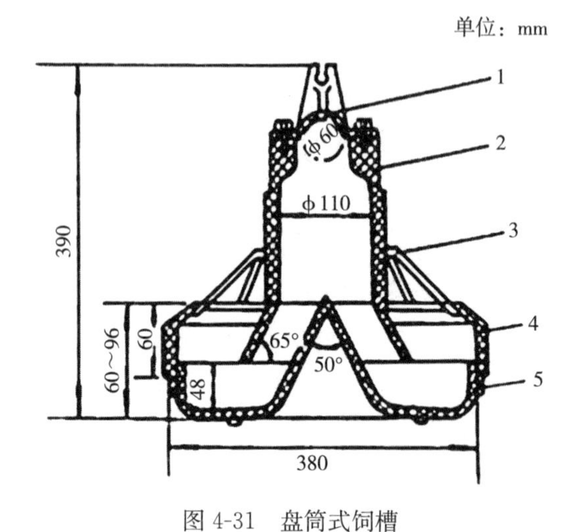

图 4-31　盘筒式饲槽

1. 上盖　2. 料筒　3. 栅架　4. 外圈　5. 盘体

（五）干饲料喂饲系统

采用弹簧螺旋式喂料机的平养鸡舍干饲料喂饲系统，见图 4-32。

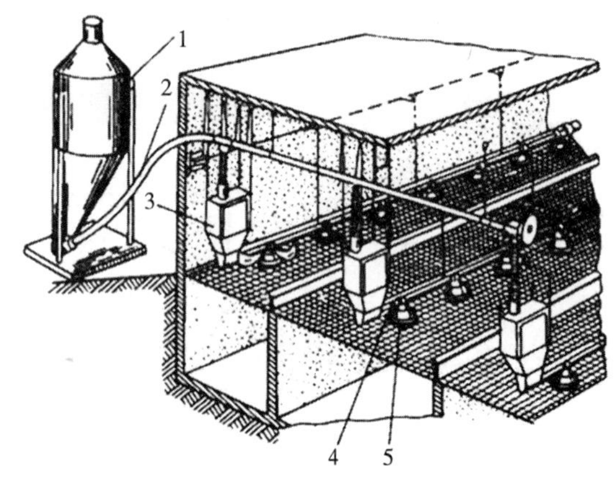

图 4-32　采用弹簧螺旋式喂料机的平养鸡舍干饲料喂饲系统

1. 储料塔　2. 输料机　3. 料箱　4. 弹簧螺旋式喂料机　5. 盘筒式饲槽

采用链板式喂料机的笼养雏鸡舍干饲料喂饲系统，见图 4-33。

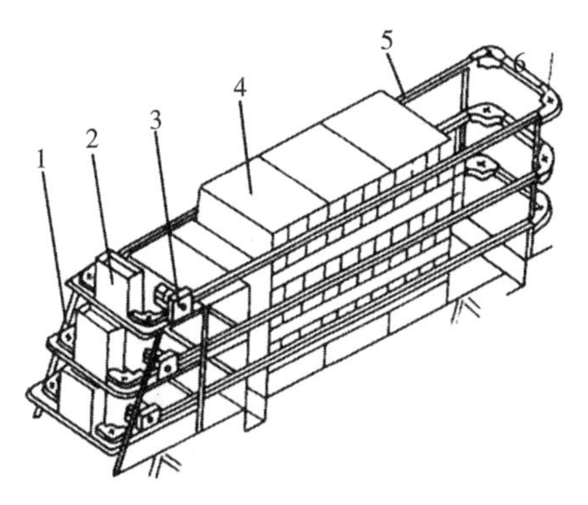

图 4-33　采用链板式喂料机的笼养雏鸡舍干饲料喂饲系统
1. 头架　2. 料箱　3. 驱动装置　4. 鸡笼　5. 饲槽和链板　6. 转角轮

采用索盘式喂料机的猪用不限量干饲料喂饲系统，见图 4-34。

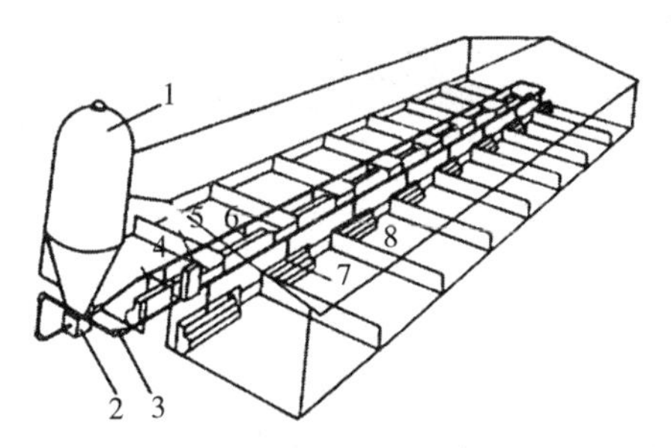

图 4-34　采用索盘式喂料机的猪用不限量干饲料喂饲系统
1. 储料塔　2. 料箱　3. 转角轮　4. 配料箱
5. 驱动装置　6. 落料管　7. 自动饲槽　8. 群饲猪栏

采用索盘式喂料机的挤奶间内牛用喂饲系统，见图 4-35。

三、湿饲料喂饲设备

湿饲料喂饲设备分为固定式和移动式。固定式湿饲料喂饲设备主要用来喂饲奶牛和肉牛。有输送带式、穿梭式和螺旋输送器式。移动式湿饲料喂饲设备，即机动喂料车，分牛用和猪用。

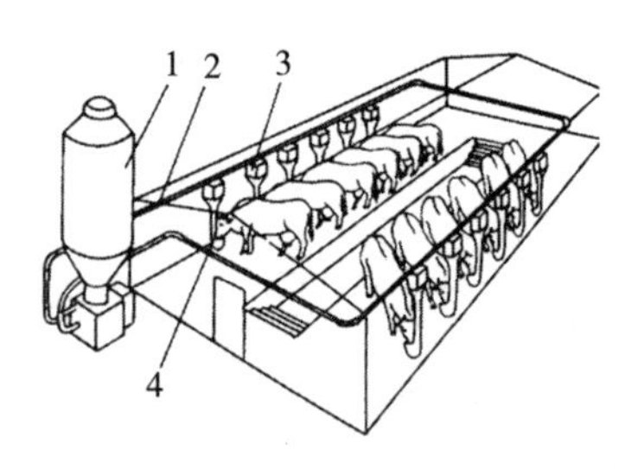

图 4-35　采用索盘式喂料机的挤奶间内牛用喂饲系统

1. 料塔　2. 送料管　3. 带计量器的料箱　4. 饲槽

1. 固定式湿饲料喂饲设备　见图 4-36、图 4-37。

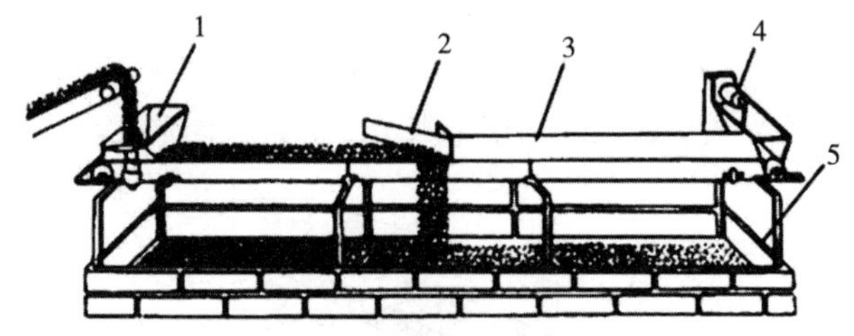

（a）输送带式喂料装置

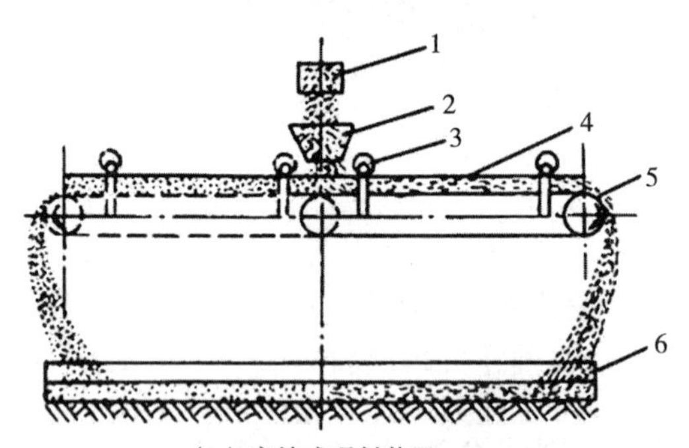

（b）穿梭式喂料装置

图 4-36　湿饲料喂料装置

(a) 输送带式喂料装置：1. 料斗　2. 刮料板　3. 输送带

4. 驱动电动机　5. 饲槽

(b) 穿梭式喂料装置：1. 输料机出料口　2. 装料斗　3. 输送器行走轮

4. 轨道　5. 输料器　6. 饲槽

图 4-37　螺旋输送器式湿饲料喂料装置

2. 移动式湿饲料喂饲设备　见图 4-38。

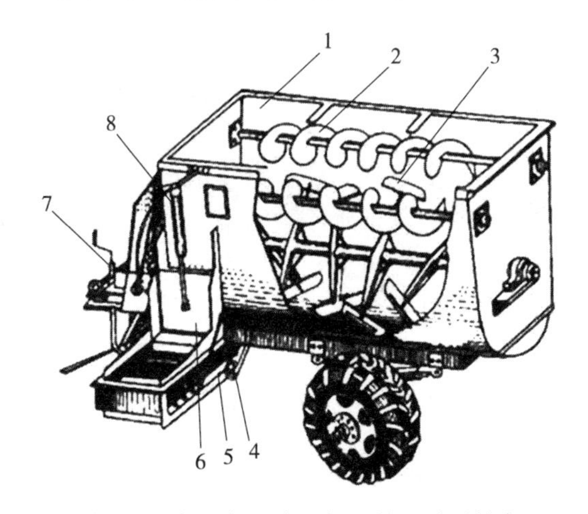

图 4-38　奶牛场和肉牛场用的机动喂料车

1. 料箱　2. 螺旋叶片　3. 搅拌叶板　4. 横向输送器传动轮　5. 带输送器的卸料槽　6. 喂料量控制插门　7. 支重器　8. 控制插门启闭的油缸

四、稀饲料喂饲设备

稀饲料喂饲设备主要用来喂饲成年猪（图 4-39），一般用于采用青饲料的机械化半机械化猪场。欧洲等地区也在工厂化猪场中利用配合饲料加水形成稀料来喂饲繁殖母猪。

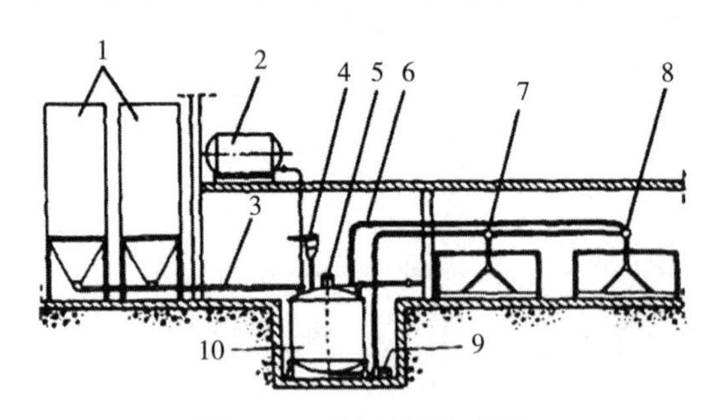

图 4-39　稀饲料喂饲设备

1. 料仓　2. 乳清罐　3. 输料机　4. 附加入口　5. 搅拌器　6. 回料管　7. 自动阀门　8. 用于半自动喂饲的手动阀门　9. 泵　10. 搅拌罐

第三节　畜禽饮水设备

在机械化畜禽饲养场中，对畜禽饮水设备的技术要求是能根据畜禽需要自动供水；保证水不被污染；密封性好，不漏水，以免影响清粪等环节；工作可靠，使用寿命长。

畜禽饮水设备包括自动饮水器及其附属设备。自动饮水器按结构原理可分为水槽式、真空式、吊塔式、杯式、乳头式、鸭嘴式、吸管式。按用途又可分为鸡用、猪用和牛用等。

一、水槽式自动饮水器

水槽式自动饮水器对于各种畜禽都是最早应用的一种饮水器，但在机械化饲养场中，水槽式自动饮水器只用于养鸡。水槽式自动饮水器必须保持一定的水面，按保持水面的方法可分为常流式和浮子式。

1. 常流式水槽式自动饮水器　是由镀锌铁皮制的水槽，水槽断面为U形或V形，宽45～65mm，深40～48mm，水槽始端有一经常开放的水龙头，末端有一出水管和溢流水塞。当供水量超过用水量而使水面超过溢流水塞的上平面时，水即从其内孔流出，使水槽始终保持一定水面。清洗时，将溢流塞取出即可放水。

常流式水槽式自动饮水器在我国的笼养和平养鸡舍中均有应用。它的优点是结构简单、故障少、工作可靠，缺点是对安装要求高、易传染疾病、耗水量大。

2. 浮子式水槽式自动饮水器　见图4-40。

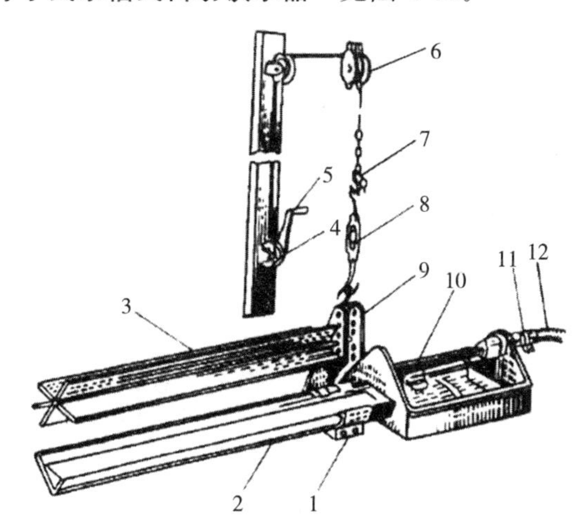

图4-40　浮子式水槽式自动饮水器

1. 托架　2. 水槽　3. 防栖轮　4. 绞盘　5. 手柄　6. 滑轮　7. 吊环　8. 张紧器　9. 支板　10. 浮子室　11. 软管卡　12. 软管

二、真空式自动饮水器

真空式自动饮水器主要用于平养雏鸡（图4-41）。它的优点是结构简单、故障少、不妨碍鸡的活动，缺点是需工人定期加水、劳动消耗较大。

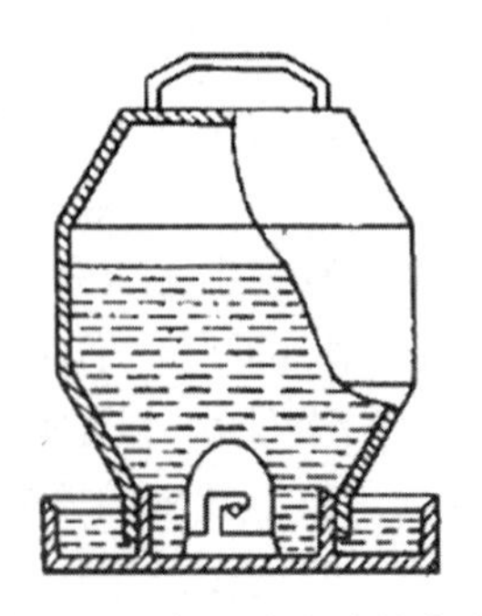

图 4-41　真空式自动饮水器

三、吊塔式自动饮水器

吊塔式自动饮水器又称自流式自动饮水器（图 4-42）。它主要用于平养鸡舍。由于其尺寸相对较大，除了群饲鸡笼有时采用外，一般不用于笼养。它的优点是不妨碍鸡的活动、工作可靠、不需人工加水。

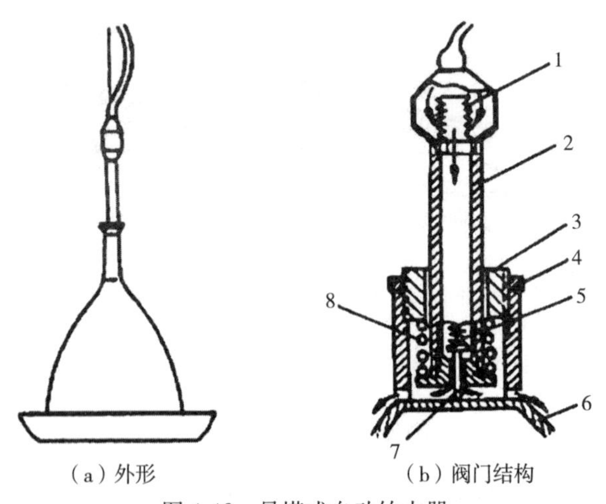

（a）外形　　（b）阀门结构

图 4-42　吊塔式自动饮水器

1. 滤网　2. 阀门体　3. 螺纹套　4. 锁紧螺帽
5. 小弹簧　6. 饮水盘体　7. 阀门杆　8. 大弹簧

四、杯式自动饮水器

杯式自动饮水器的优点是在畜禽需要饮水的时候才流入杯内、耗水少，缺点是阀门不严密时容易溢水。杯式自动饮水器适用范围较广，不同的杯式自动饮水器可用于鸡（图 4-43）、猪和牛。用于鸡的尺寸小，主要用于笼养；用于牛的尺寸大，主要用于拴养牛舍。

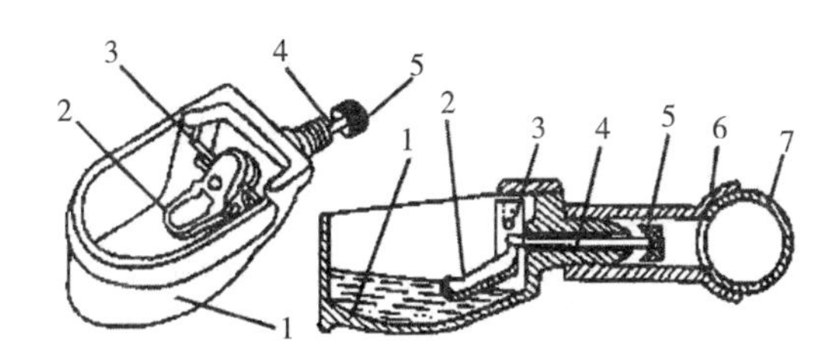

图 4-43　鸡用杯式饮水器

1. 杯体　2. 杯舌　3. 杯舌顶板　4. 销轴　5. 顶杆　6. 密封帽　7. 橡胶垫圈

五、乳头式自动饮水器

乳头式自动饮水器主要用于鸡和仔猪的饮水（图 4-44）。优点是有利于防疫，并可免除清理工作；缺点是在鸡和猪饮水时容易漏水，造成水的浪费，使环境变潮湿和影响清粪作业。德国洛曼公司生产的乳头式自动饮水器在提高质量的同时，在饮水器下设一小盘，以承接漏下的水。

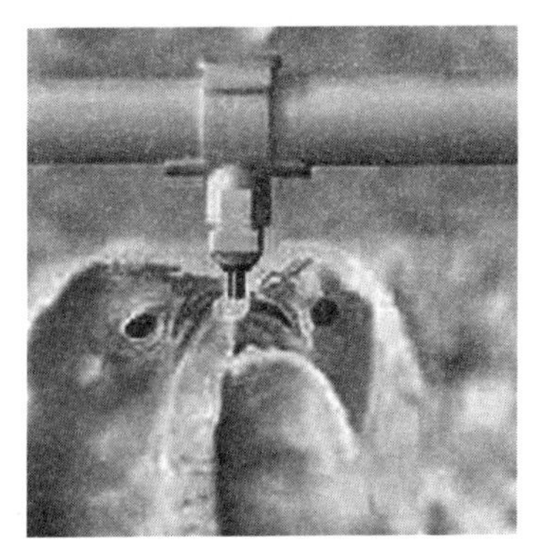

图 4-44　乳头式自动饮水器

六、鸭嘴式自动饮水器

鸭嘴式自动饮水器主要用于养猪（图 4-45）。鸭嘴式自动饮水器的优点与乳头式自动饮水器相同，缺点也是在猪饮水时易漏水。据英国 Lodge 资料，幼猪采用鸭嘴式自动饮水器饮水时，漏的水达 46%，仅次于乳头式。

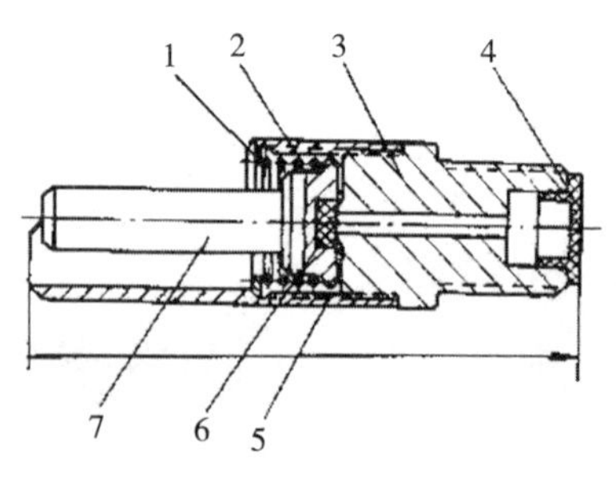

图 4-45 鸭嘴式自动饮水器

1. 卡簧 2. 弹簧 3. 饮水器体 4. 滤网 5. 鸭嘴 6. 密封胶垫 7. 阀杆

七、吸管式自动饮水器

吸管式自动饮水器主要用于养猪（图 4-46），盛行于澳大利亚和英国。吸管式自动饮水器有与乳头式和鸭嘴式相同的优点，并且其漏水少于乳头式和鸭嘴式。

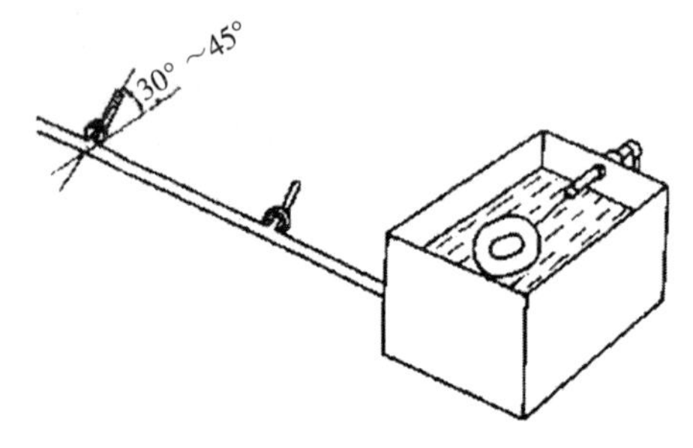

图 4-46 吸管式自动饮水器

八、畜禽饮水系统

畜禽饮水系统由水管网、自动饮水器和附属设备等构成。有的系统如猪用和牛用饮水系统，附属设备只包括一些闸阀等。有的系统如鸡用杯式和乳头式自动饮水器，为了保证自动饮水器的正常工作，必须包括闸阀、过滤器、减压阀等（图 4-47）。

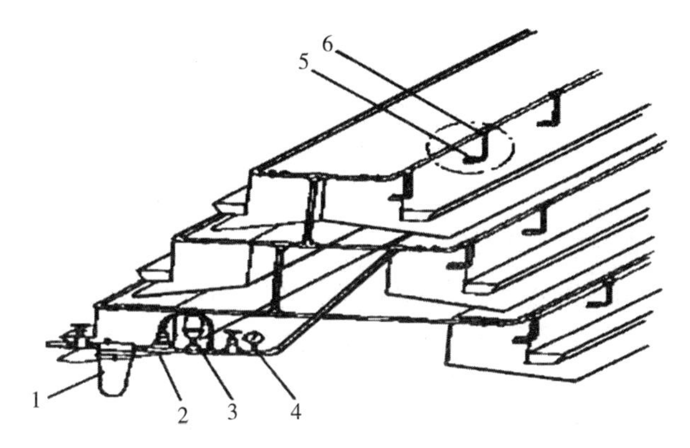

图 4-47　阶梯笼养杯式供水系统

1. 过滤器　2. 减压阀　3. 缓冲器　4. 水压表　5. 水杯　6. 吊装管

第四节　畜禽废弃物管理设备

畜禽废弃物管理包括废弃物（畜粪尿或禽粪）的清除、储存、输送和处理等，是畜禽饲养场的一项重要工作，特别是大型畜禽饲养场，废弃物管理是否合理将直接影响到企业的成效。

一、畜禽粪便清除设备

畜禽粪便清除是将畜禽粪便从排粪处移向收集点（沟、坑等）的过程。

对畜禽粪便清除方法和设备的要求为：劳动消耗少；投资和

运行费用少；尽量减少粪便受畜禽践踏和接触的机会，以减少水汽和臭气的散发；尽量保持畜禽体的清洁；能使后续的粪便处理工作简化。

畜禽粪便清除设备类型按结构原理可分为输送器式、自落积存式、自流式和水冲式。

（一）输送器式清粪设备

有刮板式、螺旋式和输送带式 3 种。其中，刮板式清粪设备是最早出现的一种，且型式也最多，以适应各种不同情况。常见的输送器式清粪设备有以下 5 种：

1. 拖拉机悬挂式刮板清粪机 属于移动式刮板清粪机，一般用于明沟内清粪。如为暗沟，则缝隙地板或笼架必须制成悬臂式。这种型式的清粪机优点是结构简单，机动灵活，可以在室内室外清粪，故障少，易形成固态粪有利于进一步处理；缺点是不易自动化，舍内易受发动机排气的污染。所以，它一般用于敞开式猪舍和大门经常打开的隔栏散养奶牛舍。

2. 往复刮板式清粪机 属于固定式刮板清粪机。往复刮板式清粪机可分为导架式、双翼式和多层式 3 种。

（1）导架刮板式清粪机。可用于明沟或缝隙地板下的暗沟内刮粪，常用于猪和鸡（图 4-48）。导架刮板式清粪机的刮板宽度

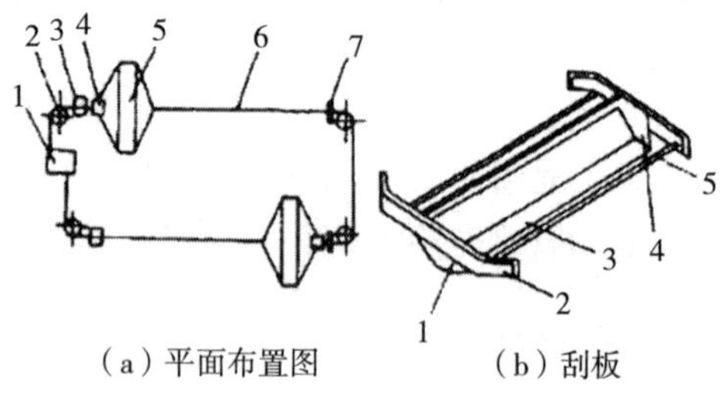

（a）平面布置图　　（b）刮板

图 4-48　9FZQ-1800 型导架刮板式清粪机

(a) 平面布置图：1. 绞盘　2. 转角轮　3. 限位清洁器　4. 张紧器　5. 刮板装置　6. 钢索　7. 清洁器

(b)刮板：1. 起落靴　2. 导板焊接　3. 刮板焊合　4. 侧板焊合　5. 钢板撑

为 900～2 400mm，刮板高度为 100～150mm，粪沟深度常为 200mm。

（2）双翼刮板式清粪机。主要用于隔栏散养牛舍的通道（浅宽粪沟）清粪（图 4-49）。

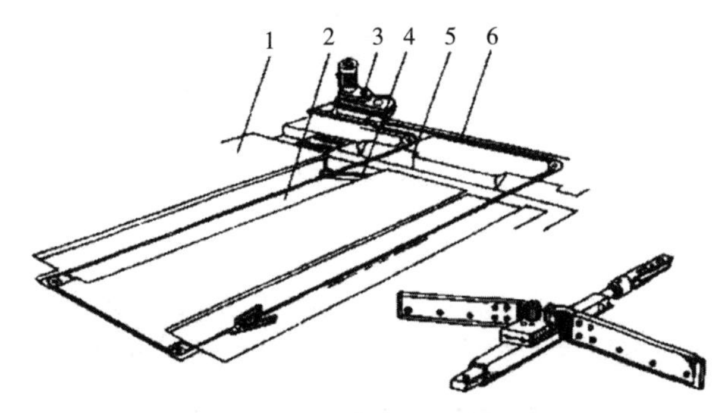

图 4-49 双翼刮板式清粪机

1. 隔栏牛床 2. 通道（浅宽粪沟） 3. 驱动装置 4. 双翼刮粪板 5. 横向粪便沟 6. 钢索

（3）多层刮板式清粪机。主要用于鸡的叠层笼养(图 4-50)。

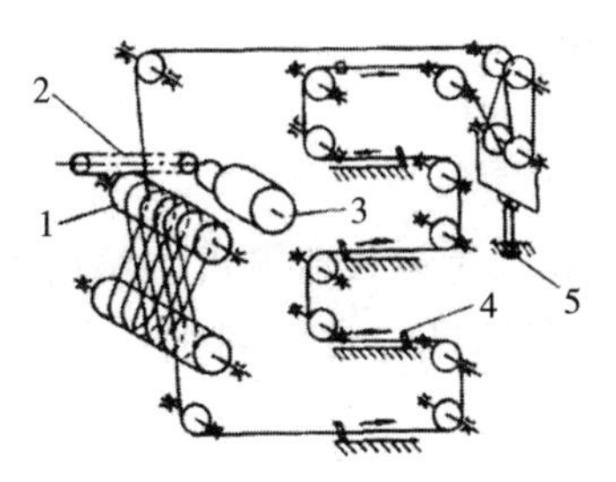

图 4-50 多层刮板式清粪装置

1. 卷筒 2. 链传动 3. 减速电机 4. 刮板 5. 张紧装置

3. 环行链板式清粪机 用于双列牛床的拴养牛舍（图 4-51）。

4. 输送带式清粪机 主要用于叠层式笼养鸡舍，输送带就安装在叠层式笼架的每层鸡笼下面，同时完成承粪和清粪工作(图 4-52)。

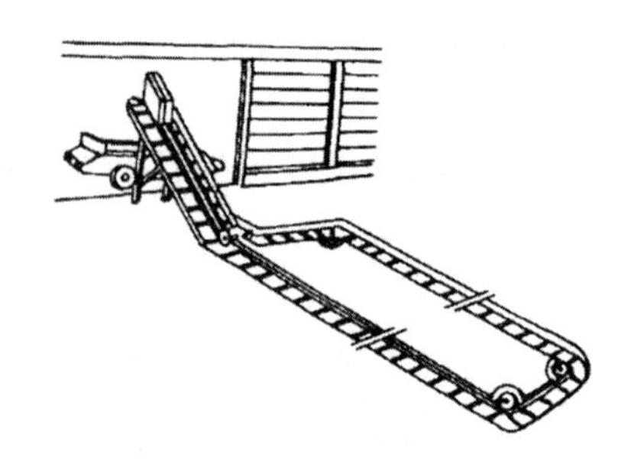

图 4-51 环行链板式清粪机

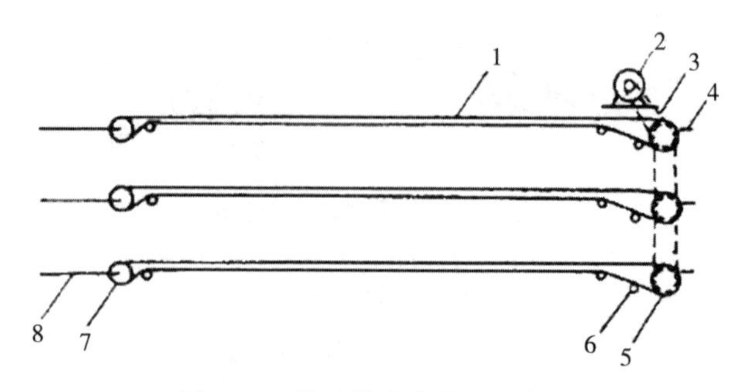

图 4-52 输送带式清粪机示意图

1. 输送带 2. 减速电机 3. 链传动装置 4. 刮粪板 5. 主动滚 6. 张紧轮 7. 被动轮 8. 调节丝杠

5. 螺旋式清粪机 螺旋式清粪机主要用于鸡舍的横向清粪机。为了防止黏粪和堵塞，常由扁钢卷制成无心轴环带式螺旋，在混凝土槽内回转，无中间支承。国产 9FHT-180 螺旋弹簧横向清粪机的螺旋环带由 30mm×6mm 扁钢制成，螺旋外径 170mm，螺距 170mm，转速 144r/min，电动机功率 1.1kw。

(二) 自落积存式清粪设备

自落积存式清粪是通过畜禽的践踏,使畜禽粪便通过缝隙地板进入粪坑。自落积存式清粪设备可用于鸡、猪、牛等各种畜禽，应用比较广泛。所用设备包括缝隙地板和舍内粪坑，舍内粪坑位于缝隙地板或笼组的下面。舍内粪坑可分地上和地下两种（图 4-53）。

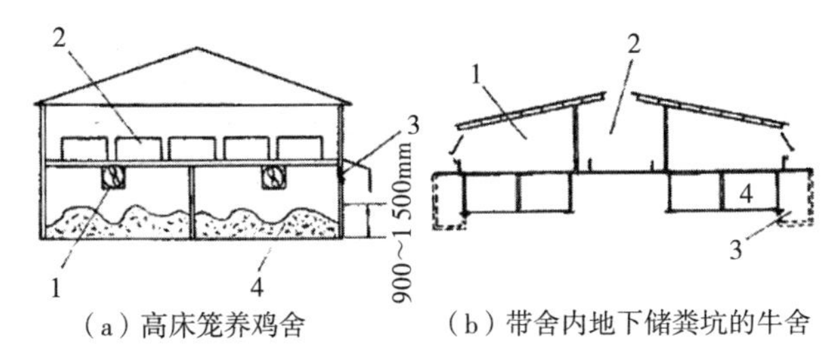

图 4-53　自落积存式清粪设备

(a) 高床笼养鸡舍：1. 循环风机　2. 鸡笼　3. 排气风机　4. 鸡粪

(b) 带舍内地下储粪坑的牛舍：1. 牛栏　2. 通道　3. 卸粪坑　4. 粪坑

（三）自流式清粪设备

自流式清粪是在缝隙地板下设沟，沟内粪尿定期或连续地流入室外储粪池（图 4-54）。自流式清粪设备常用于猪舍和牛舍。

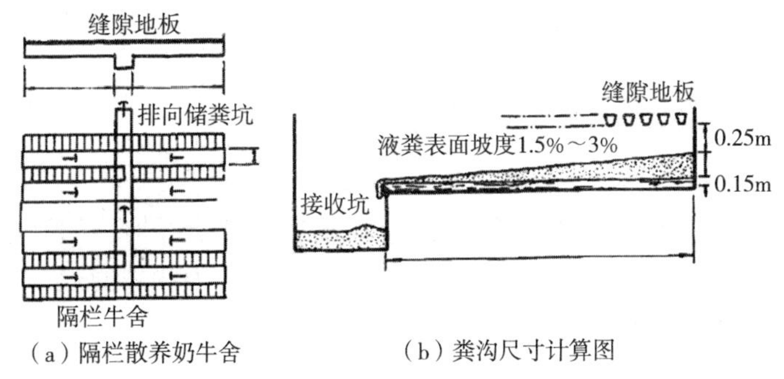

图 4-54　自流式清粪设备

（四）水冲式清粪设备

水冲式清粪是以较大量的水流同时流过一定坡度的浅沟或通道，将畜禽粪便冲入储粪坑或其他设施（图 4-55）。冲粪用的水也可以采用经过生物处理后的回收水来循环使用。水冲式清粪设备主要用于各种猪舍和牛舍，鸡舍较少使用。

影响水冲式清粪的主要因素是水流速度、水流的水力半径和

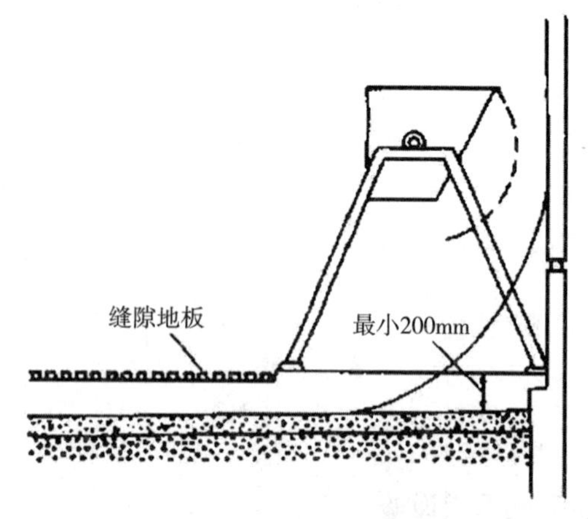

图 4-55　水冲式清粪设备

沟底坡度。

1. 水冲极限流速　为了冲走沉淀固体，必须使此固体保持悬浮状态。Camp 提出使固体保持悬浮状态的水冲极限流速 v_c（m/s）为：

$$v_c = \sqrt{\frac{8Kgd}{f}(\gamma - 1)}$$

式中，K 为取决于物料类型的常数，对于不均匀的黏性物质，$K=0.06$；g 为重力加速度（m/s^2）；d 为物料直径（m）；γ 为物料比重；f 为摩擦系数，典型值为 0.02～0.03。

当 $d=0.1$m，$\gamma=1.05$，代入可得极限流速 v_c 应为 1m/s 左右。

2. 敞开沟流流速　凡有一自由表面敞开在大气的由重力形成的液流称为敞开沟流。敞开沟流的流速 v（m/s）可利用梅宁（Manning）公式计算：

$$v = \frac{1}{n} R^{\frac{2}{3}} S^{\frac{1}{2}}$$

式中，n 为粗糙系数，对于混凝土，$n=0.012$～0.018；R

为水力半径（m），R=液断面积/湿周长；s 为坡度。

二、畜禽粪便处理设备

畜禽粪便的处理是现代化畜禽饲养场的一个重要工作项目。畜禽粪便利用的最经济有效的方法就是作为肥料施于农田或草地，但如施肥过多，将会引起作物减产，同时还会因超过土壤的过滤能力而直接渗入地下水或地面水而引起污染。所以，有许多国家都提出了施肥的限制。如德国以 500kg 畜禽活重为 1 大牲畜单位，提出为防止污染，每公顷农田能担负的大牲畜单位数：奶牛和肉牛为 6，猪为 4.5，蛋鸡为 2.5。为更有效地利用畜禽粪便并避免其对环境的污染，需要对畜禽粪便进行处理。

粪便处理的具体目的有：畜牧场周围的农田不足，或农田靠近水源、鱼塘或居民区，需要将畜禽粪便的污染性（BOD_5）降低后施入农田；无农田的集约化饲养场需要对畜禽粪便进行完全性处理，以免污染环境；将畜禽粪便处理成便于运输的稳定高效肥料和土壤改良剂出售；利用畜禽粪便有一定营养价值而将其处理成饲料成分掺入其他饲料喂饲；将畜禽粪便处理后生产沼气作为能量来源。

按照处理的原理，畜禽粪便的处理可分为：物理处理，主要改变粪便的物理性质，所用的设备有固液分离设备、干燥设备等；生物处理，是利用细菌分解来减少畜禽粪便的污染性（BOD_5），使其成为稳定化的肥料或已净化的废水，所用的设备有堆肥设备、生物塘、沼气池等；化学处理，主要用来对处理后的废水进行消毒，所用的设备有加氯设备等。

按照对畜禽粪便处理的完全性程度又可分为不完全处理和完全处理。不完全处理指处理后的产品未能完全净化，用于一般农牧场。完全处理是处理后产品得到完全的净化，适用于无农田的集约化饲养场。

按照被处理的畜禽粪便的形态又可分为液态处理、固态处理和混合处理。液态处理的优点是劳动消耗少，有些设施如厌氧生物塘等耗能也少；缺点是耗水量大，占地面积大，液粪容量大输送困难。固态处理的优点是节约水，工艺流程短，设施紧凑，占地面积小；缺点是劳动消耗量相对较大，有些设备如干燥设备和封闭容器充氧堆肥设备等耗能大。混合处理则兼有两者的特点。

根据不同地区的情况，美国除了西部干旱地区采用固态处理外，其他地区绝大多数采用液态处理。在欧洲 3 种处理方式都有发展，但近来对混合处理法比较注意。我国广东等地自 20 世纪 80 年代以来发展了猪场粪便的液态处理，近年来我国各地对畜禽粪便的固态处理给予了很大的关注并作了很多研究和发展。

（一）畜禽粪便的液态处理设备

常用的液态处理设备有固液分离设备、生物处理塘、氧化沟和沼气池等。

1. 固液分离设备 液态畜禽粪便的固液分离的目的是使分离出的固态部分缩小体积，以便作固态处理；使分出的液态部分降低 BOD_5 和减少固体含量，减轻后续的生物处理的负荷。

固液分离利用两种原理：一是利用比重不同进行分离，如沉淀和离心分离；二是利用颗粒尺寸进行分离，如各种筛式分离设备。

（1）沉淀池。有平流式和竖流式两种。

①平流式沉淀池，见图 4-56。

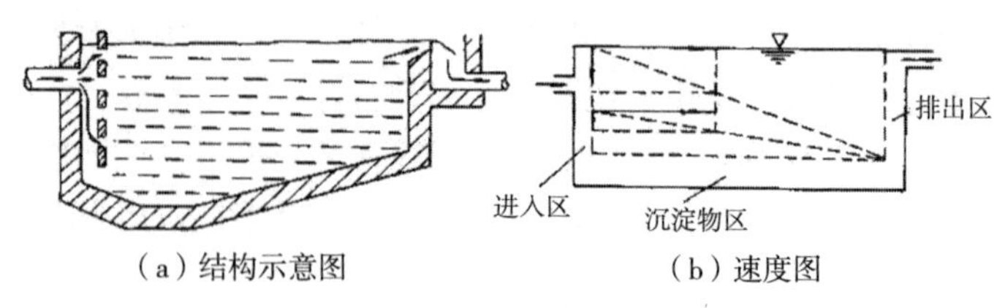

（a）结构示意图　（b）速度图

图 4-56 平流式沉淀池

②竖流式沉淀池，见图 4-57。

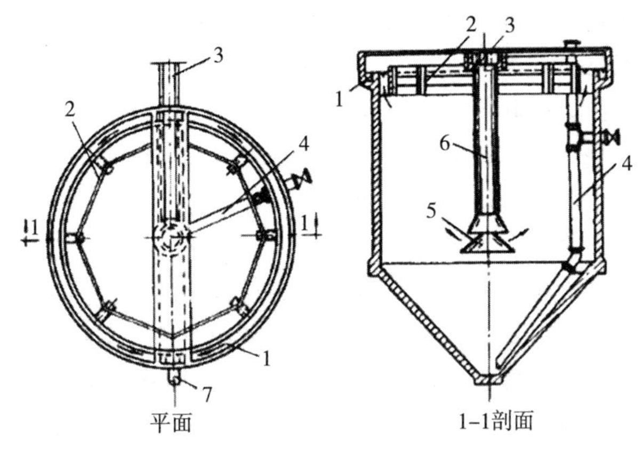

图 4-57　竖流式沉淀池

1. 集水槽　2. 挡板　3. 进水渠　4. 排泥管　5. 反射板　6. 中心管　7. 出水管

（2）离心分离机。美国有一项试验研究，利用变化的分离因素（2 000～10 000）分离不同含水率（73.4%～95.1%）的液态鸡粪，发现分离因素变化对含水率高的液粪的分离效果影响不大；而对含水率低的液粪，则分离因素变化的影响较大；含水率较低的液粪要提高脱水率应采用较高的分离因素。离心分离机见图 4-58。

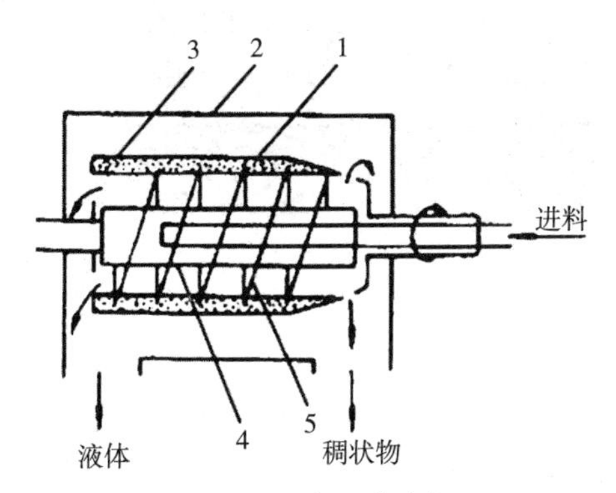

图 4-58　离心分离机

1. 外转筒　2. 外罩　3. 液面　4. 内转筒　5. 螺旋叶片

2. 生物处理塘　又称生物塘，是一种利用天然或人工整修的池塘进行液态粪生物处理的构筑物。在塘中，液态粪的有机污染物质通过较长时间的逗留，被塘内生长的微生物氧化分解和稳定化。因此，生物塘又称氧化塘或稳定塘。

生物塘按其运行方式可分为自然生物塘和曝气生物塘两类。自然生物塘可分为厌氧型、兼性型和好氧型。曝气生物塘可分为好氧型和兼性型两种。

（1）自然生物塘。自然生物塘进行自然的生物处理。它的优点是不需要提供动力，运行费低；构筑物简单，可利用天然洼地或池塘，所以投资省。缺点是占地面积大，净化功能受气温的影响较大。根据这些特点，自然生物塘适合在气候比较温和、土地利用条件许可的条件下使用。

自然生物塘分厌氧型、兼性型和好氧型 3 种。当用于畜禽粪便完全性处理时往往将这几种型式多级串联使用，一般在厌氧塘后面串联一级或多级兼性或好氧生物塘（图 4-59）。

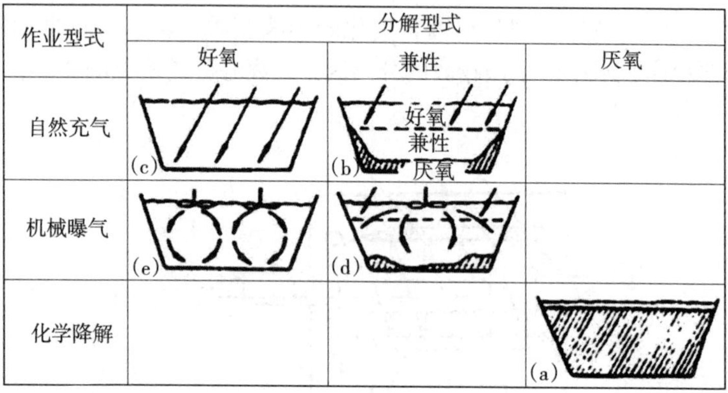

作业型式	分解型式		
	好氧	兼性	厌氧
自然充气	(c)	(b) 好氧 兼性 厌氧	
机械曝气	(e)	(d)	
化学降解			(a)

图 4-59 生物处理塘

（2）曝气生物塘。曝气生物塘所用的曝气设备有气泡曝气设备和机械曝气设备两类。在畜禽粪便处理中，以机械曝气设备应用为多。机械曝气设备中又以叶轮型最为常见。叶轮型曝气设备有平板型、倒伞型和泵型 3 种（图 4-60）。

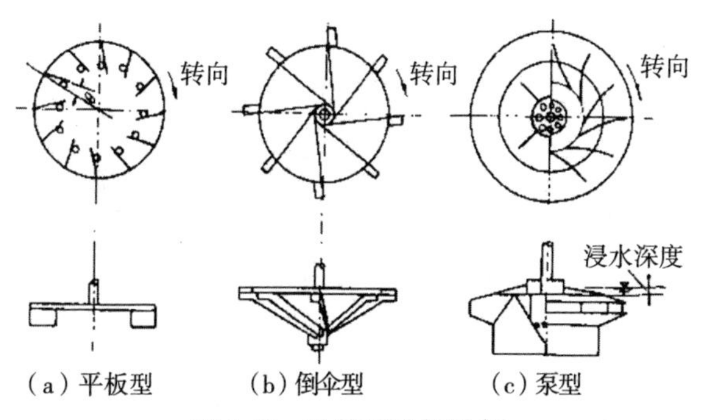

图 4-60　叶轮型曝气设备

3. 氧化沟　氧化沟首先由荷兰公共健康工程研究所研发，以适应小型污水的处理，于 20 世纪 60 年代开始用于家畜粪便的液态处理（图 4-61）。氧化沟的优点是工作时消耗劳动少，无臭味，要求沟的容积小；缺点是消耗能量多。

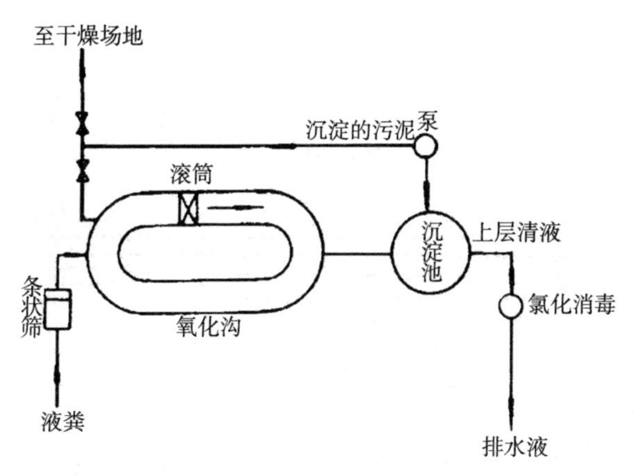

图 4-61　氧化沟粪便处理系统

4. 沼气发生设备　利用粪便产生沼气的原理是采用受控制的厌氧细菌分解，将有机物（碳水化合物、蛋白质和脂肪）转化为简单有机酸和酒精，然后再将简单有机酸转化为沼气和二氧化碳。沼气发生设备见图 4-62。

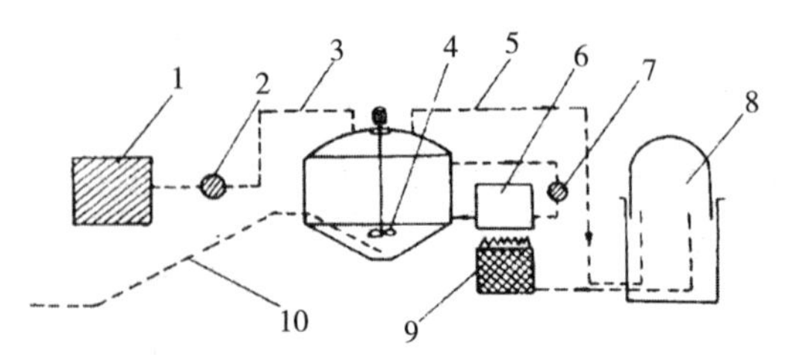

图 4-62　沼气发生设备

1. 储粪池　2. 粪泵　3. 粪便输入管　4. 搅拌器　5. 沼气导出管　6. 热交换器　7. 外加热粪泵　8. 储气罐　9. 加热器　10. 腐熟粪便排出管

(二) 畜禽粪便的固态处理设备

1. 干燥设备

(1) 低温干燥设备。利用自然通风气流干燥，可以节约劳动力，节省高温干燥的能耗，或使粪便的含水率符合堆肥、充氧发酵等处理的要求（图 4-63）。

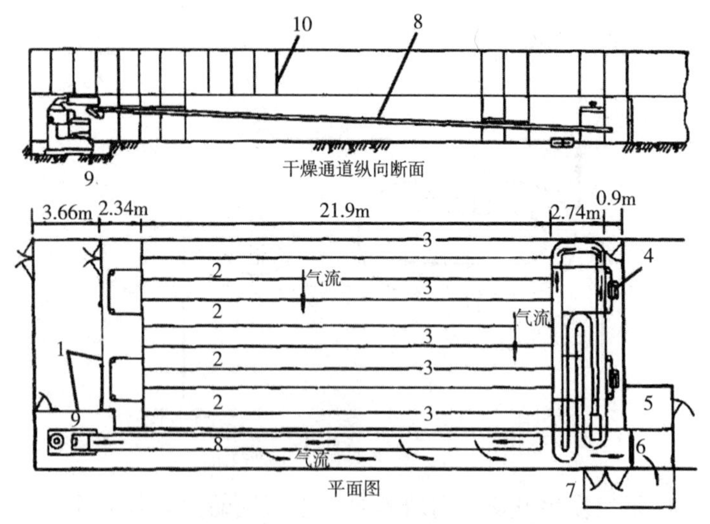

图 4-63　鸡粪干燥系统

1. 检视窗　2. 鸡笼笼架　3. 通道　4. 除粪刮板的电动机　5. 器具间　6. 风机　7. 混凝土坪　8. 粪便输送带　9. 干燥机　10. 桁架

（2）高温干燥设备。干燥速度快，整个干燥时间 1h 左右，能保持大部分蛋白质和其他营养物质，可作为补充饲料喂饲牲畜，也可用作优质肥料（图 4-64）。

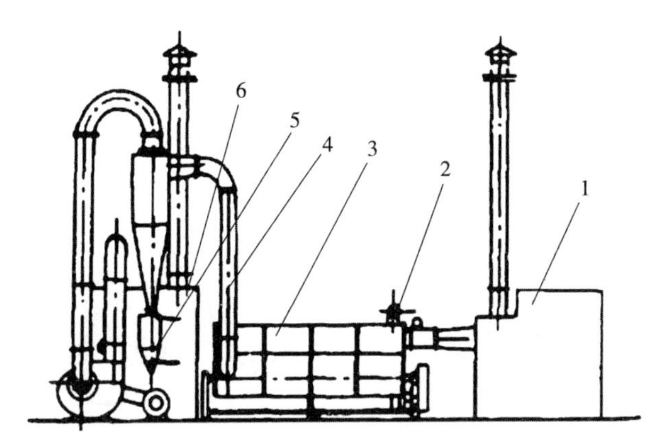

图 4-64　鸡粪烘干成套设备示意图

1. 热风炉　2. 原料输送机　3. 搅拌预干机
4. 气流干燥装置　5. 分离出料器　6. 水浴防臭装置

2. 堆肥设备　堆肥是在人工控制的条件下，使来源于生物的固态有机废物受微生物分解而实现稳定化的过程，制得的产品类似腐殖质，可作为肥料和土壤改良剂。分为条堆式、封闭容器式、塑料大棚式。

封闭容器式堆肥设备是利用封闭容器进行堆肥，由于其所进行的过程是堆肥的动态发酵阶段，所以国内称此类设备为充氧动态发酵机，也有称充氧发酵机的。根据容器的不同，又分为回转筒式充氧发酵机、立式搅拌充氧发酵机、卧式搅拌充氧发酵机（图 4-65）。

国内生产的充氧动态发酵机主要用于鸡粪饲料化，是在 40℃左右温度下将含水量为 45％的鸡粪进行好氧发酵，分解和排出有害气体，经过 8h 左右制成含水量为 40％左右的棕黄色无臭味粉状饲料，称再生饲料，可按合理配方加入畜禽的饲料中。

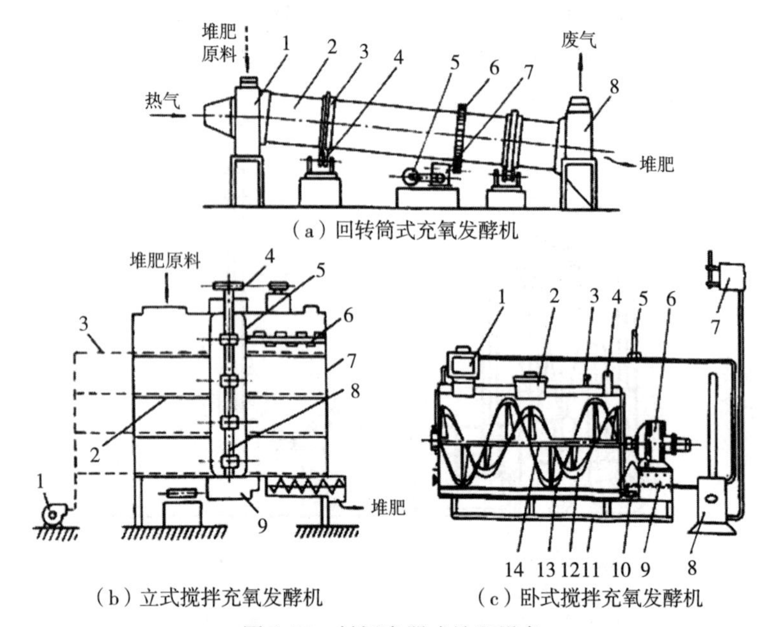

图 4-65　封闭容器式堆肥设备

(a) 回转筒式充氧发酵机：1. 头罩　2. 滚筒体　3. 滚圈　4. 托辊　5. 电动机　6. 齿圈　7. 减速器　8. 尾罩

(b) 立式搅拌充氧发酵机：1. 风机　2. 底面板　3. 空间分配管　4. 垂直轴传动装置　5. 垂直空心主轴　6. 搅拌桨板（每层有一组）　7. 保湿壁　8. 垂直轴　9. 垂直空心主轴传动装置

(c) 卧式搅拌充氧发酵机：1. 暖风机　2. 进料口　3. 放气阀　4. 排气管　5. 温水机　6. 减速器　7. 水箱　8. 小锅炉　9. 配电盘　10. 水泵　11. 机架　12. 左螺旋叶片　13. 右螺旋叶片　14. 主轴

所以，预先应对鲜鸡粪通过摊晒或配入干料来调整其水分，其成品含水量仍偏高，不宜久储。

（三）液态粪便固态处理设备

现代化畜禽饲养场畜禽舍清粪后形成的粪便以液态粪为多，因为液态粪劳动消耗最少，更适合于现代化饲养场。但液态粪便的处理又有占地大、易污染等缺点。因此，近年来欧洲一些国家很注意液态粪便固态处理的设备。液态畜禽粪便加入吸水物质而转变为固态，然后进行好氧微生物分解而使其稳定化。常用的吸水物质有切碎浸软的作物茎秆、锯木屑、泥炭等。液态畜禽粪便堆肥设备见图 4-66。

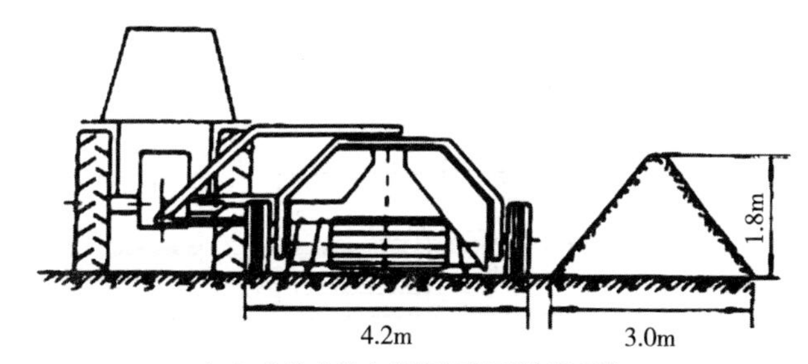

（a）条堆式液态粪便好氧型堆肥系统

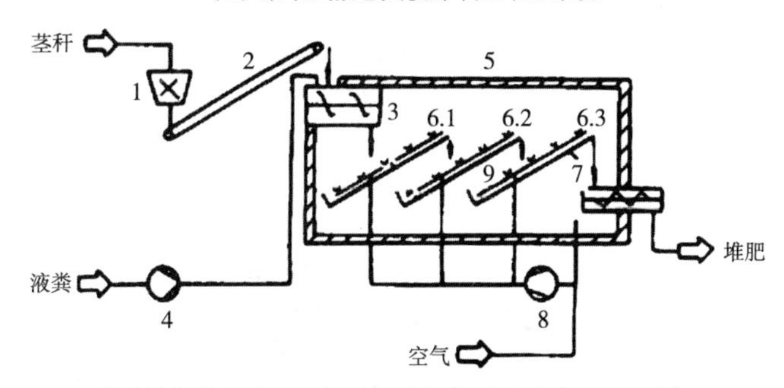

（b）输送带式液态粪便好氧型堆肥系统（碎茎秆浸软器）

图 4-66　液态畜禽粪便堆肥设备

1. 碎茎秆浸软器　2. 输送器　3. 混合机　4. 液粪喂入泵　5. 保温箱体　6.1～6.3. 充氧底板　7. 循环栅状带　8. 低压风机

三、畜禽粪便处理系统

畜禽粪便处理系统应该符合以下要求：在符合经济原则的情况下，应对畜禽粪便进行充分利用；劳动消耗应少；应能避免造成公害；应能在当地的各种气候条件下发挥正常作用；应经过经济分析，确认其符合经济性。

制造堆肥的成套设备见图 4-67。液体回收为水冲液的处理系统见图 4-68。

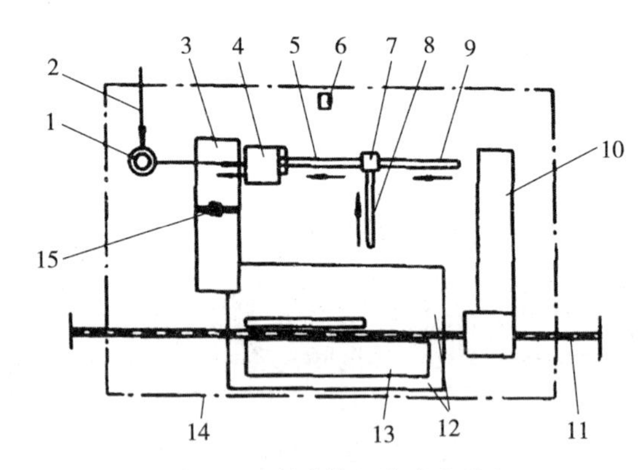

图 4-67 制造堆肥的成套设备

1. 储液罐 2. 管道 3. 装有桥式吊车的堆肥库 4. 堆肥混合室 5、8、9. 走廊 6. 自动秤 7. 干料混合室 10. 矿物肥料库 11. 轨道 12. 泥炭场 13. 泥炭堆 14. 围栏 15. 桥式吊车

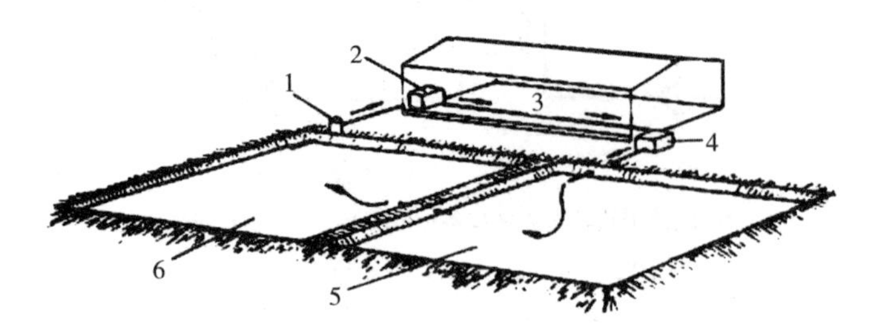

图 4-68 液体回收为水冲液的处理系统

1. 泵 2. 水箱 3. 粪沟 4. 接收坑 5. 第一级厌氧塘 6. 第二级厌氧塘

废水进行排放的畜禽粪便处理系统：按废水排放的标准，废水中允许的有机物含量为：BOD_5 60mg/L，化学需氧量 100mg/L，排入地面后，地面水质要求 BOD_5不超过 4mg/L，溶解氧不低于 4mg/L。废水进行排放的畜禽粪便处理系统处理后的废水必须满足这一要求。处理系统见图 4-69。

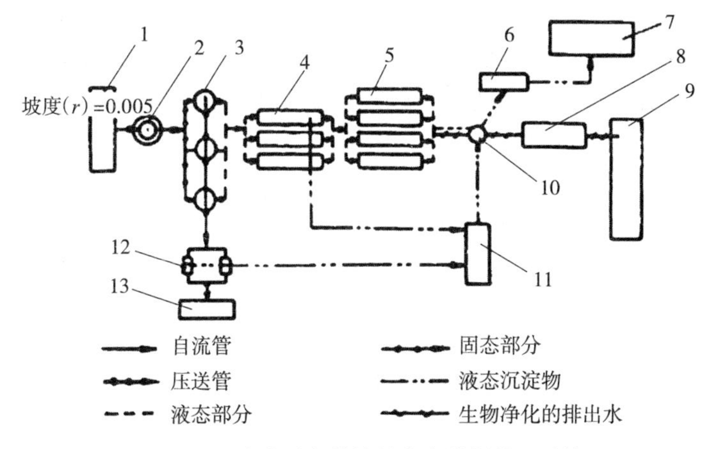

图 4-69　废水进行排放的畜禽粪便处理系统

1. 猪舍　2. 装有粪泵的接收池　3. 竖流式沉淀池　4. 第一级曝气生物糖　5. 第二级曝气生物糖　6. 沉淀物聚积池　7. 将沉淀物埋入土中　8. 容量 39 万 m^3 的储存池　9. 浇灌土地　10. 泵站　11. 淤泥场　12. 离心分离机　13. 储存固态成分的场地

第五节　畜禽环境控制

一、鸡的生物学特性及鸡舍环境要求

鸡的生物学特性：鸡的身体矮小，活动空间有限（500mm 以下）；体温高，代谢旺盛（41～42℃）；初生雏鸡体温调节能力差（39.6℃），要求环境温度高（35～36℃）；怕热、怕潮湿（呼吸调节体温）；对环境变化敏感、胆小（任何突然响动都可能引起惊叫、炸群、跑、跳等行为）；喜群居，好争斗，爱模仿（啄肛、啄羽）；抗病能力差（与生理结构有关）。鸡舍温度要求见表 4-1。

表 4-1　鸡舍温度要求

阶段	幼雏（0～4 周）	育成（含肉鸡）	成鸡（蛋鸡）
温度（℃）	26～32（前一周 33～35）	14～20（18～24）	13～23（13～20 偏低）

除温度高低外，还应注意温度的分布性，管理上要注意观察鸡群的行为。育雏期温度高，要注意保证70%左右的适度，防止雏鸡脱水；避免高温高湿，防止病原微生物的繁殖和疾病的传播；避免低温高湿，减少冷应激和疾病（表4-2）。

表4-2　鸡舍光照要求

生长期	特　点	光照度	光照时间
育雏	视力差、觅食能力弱，须尽早适应管理	第一周20lx，之后逐减	最初全天光照，之后逐减
育成	活动能力强、采食增加，须控制生长，保持舍内安静	5lx	最长12h
产蛋	光照对鸡繁殖力影响很大	10lx	16～17h
肉鸡	保证充分采食、适当休息	前2周10～20lx，之后5lx	间歇

二、猪的生物学特性及猪舍环境调控要求

猪的生物学特性：胎生、高产、繁殖快、杂食、群居、爱清洁、好拱土、喜探究、听觉嗅觉灵敏、视觉不发达；皮下脂肪厚、汗腺不发达、皮肤散热能力差；小猪怕冷、大猪怕热；不同部位对环境温度要求不同。

猪群分类：空怀母猪、妊娠母猪、分娩母猪、种公猪、后备猪、哺乳仔猪、断奶仔猪、育成猪、育肥猪。

猪舍环境调控要求见表4-3。

表4-3　猪舍环境调控要求

猪舍种类	种猪	妊娠母猪	哺乳母猪	哺乳仔猪	断奶仔猪	育成猪	育肥猪
温度（℃）	14～16	16～20	16～18	30～32	20～24	14～20	12～18
湿度（%）	60～85			60～80			60～85
风速(m/s)	0.2～1.0		0.15～1.0		0.2～1.0		

三、畜禽养殖环境综合监测与控制系统

（一）加温系统

整舍加温系统包括集中热水供暖、暖风机供暖、热风炉供暖、烟道供暖。畜禽舍用空调供热示意图见图 4-70。

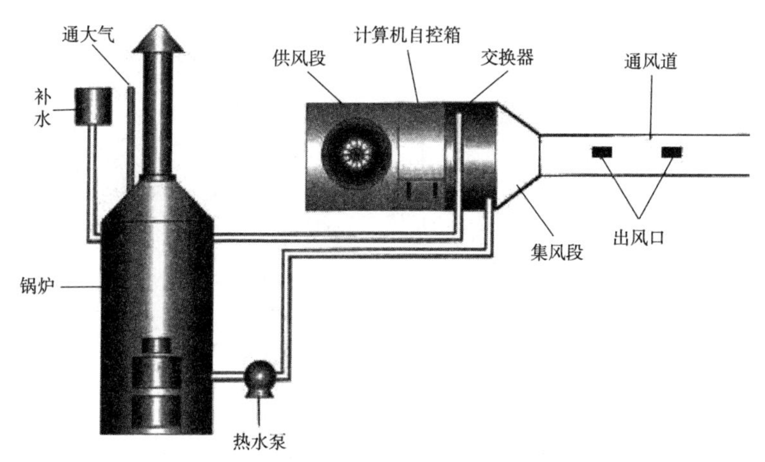

图 4-70　畜禽舍用空调供热示意图

暖风机与热风炉供暖系统的对比：暖风机要求有高效热交换器、锅炉房等设备，造价高；但温度易于控制、设备耐久性较好。热风炉设备简单、造价低、加热送热速度快；但送风温度高、对送风管道要求高、温度不易控制、设备耐久性差。

（二）降温系统

包括冷水降温和蒸发降温（湿帘风机降温系统、喷淋降温系统）、细雾降温系统、地道风降温。猪舍喷雾降温装置见图4-71。9PJ-3150 自动控制喷雾降温设备见图 4-72。

喷头安装在猪栏或牛床上方，以保证对动物身体喷淋；温度控制在猪牛舍适宜温度范围内，根据温度情况开始或停止喷水。

喷头方向向上均布安装，与墙壁、屋顶的距离要大于喷射距

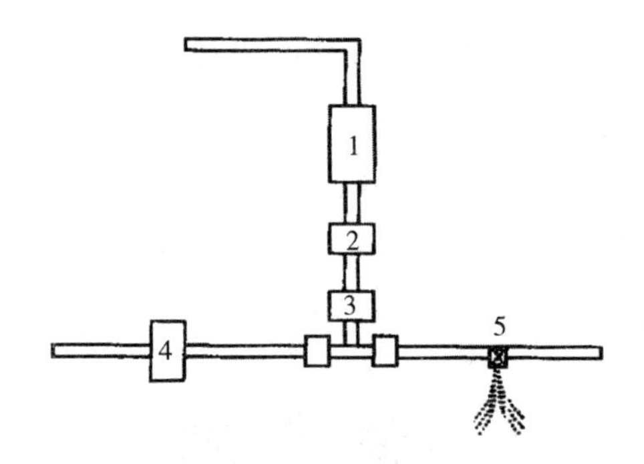

图 4-71 猪舍喷雾降温装置

1. 时间继电器 2. 恒温塞 3. 电磁阀 4. 过滤器 5. 喷头

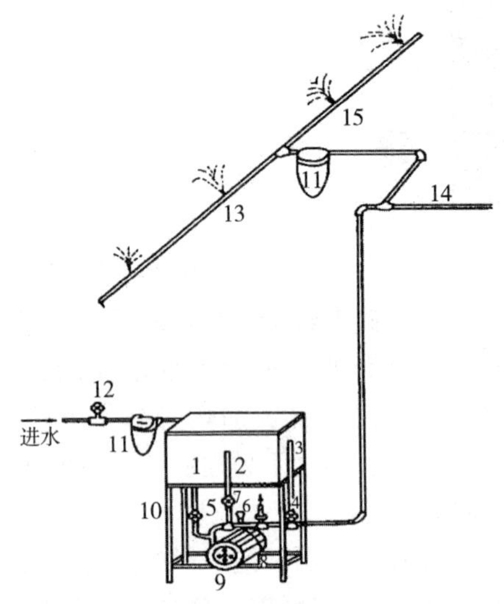

图 4-72 9PJ-3150 自动控制喷雾降温设备

1. 水箱 2. 回水管 3. 溢水管 4. 出水阀 5. 阀门 6. 压力表 7. 压力阀 8. 电动机 9. 水泵 10. 水箱架 11. 过滤器 12. 进水阀 13. 喷头 14. 直径 2cm 水管 15. 直径 1cm 塑料管

离，防止结露；雾粒直径小于 100μm，保证降温效率；间歇运行、可自动也可手动控制。

（三）畜禽舍环境监测一体化系统

畜禽舍环境的温度监测、湿度监测、氨气浓度监测、二氧化碳气体浓度监测、光照度监测等，通过一整套的温湿度和有害气体监测方案，来保障圈舍内适于动物生长、发育的环境，提高经济效益。实现畜禽舍内环境（包括 CO_2、氨氮、H_2S、温度、湿度、光照度等）信号的自动检测、传输、接收；实现畜禽舍内环境（包括光照度、温度、湿度等）的集中、远程、联动控制；实现对采集自畜禽舍的各路信息的存储、分析、管理；提供阈值设置功能；提供智能分析、检索、警告功能；提供权限管理功能；提供驱动畜禽舍控制系统的管理接口。

监控软件可以实现对如温度、湿度、气体浓度、光照度等参数的自动调节与控制，同时提供手动控制支持，通过手动与自动的完美结合，达到较理想的控制，为动物营造舒适、健康的成长与生活环境，实现更好的经济效益。

软件具有人机界面友好、结果可视化的特点；并且可以实时地显示参数变化前后系统的特性曲线，能很直观地显示控制系统的实时趋势曲线；对用户而言，操作简单易学且编程简单，参数输入与修改灵活，具有多次或重复仿真运行的控制能力，能够加快系统开发升级，降低研发成本。节约饲养人员工资、饲料等费用支出的同时，还优化了种鸡的生长环境，确保生产效益的最大化。

第五章

畜禽舍卫生与环境调控

随着农业结构的调整，畜牧业迅速发展，形成了集中化养殖模式。集中养殖具有设施利用率高、饲料便于供应、经济效益好等优点，同时集中饲养也产生了诸多弊端，如舍内光照不好、空气质量差、不通风、易发生疾病等问题，畜禽舍内环境控制成为集中养殖所面临的重要问题。

第一节　畜禽舍消毒

饲养健康动物、提供安全健康的动物产品以及获得最佳的经济效益是现代养殖业的三大任务，除运行科学合理的免疫程序外，一个符合本养殖场实际情况并且有效的消毒方案是至关重要的。

传染病是畜禽场危害最大的疾病，发生传染病必须具备以下条件：一是传染源，带有细菌、病毒、寄生虫的动物和人；二是传播途径，病原体离开传染源后，再进入另一个易感者所经历的路程和方式；三是易感动物，对某种传染病的病原体具有较高感受性的动物，它们在受病原体侵袭时易被感染发病，也就是对该种病原体没有免疫力的动物，具体地说，是没有抵抗力的动物、处于应激状态的动物、处于疾病状态的动物。

一、消毒的概念

消毒是指用物理的、化学的或生物学的方法杀灭或清除环境中的各种病原微生物，使之减少至不能引起传染病的数量。兽医消毒就是在预防为主的前提下，为减少养殖环境中病原微生物对动物机体的侵袭，预防控制动物疫病的发生与流行，将养殖环境、器具、动物体的微生物杀灭或清除的方法。直接地说，消毒的作用是杀灭病原体，有细菌、病毒，还有其他微生物，消除传染源和传播途径这两个环节，那么传染病也就不会发生了。

二、消毒的种类

1. 预防性消毒　在没有明确的传染源存在时，对可能受到病原微生物污染的场所和物品进行消毒。如平时结合饲养管理对畜禽舍、运动场、用具和饮水进行消毒，以达到预防传染病的目的。

2. 疫源地消毒　当发生动物传染病时，对疫源地内污染物的消毒称为疫源地消毒。如对发生动物传染病的畜禽舍、病畜禽停留的场所、各种分泌物和排泄物、剩余饲料及饮水、管理用具等进行的消毒。疫源地消毒又可分为随时消毒和终末消毒两种。

（1）随时消毒。动物已经发病或面临烈性传染病的威胁时实施的消毒，又称为临时消毒或控制消毒。临时消毒应根据传染病的种类及消毒对象选择合适的消毒方法和消毒剂，尽早进行。

（2）终末消毒。在患病动物解除隔离、痊愈或死亡后，或者在疫区解除封锁前，为了彻底地消灭传染病的病原体而对疫源地进行的最后一次消毒。终末消毒通常只进行一次，不仅对患病动物周围的一切物品、畜禽舍等进行消毒，有时对痊愈的畜禽体表也要进行消毒。对由条件性致病菌和在外界环境中存活力不强的微生物引起的疾病可以不进行终末消毒。

3. 带体消毒　对任何具有动物活体存在的场所和动物体本

身进行消毒。安全、有效，无刺激，无副作用，不影响生产性能。

三、消毒剂的化学类别

1. 氧化剂类消毒剂

优点：作用快而强，广谱杀菌。对细菌、病毒、霉菌和芽孢均有效。

缺点：仅对表面有作用，易分解，不稳定。

举例：过氧乙酸、二氧化氯、臭氧、过硫酸复合盐。

2. 含氯消毒剂

优点：广谱杀菌，杀菌效果强。

缺点：对金属腐蚀性大，用量大；使用条件受限，易分解。

举例：二氯异氰尿酸钠、四氯甘脲氯脲、漂白粉（$CaOCl_2$）、次氯酸钠（$NaClO \cdot 5H_2O$）等。

3. 碘类消毒剂

优点：杀菌能力强。

缺点：效果短暂，消毒池消毒 1d 即可失效；在阳光下易分解，易产生污点。

举例：聚维酮碘、季铵盐碘、碘酸混合液（复合碘制剂）等。

4. 醛类消毒剂

优点：杀菌作用较醇类强，杀菌谱广泛且作用强，对细菌繁殖体、芽孢、病毒和真菌均有杀灭作用。

缺点：使用受限，有刺激性、毒性，长期使用会致癌，易造成皮肤上皮细胞死亡，受污物、温度、湿度影响较大。易产生过敏，可引起哮喘。

举例：甲醛、戊二醛、邻苯二甲醛。

5. 酚类消毒剂

优点：性质稳定，在酸性中作用较强。

缺点：有特殊气味，对皮肤有刺激作用，使纺织品染色和损坏橡胶，对动物体毒性较强。

举例：石炭酸、来苏儿（煤酚皂溶液）、复合酚制剂。

6. 季铵盐及双胍类消毒剂

优点：杀菌作用强，无腐蚀、刺激性和漂白性，易溶于水，不污染物品。在碱性和中性介质中杀菌力强。

缺点：在酸性介质中效果大减，对结核杆菌、绿脓杆菌、芽孢、真菌和病毒的效果较弱。

举例：癸甲溴铵。

7. 碱类消毒剂

优点：可杀灭细菌繁殖体、芽孢，对病毒有较强的杀灭作用，对寄生虫卵也有杀灭作用。

缺点：易灼伤组织，有腐蚀性，不适用于水的消毒，极易吸湿受潮，成分单一，杀毒范围窄，粗制品含量低。

举例：火碱、生石灰。

8. 复合消毒剂　消毒剂应用的趋势，具有高效、环保、对动物的应激作用小等优点。

四、消毒剂的选择

1. 明确所使用消毒剂的化学类别。

2. 所用消毒剂应尽量有以下优点　杀菌谱广（可以杀灭各类病原微生物），作用速度快，作用维持时间长，性能稳定，易溶于水；无毒，无刺激性，无腐蚀性，无残留，不污染环境；受有机物、酸碱和环境因素影响小。

3. 根据消毒目的选择消毒剂　预防性消毒用中低效消毒剂，疫源地消毒、终末消毒、疫情发生时用高效消毒剂，并考虑加大使用浓度和消毒频次。

4. 注意事项

（1）不要长期单一使用一种化学类别的消毒剂，避免病原微生物产生耐药性。

（2）消毒剂包装的内容要有说明书、商品名称、生产批准文号、主要成分（指消毒剂含有的主要化学类别）、有效成分含量（%）、不良反应（刺激及其他副作用）、使用浓度（稀释比例）、使用频次（多长时间消毒一次）。

五、消毒方式的选择

（一）物理消毒法

1. 机械除菌 清扫和洗刷，清扫后再用清水冲洗，则畜禽舍内细菌可减少54%～60%。

2. 紫外线消毒法 保证5min以上方可达到消毒效果。

（二）化学消毒法

利用化学药品杀灭传播媒介上的病原微生物以达到预防感染、控制传染病的传播和流行的方法称为化学消毒法。化学消毒法具有适用范围广、消毒效果好、无须特殊仪器和设备、操作简便易行等特点，是目前兽医消毒工作中最常用的方法。化学消毒剂的使用方法有：

1. 浸泡法 选用杀菌谱广、腐蚀性弱、水溶性消毒剂，将物品浸没于消毒剂内，在标准的浓度和时间内，达到消毒菌目的。浸泡消毒时，在消毒液连续使用过程中，消毒有效成分不断消耗。因此，需要注意有效成分浓度变化，应及时添加或更换消毒液。当使用低效消毒剂浸泡时，需注意消毒液被污染的问题，从而避免疫源性的感染。

2. 喷洒法 将消毒液均匀喷洒在被消毒物体上，如喷洒消毒畜禽舍地面等。

3. 喷雾法 将消毒液通过喷雾形式对物体表面、畜禽舍或动物体表进行消毒。带体消毒适合采用本种方法：

（1）普通喷雾消毒法。用普通喷雾器喷洒消毒液进行表面消毒的处理方法，喷洒液体雾粒直径多在100μm以上。各种农用和医用喷雾器均可应用。

（2）气溶胶喷雾消毒法。用气溶胶喷雾器喷雾消毒液进行空气或物体表面消毒的处理方法，雾粒直径 20μm 以下者占 90% 以上。由于所喷雾粒小，浮于空气中易蒸发，可兼收喷雾和熏蒸之效。喷雾时，可使用产生直径在 20μm 以下雾粒的喷雾器。适用于对室内空气和物体表面实施消毒。使用时，应特别注意防止消毒剂气溶胶进入呼吸道。

4. 发泡（泡沫）法　此法是自体表喷雾消毒后，开发的又一新的消毒方法。所谓发泡消毒是把高浓度的消毒液用专用的发泡机制成泡沫散布在畜禽舍内面及设施表面。主要用于水资源贫乏的地区或为了避免消毒后的污水进入污水处理系统破坏活性污泥的活性以及自动环境控制的畜禽舍，一般用水量仅为常规消毒法的 1/10。采用发泡消毒法，对一些形状复杂的器具、设备进行消毒时，由于泡沫能较好地附着在消毒对象的表面，故能得到较为一致的消毒效果，且由于泡沫能较长时间附着在消毒对象表面，延长了消毒剂的作用时间。

5. 熏蒸法　适用于空舍消毒。通过加热或加入氧化剂，使消毒剂呈气体或烟雾，在标准的浓度和时间里达到消毒灭菌目的。适用于畜禽舍内物品及空气消毒精密贵重仪器和不能蒸、煮、浸泡物品的消毒。环氧乙烷、甲醛、过氧乙酸以及含氯消毒剂均可通过此种方式进行消毒，熏蒸消毒时环境湿度是影响消毒效果的重要因素。

6. 饮水法　在饮水中加入适量的消毒剂杀死水中的病原体，即饮水消毒。临床上常见的饮水消毒剂多为氯制剂、碘制剂和复合季铵盐类等。消毒剂可以直接加入蓄水池或水箱中，用药量以最远端饮水器或水槽中的有效浓度达到该类消毒剂的最适饮水浓度为宜。要选择有效、对动物无毒性、无副作用、动物产品中无残留的消毒剂，应注意进行弱毒活苗接种前后 2d 停止饮水消毒。

六、做好消毒前的准备工作

1. 清粪、清扫、冲洗，以提高消毒剂的作用效果。

2. 合理配制消毒剂

（1）仔细阅读消毒产品的使用说明，应特别注意有效成分与使用方法。

（2）根据消毒目的选定消毒剂溶液的配制浓度。疫源地消毒、随时消毒、终末消毒应使用消毒剂说明指定的高浓度比例。预防消毒和带体消毒适宜使用较低浓度的消毒剂。

（3）消毒前需丈量准备消毒的场所，计算需要配制消毒剂的总量，并计算消毒工作所需的使用消毒剂溶液量以及需加入的消毒剂量。

（4）使用耐腐蚀的洁净塑料容器，将所需量的水和定量的消毒剂加入塑料容器内，充分混合备用。固体消毒剂应充分溶解。

（5）消毒剂配制的计算公式。

①按照百分数计算。

欲配制消毒剂浓度×欲配制数量＝所需原药量

欲配制数量－所需原药量＝加水量

②按照实际所含有效成分配制。

（欲配制消毒剂浓度×欲配制数量）/原消毒剂有效成分含量＝所需原药量

欲配制数量－所需原药量＝加水量

七、如何做好消毒工作

1. 制订合理的消毒方案，形成制度，严格执行　包括进出车辆、人员、器具消毒，门口消毒，畜禽舍（带动物消毒、空舍）消毒，户外场地消毒。

2. 消毒剂使用的剂量　每立方米空间消毒剂喷雾使用的剂

量应在200～300mL才能达到消毒效果，夏季或冬季雨雪天气空气湿度>70%时，需适当减少用量至100～200mL。消毒前需丈量准备消毒的场所，计算需要配制消毒剂的总量。消毒剂参考使用剂量见表5-1。

表5-1 消毒剂参考使用剂量

消毒场所	消毒方法	用 量	消毒时间
户外污染表面	液体消毒剂喷洒	500mL/m²	30min
舍内	液体消毒剂喷洒 喷雾	100～500mL/m² 300mL/m²	30min 60min
舍内地面	液体消毒剂喷洒	200～300mL/m²	60min
空舍	0.5%过氧乙酸熏蒸 甲醛熏蒸	1g/m³ 25mL/m³	120min 24h
污水	10%～20%漂白粉溶液搅匀 30 000～50 000mg/L溶液搅匀	余氯4～6mg/L	30～120min
粪便、分泌物	漂白粉干粉搅匀 30 000～50 000mg/L含氯消毒剂	1∶5 2∶1	2～6h 2～6h
运输工具	喷雾	8mL/m³	60min
水泥地面泥土	火碱、漂白粉溶液喷洒	500～1 000mL/m²	2～6h

3. 建立消毒记录 养殖场必须编制消毒记录表，对每次消毒操作过程进行详细记录，记录信息应包括消毒时间、消毒剂商品名称、主要化学成分和有效浓度、原始浓度、配制浓度、批号、批次、配制剂量、消毒方式、当时的温度和湿度、执行程序、消毒对象以及配制人和操作人的签字。

4. 消毒效果的评价 每个养殖场的饲养方式、环境条件、饲养规模均有所不同，为验证实施消毒的效果，可采用现场消毒效果检测技术对不同消毒剂和不同条件下的消毒效果进行检测，通过消毒剂对空气和物体表面自然菌的杀灭率和消亡率来选择有效的消毒剂与合理的消毒方式。

八、消毒的注意事项

1. 消毒剂的配伍禁忌

（1）季铵盐类消毒剂不能与阴离子型表面活性剂合用（如肥皂、洗衣粉）；也不能与碘、碘化钾、升汞、过氧化物同时使用。

（2）过氧化物类消毒剂避免与强还原性物质接触，不宜与重金属、盐类及卤素类消毒剂接触。

（3）酚类消毒剂避免与碱性物质混用，不宜与碘、溴、高锰酸钾、过氧化物等配伍。

（4）碱类消毒剂避免与酸性物质混用，不宜与重金属、盐类及卤素类消毒剂接触。

2. 动物接种疫苗时的消毒　消毒不可与疫苗免疫同时进行，消毒剂的某些成分可能会导致弱毒疫苗失效，特别是饮水消毒会对疫苗的效力产生影响，因此免疫接种时不可进行消毒。

3. 光照、温度与相对湿度对消毒的影响

（1）光照的影响。含氯消毒剂、碘类消毒剂、过氧化物类消毒剂遇日光照射会加速分解，因此在配制和使用时应避免光照。

（2）温度的影响。甲醛熏蒸消毒时应在 20℃以上。氧化法消毒应在 25℃以上，最好 50℃左右。

戊二醛在 20～42℃范围内，其杀菌效果随着温度的升高而增强。

季铵盐类、含氯和酚类消毒剂温度升高可增加杀菌作用，低温消毒应延长消毒时间或提高消毒剂浓度。

碘类、过氧化物类和加入稳定剂与乙醇的复合型消毒剂杀菌效果受温度影响不明显，可以在低温环境进行消毒。低温环境可使用过氧乙酸按每立方米空间 1～3g，配成 3%～5%的溶液（为了防冻，可在其中加入乙酸、乙二醇等有机溶剂）进行消毒。

（3）湿度的影响。一般熏蒸消毒时要求空气的相对湿度达到 60%以上才能达到消毒效果。进行喷雾消毒时也要求一定的环境湿度，因此在干燥环境进行消毒时，为避免干燥促进消毒剂挥发而降低其作用维持时间和作用效果，应对消毒对象预先进行湿润。一般每立方米空间消毒剂喷雾使用的剂量应在 200～300mL，夏季或冬季雨雪天气空气湿度＞70%时需适当减少用量至 100～200mL。

4. 饮水消毒应注意的问题　饮水消毒时任意加大水中消毒剂的浓度或长期饮用消毒水，除可引起急性中毒外，还可杀死或抑制肠道内的正常菌群，影响饲料的消化吸收，对畜禽健康造成危害，另外还会影响疫苗的防疫效果。饮水消毒应该是预防性的，而不是治疗性的，因而对畜禽饮用消毒水要谨慎行事。

5. 根据病原微生物的特性选择使用消毒剂　污染微生物的种类不同，对不同消毒剂的耐受性也不同。细菌芽孢和结核分枝杆菌必须用杀菌力强的灭菌剂或高效消毒剂处理，才能取得较好效果。其他细菌繁殖体和病毒、螺旋体、支原体、衣原体、立克次氏体对一般消毒处理耐受力均差。

（1）结核杆菌的消毒。适宜选用醛类、含氯类和过氧化物类消毒剂。

（2）无囊膜病毒的消毒。如猪圆环病毒和鸡贫血症病原等，适宜选用醛类、含氯类、过氧化物类消毒剂和双链季铵盐消毒剂。

（3）细菌芽孢的消毒。主要是炭疽芽孢杆菌，适宜选用醛类、含氯类、过氧化物类消毒剂和双链季铵盐消毒剂。

6. 消毒剂的使用频次　消毒剂的使用频次一般要根据每种消毒剂作用的维持时间来确定，季铵盐类消毒剂的作用维持时间在 3～4d，挥发性强的消毒剂如碘类、过氧化物类和含氯制剂遇光容易分解，作用维持时间比较短。

预防性消毒的频次视所使用消毒剂的种类可以间隔 2～3d 或 1 周进行。疫源地和终末消毒需要增加频次，每天进行 1～2 次。养殖场户动物具有病情时应在进行病体处置等操作中随时消毒。

第二节　畜禽舍通风换气

畜禽舍通风换气是畜禽舍环境控制的一个重要手段。一方面，可起到降温作用；另一方面，通过舍内外空气交换，引入舍外新鲜空气，排除舍内污浊空气和过多水汽，以改善舍内空气环境质量，保持适宜的相对湿度。气流对畜禽健康的影响程度，主要取决于风速大小以及环境温度、相对湿度的高低。低温而潮湿的气流，能促使机体大量散热，使其受冻，特别是作用于机体局部的低温高速气流（俗称“贼风”），对机体的危害更大，常引起畜禽冻伤、关节炎症及感冒，甚至肺炎等疾病。机体长期暴露在低温和大风的环境下，会使体温下降，特别是被毛短和营养不良的畜禽，还有可能死亡。适宜的风速有利于机体的健康，空气流动可促进机体散热，使机体感到舒适。风还可促进大气层的对流，保持空气化学组成平衡的作用。另外，风还对有害气体和灰尘有稀释与清除的作用，这都会间接影响畜禽的健康。

除在舍内设风扇只能使舍内空气形成涡流之外，通常通风和换气是结合在一起的，即通风起到换气作用。组织畜禽舍通风换气，应满足下列要求：①排除畜禽舍内多余的水汽，使空气中的相对湿度保持在适宜状态，防止水汽在物体表面凝结；②维持适宜气温，不使其发生剧烈变化；③要求畜禽舍内气流速度稳定、均匀、无死角、不形成贼风；④减少畜禽舍空气中的微生物、灰尘以及畜禽舍内产生的氨、硫化氢和二氧化碳等有害气体。

一、通风设计

畜禽舍夏季通风应尽量排除较多的热量与水汽，以减少畜禽的热应激，增加动物的舒适感。而冬季由于舍外气温较低，畜禽舍的通风换气与畜禽舍通风系统的设计、使用以及畜禽舍热源状况密切相关。

畜禽舍冬季通风换气效果主要受舍内温度的制约。由于空气具有保持水分的能力，就使得通过通风换气排除水汽成为可能。但是，空气的含水能力随空气温度下降而降低。也就是说，升高舍内气温有利于通过加大通风量来排除畜禽产生的水汽，也有利于潮湿物体和垫草中的水分进入空气中而被驱散；反之，舍内温度偏低，舍外空气温度又显著低于舍内气温，换气时必然导致畜禽舍温度剧烈下降，使空气相对湿度增加，甚至出现水汽在外围护结构内发生结露。在这种情况下，如无补充热源，就无法组织有效的通风换气。所以，寒冷地区通风换气效果，既取决于畜禽舍外围护结构的保温、防潮性能，也取决于畜禽舍的热源状况。如果将舍外空气加热后使其变得温暖，更加干燥并保持新鲜，进入舍内后既可供暖、除湿，又可排除污浊空气。这只能用正压通风系统来实现。

（一）通风换气的方式

根据气流形成的动力的不同，可将畜舍通风换气分为自然通风与机械通风两种。在实际应用中，开放舍和半开放舍以自然通风为主，在炎热的夏季辅以机械通风；在封闭式畜舍，则以机械通风为主。

1. 自然通风

（1）自然通风原理。自然通风的动力是风压或热压。风压是指气流作用于建筑物表面而形成的压力。当气流经过建筑物时，迎风面形成正压，背风面则形成负压，气流由正压区开口流入，由负压区开口排出。只要有气流存在，建筑物的开口（或窗孔）两侧就有压差，就必然有自然通风，如图 5-1（a）所示。

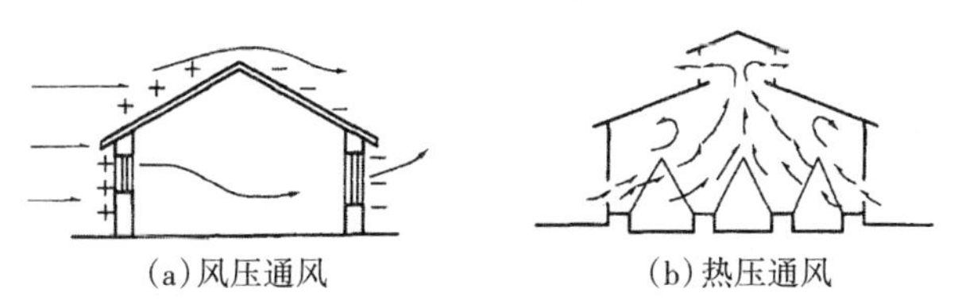

图 5-1　畜舍无管道自然通风示意图

热压换气的原理是舍内空气受热而比重（密度）变小，从而使畜舍上部气压大于舍外，下部气压则小于舍外。当舍外气温低于舍内且畜舍围护结构上、下有开口时，则舍内气流由上开口流出，舍外空气由下开口流入，空气压力产生变化而形成气流运动。一般表现为，当舍外较低的温度空气进入畜舍内，遇热变轻而上升，于是在畜舍内近屋顶、天棚处形成较高的压力区（正压区），这时屋顶如有孔隙，空气就会逸出舍外。与此同时，畜舍下部空气由于不断变热上升，就形成了稀薄的空气空间（负压区），畜舍外较冷的空气就会不断渗入舍内。如此周而复始，形成了热压作用的自然通风，如图 5-1（b）所示。

进行自然通风时，冬季往往是风压和热压同时发生作用，夏季舍内外温差小，在有风时风压作用大于热压作用；无风时，自然通风效果差。

在无管道自然通风系统中，在靠近地面的纵墙上设置地窗（图 5-2），可增加热压通风量，有风时可在地面形成“穿堂风”，

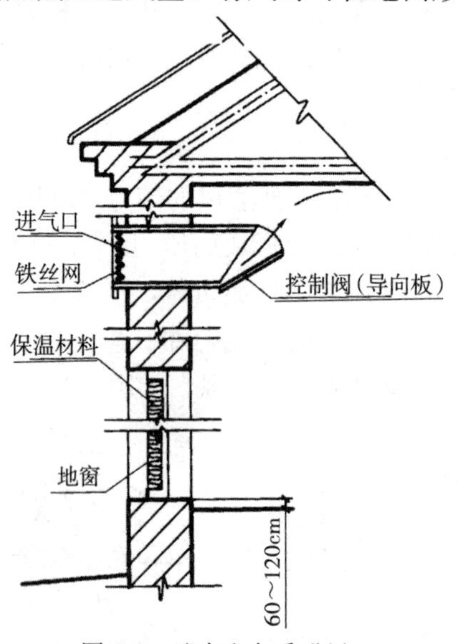

图 5-2　地窗和冬季进风口

这有利于夏季防暑。地窗可设置在采光窗之下，按采光面积的50%～70%设计成卧式保温窗。如果设置地窗仍不能满足夏季通风要求，可在屋顶设置天窗或通风屋脊［图 5-1（b）］，以增加热压通风。

（2）自然通风管道总断面积的确定。在自然通风系统设计中，一般是考虑无风时的通风量。这样，在夏季有风时，畜禽舍通风量大于计算值，对畜禽更为有利；在冬季有风时，可通过关闭门窗，减少外部气流对畜禽的不利影响。在确定畜禽舍通风换气量之后，可求出通风换气面积，即风管面积，其公式为：

$$A=\frac{L}{V}$$

$$V=0.5\times4.427[H(t_{n}-t_{w})/(273+t_{w})]^{1/2}$$

式中，A 为通风管总断面积（m^2）；L 为已确定的通风换气量，即需由舍内排除的污浊空气量（m^3/s）；V 为空气在排气管中的流速（m/s）；H 为进风口与排风口的垂直距离（m）；t_n为舍内冬季计算温度（℃）；t_w为冬季舍外计算温度（℃）。

在求得通风管总面积后，根据所确定的每个排气管的断面积，可求得该畜禽舍需安装的排气管数。从理论上讲，排气管面积应与进气管面积相等。但事实上，通过门窗缝隙或建筑物结构不严密之处以及启闭门窗时，会有一部分空气进入舍内，故进气管的断面积应小于排气管的面积。一般进气管按排气管总断面积的 70%计算。

在我国，每个排气管的断面积一般采用（50×50)cm～（70×70)cm；进气管的断面积多采用（20×20)cm～（25×25)cm。排气管的断面多采用正方形，进气管多采用方形或矩形。

（3）自然通风的进气管和排气管的选择。自然通风分为两种：一种是无专门进气管和排气管，依靠门窗进行的通风换气，适用于在温暖地区和寒冷地区的温暖季节使用；另一种是设置有专门的进气管和排气管，通过专门管道调节进行通风换气，适用于寒冷地区或温暖地区的寒冷季节使用。

进气管：用木板制成，断面呈正方形或矩形，通常均匀地镶嵌在纵墙上，其与天棚的距离为40～50cm，在纵墙两窗之间的上方。墙外受气口向下弯或加“<”形板，以防冷空气或降水直接侵入。墙内侧的受气口上应装调节板，用以将气流挡向上方，避免冷空气直接吹到畜体，并可以调节进气口大小，以控制换气量，在畜舍不需要气流时可以将进气口关闭。

进气管彼此之间的距离应为2～4m。进气口的位置对换气效果影响较大。在炎热地区,进气管设置在墙的下部有利于在畜禽生活活动区形成对流,以缓和高气温的不良影响。而在寒冷地区,则在冬季尽量避免冷气流直接吹到畜体,故进气管应设在墙的上部。

排气管：用木板制成，断面呈正方形，要求管壁光滑、严密、保温（要有套管，内充保温材料）。排气管沿畜舍屋脊两侧交错垂直安装在屋顶上。下端从天棚开始，上端伸出屋脊0.5～0.7m，再上为百叶窗式导风板，顶部为风帽。两个排气管的间距为8～12m，原则上能设在舍内粪水沟上方为好。管内有调节板，以控制风量。

排气管的高度与通风效果有关，原因是排气量的动力为热压，而热压的有效值取决于排气管的高度与舍内外温差。对于排气管的高度，推荐采用4～6m高的排气管，要保证这样的高度，必须将排气管设于顶楼。顶楼不仅有利于保温，而且也有利于通风换气。由此可见，排气管越短，排气效果越差，故排气管应保持一定高度，如果高度不够，应加大排气管横断面积。在北方地区，为防止空气水汽在管壁凝结，可在总断面积不变的情况下，适当增加每个排气管的面积，而减少排气管的数量。

风帽：风帽是排气管上端的附加装置，作用是防止雨雪降落和利用风压加强通风效果。风帽工作的原理：当风吹向风帽从其周围绕过时，在风帽四周形成风压较低的负压区，于是管内气流通过风帽迅速排出。风帽的形式较多，常用的为屋顶式风帽和百叶式风帽。其构造基本相同，百叶式风帽既可以有效地防止降水落入管缝隙，又可以加大排气管内气流速度。

在炎热地区的小跨度畜舍，通过自然通风，一般可以达到换气的目的。畜舍两侧的门窗对称设置，有利于穿堂风的形成。在寒冷地区，由于保暖需要，门窗关闭难以进行自然通风，需设置进气口和排气口以及通风管道，进行有管道自然通风。在寒冷地区，畜舍余热越多，能从舍外导入的新鲜空气越多。

2. 机械通风　机械通风也叫强制通风或人工通风，它不受气温和气压变动的影响，能经常而均衡地发挥作用。由于自然通风受许多因素，特别是气候与天气条件的制约，不可能保证封闭式畜舍经常进行充分换气。为了给畜禽生产创造良好的环境，应在封闭畜舍设置机械通风。

根据通风造成的畜舍气压的变化，将机械通风分为负压通风、正压通风与联合通风 3 种方式。

（1）负压通风。也称排风式通风或排风，是指利用风机将封闭舍内污浊空气抽出，使舍内压力相对小于舍外。而新鲜空气通过进气口或进气管流入舍内而形成舍内外气体交换（图 5-3）。畜舍通风多采用负压通风。采用负压通风，具有设备简单、投资少、管理费用低的优点。

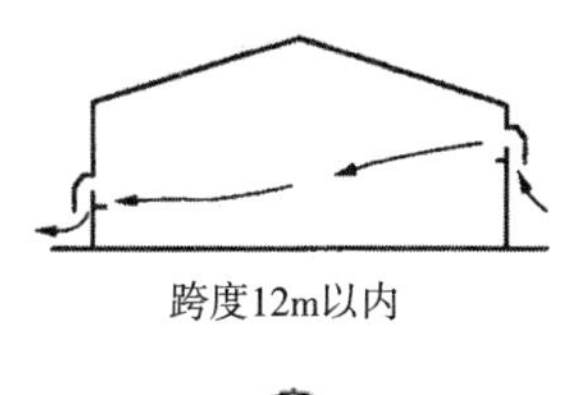

跨度12m以内

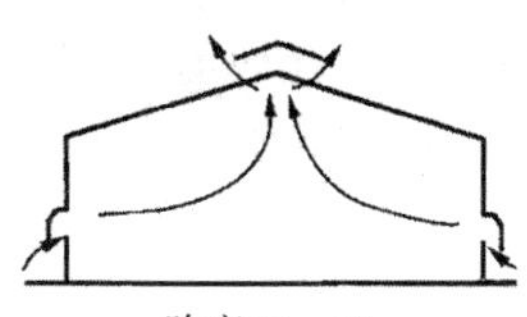

跨度12～18m

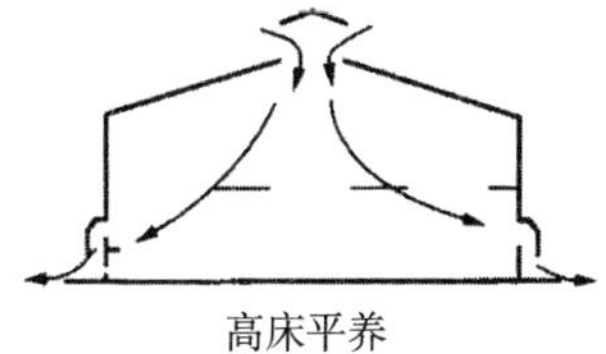

高床平养

金属网养

图 5-3　负压通风的示意图

根据风机安装的位置，负压通风可分为：

①屋顶排风。风机安装于屋顶，将舍内的污浊空气、灰尘从屋顶上部排出，新鲜空气由侧墙风管或风口自然进入。这种通风方式适用于温暖和较热地区、跨度在12～18m的畜舍或2～3排多层笼鸡舍使用。若停电时，可进行自然通风。

②侧壁排风。单侧壁排风形式为风机安装在一侧纵墙上，进气口设置在另一侧纵墙上，畜舍跨度在12m以内；双侧壁排风则为在两侧纵墙上分别安置风机，新鲜空气从山墙或屋顶上的进气口进入，经管道分送到舍内的两侧。这种方式适用于跨度在20m以内的畜舍或舍内有5排笼架的鸡舍。对两侧有粪沟的双列猪舍最适用，而不适用于多风地区。

③地下风道排风。当畜舍内建筑设施较多时，如猪舍内有实体围栏，鸡舍内有多排笼架，由于通风障碍影响进入气流的分布时，宜采用地下风道排风。在这种情况下，地下风道建筑设施应有较好的隔水措施；否则，一旦积水就会完全破坏畜舍通风换气。

（2）正压通风。也称进气式通风或送风，是指利用风机向封闭畜舍送风，从而使舍内空气压力大于舍外，舍内污浊气体经排气管（口）排出舍外（图5-4）。正压通风的优点在于可对进入的空气进行预处理，从而可有效地保证畜舍内的适宜温湿状况和清洁的空气环境，在严寒、炎热地区均可适用。但其系统比较复杂，投资和管理费用大。

两侧壁送风形式

屋顶送风形式

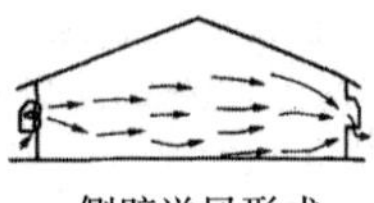
侧壁送风形式

图5-4　正压通风示意图

根据风机安装位置，正压通风可分为：

①侧壁送风。又分一侧送风或两侧送风。前者为穿堂风形式，适用于炎热地区和10m内小跨度的畜舍。而后者适于大跨

度畜舍。

②屋顶送风。屋顶送风是指将风机安装在屋顶，通过管道送风，使舍内污浊气体经由两侧壁风口排出。这种通风方式适用于多风或气候极冷或极热地区。

（3）联合通风。联合通风是一种同时采用机械送风和机械排风的通风方式。在大型封闭畜舍，尤其是在无窗封闭畜舍，单靠机械排风或机械送风往往达不到通风换气的目的，故需采用联合式机械通风。联合通风效率要比单纯的正压通风或负压通风效果要好。联合式机械通风系统的风机安装形式主要有：

将进气口设在墙壁较低处，在进气口装设送风风机，将舍外的新鲜空气送到畜舍下部，即畜禽活动区；而将排气口设在畜舍上部，由排风机将聚集在畜舍上部的污浊空气抽走。这种通风方式有助于通风降温，适用于温暖和较热地区。

将进气口设在畜舍上部，在进气口设置送风风机，该风机由高处往舍内送新鲜空气；将排气口设在较低处，在排气口设置排风机，风机由下部抽走污浊空气。这种方式既可避免在寒冷季节冷空气直接吹向畜体，又便于预热、冷却和过滤空气，故对寒冷地区或炎热地区都适用。

根据气流在畜舍流动的方向，将畜舍机械通风分为两种形式：一种是横向通风，另一种是纵向通风。

所谓横向通风是指风机安装在一侧纵墙上，进气口设置在另一侧侧纵墙上，气流沿畜舍横轴方向而流动。横向通风如图 5-5

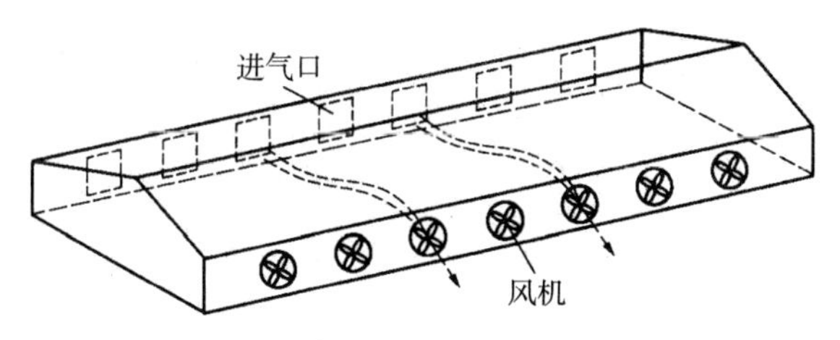

图 5-5　横向通风示意图

所示。横向通风适用于小跨度畜舍，通风距离过长，易导致舍内气温不均。

所谓纵向通风是指将风机安装在畜舍的一端山墙或一侧山墙附近的纵墙上，进气口设置在另一端山墙或另一侧山墙附近的纵墙上，气流沿畜舍纵轴（长轴）流动，称为纵向通风，如图 5-6 所示。纵向通风常用离心式风机，产生风压大，适用于纵向长距离送风或排风。纵向通风适用于大跨度畜舍和具有多列笼具的畜舍。在大跨度畜舍和具有多排笼具的畜舍，由于通风距离长和笼具的阻滞作用，使横向通风气流不均匀，留有死角，有些部位无气流，影响畜舍通风换气的效果。因此，在这类畜舍往往采用纵向通风。采用纵向通风，可以使空气流动比较均匀而不留死角。当畜舍纵向距离过大时，可将风机安装在两端或中部，进气口设置在畜舍的中部或两端。将畜舍其余部位的门和窗全部关闭，使进入畜舍的空气沿纵轴方向流动，将舍内污浊空气排出到舍外。

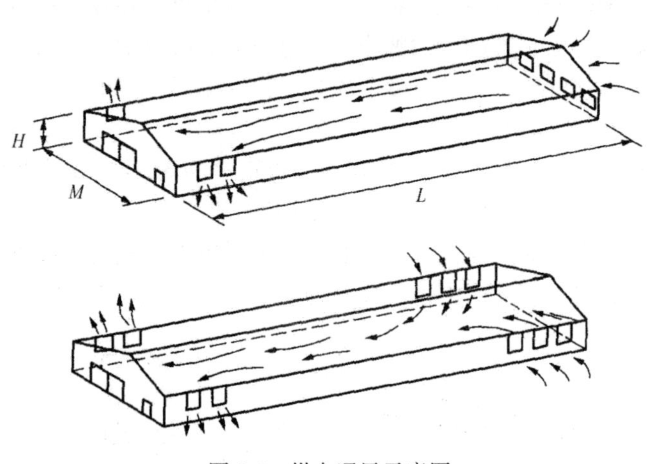

图 5-6 纵向通风示意图

L. 长度 *M*. 宽度 *H*. 高度

（二）通风换气量的确定

确定畜舍通风换气量的依据是将畜舍温度、湿度、舍内有害气体的含量控制在适宜或允许范围内，将水汽、余热和有害气体等排出畜舍外。通风换气系统的首要任务是排除畜舍内产生的过多的水汽和热能，其次是驱走舍内产生的有害气体与臭味。所以，通风换气量的确定，主要是根据畜舍内产生的二氧化碳、水汽和热能计算而得。

1. 根据二氧化碳计算通风换气量　二氧化碳作为畜禽营养物质代谢的终产物，与空气有害气体含量密切相关。因此，二氧化碳可以间接反映空气的污浊程度。单位时间内各种畜禽的二氧化碳呼出量可由有关资料中查出。用二氧化碳计算通风量的原理：根据舍内畜禽产生的二氧化碳总量，求出每小时由舍外导入多少新鲜空气，可将聚集在畜舍内的二氧化碳稀释到畜禽环境卫生学规定范围。其公式为：

$$L = \frac{mk}{C_1 - C_2}$$

式中，L 为通风换气量（m^3/h）；k 为每头家畜的二氧化碳产量［L/（h·头）］；m 为舍内家畜的头数；C_1为舍内空气中二氧化碳允许的含量（$1.5L/m^3$）；C_2为舍外的大气中二氧化碳含量（$0.3L/m^3$）。

通常根据二氧化碳计算的通风换气量，往往不足以排除舍内产生的水汽。因此，根据二氧化碳计算的通风量只适用于温暖、干燥地区使用。在潮湿地区或寒冷地区，应根据水汽和热量来计算通风量。

2. 根据水汽计算通风换气量　畜禽在舍内不断产生大量水汽，畜舍潮湿物体表面也有水分蒸发。这些水汽如不排出就会聚集下来，就会导致舍内潮湿，故需借通风换气系统不断将水汽排出。用水汽计算通风换气量的依据，就是通过由舍外导入比较干燥的新鲜空气，将舍内空气水分稀释到卫生学允许范围内，根据舍内外空气中所含水分之差异而求得排出舍内所产水汽所需要的通风换气量。其公式为：

$$L = \frac{Q}{q_1 - q_2}$$

式中，L 为应排除舍内产生的水汽的换气量（m^3/h）；Q 为畜禽在舍内产生的水汽量以及由潮湿物体表面蒸发的水汽量（g/h）；q_1为舍内空气湿度保持适宜范围时所含的水汽量（g/m^3）；q_2为舍外大气中所含水汽量（g/m^3）。由潮湿物体表面蒸发的水汽，通常按畜禽产生水汽总量的 10%（猪舍按 25%）计算。

根据水汽计算的通风换气量，一般大于用二氧化碳计算得出的通风换气量。因此，在潮湿、寒冷地区用水汽计算通风换气量较为合理。但是，要保证畜舍有效的通风换气，关键一点在于畜舍必须具备良好的隔热性能。如果畜舍保温不好，水汽在外围护表面凝结，则会破坏畜舍通风换气。

3. 根据热量计算通风换气量　畜禽在呼出二氧化碳、排出水汽的同时，还在不断地向外散发热量。因此，在夏季为了防止舍温过高，必须通过通风将过多的热量排出畜舍；在冬季为了防止寒冷，应有效地利用这些热量温热空气，以保证不断地将舍内产生的水汽、有害气体、灰尘等排出。根据热量计算通风量的原理就是单位时间内畜禽产生的余热等于温暖畜舍空气所需的热量、通过外围护结构散失的热量以及畜舍水分蒸发消耗热量之总和。根据热量计算畜舍通风换气量的方法也叫热平衡法，即畜舍通风换气必须保持畜舍空气温度稳定。其公式是：

$$Q = \Delta t(L \times 1.3 + \sum KF) + W$$

式中：Q 为畜禽产生的可感热（kJ/h）；Δt 为舍内外空气温差（℃）；L 为通风换气量（m^3/h）；1.3 为空气的热容量［kJ/（m^3・℃）］；$\sum KF$ 为通过外围护结构散失的总热量［kJ/（h・℃）］；K 为外围护结构的总传热系数［kJ/（m^2・h・℃）］；F 为畜舍外围护结构的面积（m^2）；$\sum$为各外围护结构失热量相加符号；W 为由地面及其他潮湿物体表面蒸发水分所消耗的热能，

按畜禽总产热的10%（猪按25%）计算。

此公式加以变化可求出通风换气量，即：

$$L=\frac{Q-\sum KF\times\Delta t-W}{1.3\times\Delta t}$$

根据热量计算通风换气量，实际是根据舍内的余热计算通风换气量，这个通风量只能用于排出多余的热能，不能保证冬季排出多余的水汽和污浊空气。但根据热量计算的通风换气量可用来评价畜舍保温性能的好坏，可评价根据其他方法所确定的通风换气量是否能达到驱除畜舍余热的目的，以及在通风换气过程中是否需要补充热源等。因此，由热量计算通风换气量是对其他确定通风换气量办法的补充和对所确定通风量能否得到保证的检验。

畜舍建筑具有良好的保温隔热设计不仅是保证通风换气顺利进行的关键，也是建立理想的畜舍环境的可靠保证。在我国黄河以北地区，尤其是东北以及内蒙古北部等寒冷地区，加强畜舍建筑保温隔热设计更为重要。

4. 根据通风换气参数确定通风换气量　近年来，一些技术发达国家根据试验结果，计算制定了各种家畜通风换气参数。这就为畜舍通风换气系统的设计，尤其是给大型畜舍机械通风系统的设计提供了依据（表5-2、5-3）。

表5-2　各类猪舍的换气参数（每头）

类别	周龄	体重（kg）	换气量（m³/min）		
			冬季		夏季
			最低	正常	
哺乳母猪	0～6	1～9	0.6	2.2	5.9
肥猪	6～9	9～18	0.04	0.3	1.0
	9～13	18～45	0.04	0.3	1.3
	13～18	45～68	0.07	0.4	2.0
	18～23	68～95	0.09	0.5	2.8

（续）

类别	周龄	体重（kg）	换气量（m^3/min）		
			冬季		夏季
			最低	正常	
繁殖母猪	20～23	100～115	0.06	0.6	3.4
种公猪	32～52	115～135	0.08	0.7	6.0
	52	135～230	0.11	0.8	7.0

表 5-3　牛舍、羊舍、马舍换气参数

家畜种类	单位体重（kg）	冬季（m^3/min）	夏季（m^3/min）
肉用母牛	454	2.8	5.7
阉牛（舍内漏缝地板）	454	2.1～2.3	14.2
乳用母牛	454	2.8	5.7
绵羊	只	0.6～0.7	1.1～1.4
肥育羔羊	只	0.3	0.65
马	454	1.7	4.5

通常，在生产中把夏季通风量称作畜舍最大通风量，冬季通风量称作畜舍最小通风量。畜舍在采用自然通风系统时，在北方寒冷地区应以畜舍最小通风量，即冬季通风量为依据确定通风管面积；而采用机械通风，必须根据最大通风量，即夏季通风换气量确定总的风机风量。

在确定了通风量以后，必须计算畜舍的换气次数。畜舍换气次数是指在1h内换入新鲜空气的体积与畜舍容积之比。一般规定，畜舍冬季换气每小时应保持2～4次，除炎热季节外，一般不应多于5次，因为冬季换气次数过多，就会降低舍内气温。

二、畜舍通风换气设备选型

机械通风的设备包括通风机、进气口和配气管道。

1. 风机　风机可分为轴流式风机和离心式风机两种（图5-

7 所示)。畜舍通风经常采用轴流式风机，有时也用离心式风机。

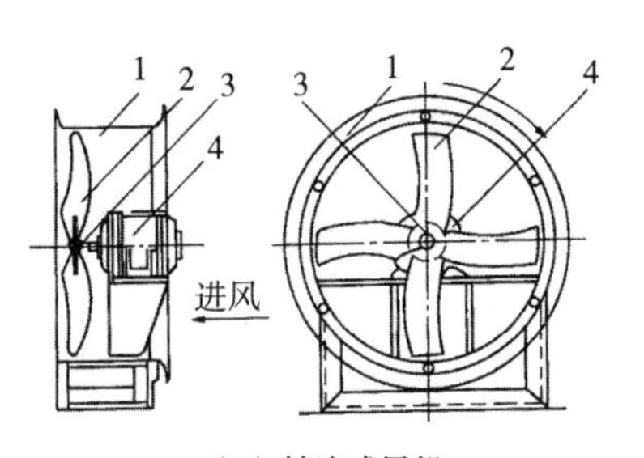

（a）轴流式风机
1.外壳　2.叶片　3.电动机转轴　4.电动机

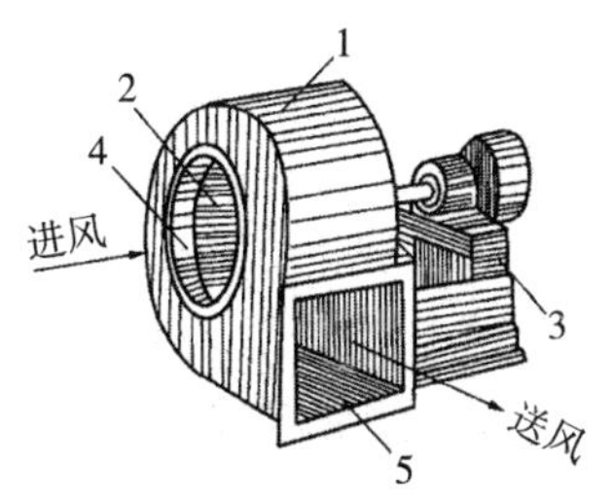

（b）离心式风机
1.蜗牛形外壳　2.工作轮　3.机座
4.进风口　5.出风口

图 5-7　风机示意图

(1) 轴流式风机。轴流式风机的通风压力小，流量相对较大，其主要组成部分有叶轮、外壳、支座及电动机。这种风机所吸入的空气和送出的空气与风机叶片轴的方向平行，叶片直接装置在电动机的轴上。电动机可直接带动叶轮。当电动机带动叶轮旋转时，类似于螺旋桨的叶片对周围空气产生推力，空气不断地沿着轴线流入，并沿轴向排出，在气流排出处常设有百叶窗，用来避免在风机停转时出现空气倒流。

轴流式风机的特点是叶片旋转方向可以逆转，若叶片旋转方向改变，则气流方向也随之改变，而通风量不减少，通风时所形成的压力，一般比离心式风机低，但输送的空气量却比离心式风机大得多。故轴流式风机既可用于送风，也可用于排风。由于轴流式风机压力小，一般在通风距离短时，即在无通风管道（直接安装在外墙的通风口或排气口上）或通风管道较短（直接安装在通风管内）的畜舍内使用。畜舍通风换气的目的在于送进新鲜空气和排出污浊空气，不需要大压力风机，故畜舍通风多用轴流式风机。目前，我国畜舍的通风风机型号多，其中，叶轮直径为 1 400mm 的 9FJ-140 型风机，风量大于 50 000m^3/h。

（2）离心式风机。离心式风机的全压较高，常用于具有复杂的管网的通风。离心式风机运转时，气流靠带叶片的工作轮转动时所形成的离心力驱动。故空气进入风机时与叶片轴平行，离开风机时变成垂直方向。这个特点使其自然地可适应管道通风。

对于处于夏季酷热地区的大型畜舍，为了形成负压纵向通风的气流组织形式，既需要很大的通风量，又不需要很高的压力。现有的工业用轴流式风机都不能满足畜舍通风的要求。为了满足这一需要，国内已研制出低压、大流量、低能耗、低噪声离心式风机。离心式风机的型号很多，如 DDZ-1400、DDZ-1250、9FJ-1000、9FJ-710、9FJ-600、9FJ-560 等。

2. 进气口

（1）开口式进气口。带百叶窗的开口式进气口常用于负压式通风系统的夏季和春末秋初的进气口，也用于正压式通风系统的管道风机的进气口。百叶窗由许多转动的叶片组成，叶片的转动可开启或关闭进气口，它也可以由电动机进行开闭，同时还可以避免自然风的影响。

（2）缝隙式进气口。用于负压式通风系统，适用于冬季和春初秋末的气流组织要求，也可夏季在幼畜舍使用。它常设在房舍两侧墙的屋檐下。缝隙式进气口长宽比很大。缝隙式进气口上有铰连的调节板，冬季使调节板处于水平位置，并可调节缝隙式进气口的宽度，夏季使调节板处于垂直位置。缝隙式进气口距排气风机应在 4m 以上，以免气流形成短路。

3. 配气管　用于由管道分布新鲜空气的正压式或联合式通风系统，适合于冬季通风，应用范围较广。

三、管理措施

及时维护机械通风系统，保证畜舍通风系统运转正常是控制和改善畜舍空气环境的重要措施。在日常管理中，应做好以下工作：

1. 要将调节通风量的控温装置或其他电子调节装置安装在能代表舍内正常温度状况的地方，防止受日光、热源、冷风的影响，也不能安在外墙上。既要防止控温装置或其他电子调节装置被畜禽碰坏，又要便于管理人员监视、调节。

2. 为节省能源、有效利用风机以保证均衡通风，风机应分组安装，各组能单独控制，以便于维修保养，同时也便于局部调节风量。

3. 风机应加防尘网（外侧）与安全罩（内侧），以防灰尘与鸟兽侵入及伤人。但在结构上应便于打开、维修、保养与清洁，同时又不影响通风效果。

4. 风管内表面应经常保持光滑，管壁严密不透风，以免降低通风效率。

5. 风机应定期清洁除尘，如润滑油，在寒冷地区冬季应经常注意保暖防止通风管结冰。

6. 应根据气候状况及时组织畜舍通风，夏季应尽可能利用机械通风或自然通风设施增大通风量，冬季在保证换气的基础上尽量减少通风量。

第三节　畜禽舍的光照

光照对于畜禽的生理机能和生产性能具有重要的调节作用，畜舍能保持一定强度的光照，除了满足畜禽生产需要外，还为人的工作和畜禽的活动（采食、起卧、走动等）提供了方便。

一、自然光照

自然光照是让太阳的直射光或散射光通过畜舍的开露部分或窗户进入舍内以达到采光的目的。在一般条件下，畜舍都采用自然采光。夏季为了避免舍内温度升高，应防止直射阳光进入畜舍；冬季为了提高舍内温度，并使地面保持干燥，应让阳光直射在畜床上。影响自然光照的因素很多，主要有：

1. 畜舍的方位 畜舍的方位直接影响畜舍的自然采光及防寒防暑，为增加舍内自然光照度，畜舍的长轴方向应尽量与纬度平行。

2. 舍外状况 畜舍附近如果有高大的建筑物或大树，就会遮挡太阳的直射光和散射光，影响舍内的光照度。因此，在建筑物布局时，一般要求其他建筑物与畜舍的距离应不小于建筑物本身高度的2倍。为了防暑而在畜舍旁边植树时，应选用主干高大的落叶乔木，而且要妥善确定位置，尽量减少遮光。舍外地面反射阳光的能力，对舍内的光照度也有影响。据测定，裸露土壤对阳光的反射率为10%～30%，草地为25%，新雪为70%～90%。

3. 玻璃 玻璃对畜舍的采光也有很大影响。一般玻璃可以阻止大部分的紫外线，脏污的玻璃可以阻止15%～50%的可见光，结冰的玻璃可以阻止80%的可见光。

4. 采光系数 采光系数是指窗户的有效采光面积与畜舍地面面积之比（以窗户的有效采光面积为1）。采光系数越大，则舍内光照度越大。畜舍的采光系数因畜禽种类不同而要求不同（表5-4）。

表5-4 不同种类畜禽舍的采光系数

畜禽舍种类	采光系数	畜禽舍种类	采光系数
乳牛舍	1∶12	种猪舍	1∶（10～12）
肉牛舍	1∶16	肥育猪舍	1∶（12～15）
犊牛舍	1∶（10～14）	成年绵羊舍	1∶（15～25）
种公马厩	1∶（10～12）	羔羊舍	1∶（15～20）
母马及幼驹厩	1∶10	成禽舍	1∶（10～12）
役马厩	1∶15	雏禽舍	1∶（7～9）

5. 入射角 畜舍地面中央一点到窗户上缘（或屋檐）所引直线与地面水平线之间的夹角（图 5-8）。入射角越大，越有利于采光。为了保证舍内得到适宜的光照，入射角应不小于 25°。从防寒防暑的角度考虑，我国大多数地区夏季都不应有直射的阳光进入舍内，冬季则希望阳光能照射到畜床上。这些要求可以通过合理设计窗户上、下缘和屋檐的高度而达到。当窗户上缘外侧（或屋檐）与窗台内侧所引的直线同地面水平线之间的夹角小于当地夏至的太阳高度角时，就可防止太阳光线进入畜舍内；当畜床后缘与窗户上缘（或屋檐）所引的直线同地面水平线之间的夹角等于当地冬至的太阳高度角时，就可使太阳光在冬至前后直射在畜床上。太阳的高度角，可用下式求得：

$$h = 90^\circ - \Phi + \delta$$

式中，h 为太阳高度角；Φ 为当地纬度；δ 为赤纬，在夏至时为 23°27′，冬至时为 −23°27′，春分和秋分时为 0。

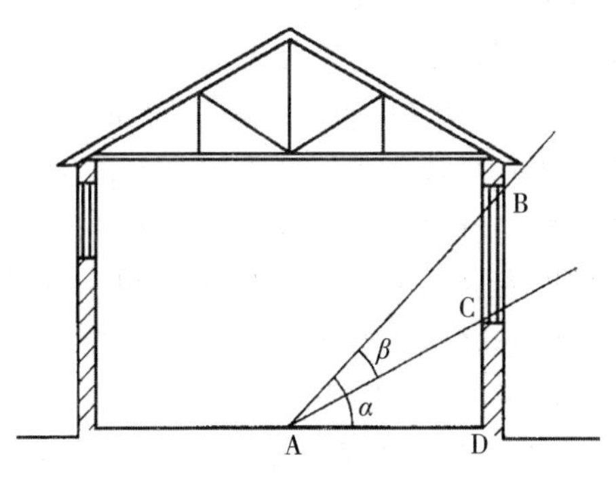

图 5-8 入射角（α）和透光角（β）示意图

6. 透光角 畜舍地面中央一点向窗户上缘（或屋檐）和下缘引出两条直线所形成的夹角（图 5-8）。如果窗外有树或其他建筑物等遮挡时，引向窗户下缘的直线应改向遮挡物的最高点，透光角大，透光性好。只有透光角不小于 5°，才能保证畜舍内有适宜的光照度。

7. 舍内反光面 畜舍内物体的反射情况对进入舍内的光线也有很大影响。当反射率低时，光线大部分被吸收，畜舍内就比较暗；当反射率高时，光线大部分被反射出来，舍内就比较明亮。据测定，白色表面的反射率为85%，黄色表面为40%，灰色为35%，深色仅为20%，砖墙约为40%。可见，舍内的表面（主要是墙壁和天棚）应当平坦，粉刷成白色，并经常保持清洁，以利于提高畜舍内的光照度。

8. 舍内设施及畜栏构造与布局 舍内设施如笼养鸡、兔的笼体与笼架以及饲槽，猪舍内的猪栏栏壁构造和排列方式等对舍内光照度影响很大，故应给予以充分考虑。

二、人工照明

利用人工光源发出的可见光进行的采光称为人工照明。除无窗封闭畜舍必须采用人工照明外，人工照明一般作为畜舍自然采光的补充。在通常情况下，对于封闭式畜舍，当自然光线不足时，需补充人工光照，夜间的饲养管理操作须靠人工照明。

1. 光源 畜禽一般可以看见400～700μm的光线，故白炽灯或荧光灯皆可作为畜舍照明的光源。白炽灯发热量大而发光效率较低，安装方便，价格低廉，灯泡寿命短（750～1 000h）。荧光灯则发热量低而发光效率较高，灯光柔和，不刺眼睛，省电，但一次性设备投资较高。值得注意的是，荧光灯启动时需要适宜的温度，环境温度过低，影响荧光灯启动。

2. 光照度 各种畜禽需要的光照度，因其种类、品种、地理与畜舍条件不同而有所差异。肉用畜禽育肥阶段光照弱，可使其活动减少，有利于提高增重和饲料转化率。

3. 照明设备的安装

（1）确定灯的高度。灯的高度直接影响地面的光照度。光源一定时，灯越高，地面的照度就越小。为在地面获得10lx光照度，需要的白炽灯瓦数和安装高度为：15W灯泡时为1.1m，

25W 时 1.4m，40W 时 2.0m，60W 时 3.1m，75W 时 3.2m，100W 时 4.1m。

（2）确定灯的数量。灯数量＝畜舍地面面积×a÷b÷c。式中，a 为畜舍所需的光照度；b 为 1W 光源为每平方米地面积所提供的光照度；c 为每只灯的功率，一般取 40W 或 60W。

（3）灯的分布。为使舍内的光照比较均匀，应适当降低每个灯的瓦数，增加舍内的总装灯数。鸡舍内装设白炽灯时，以40～60W 为宜，不可过大。灯泡与灯泡之间的距离，应以灯泡距地面高度的 1.5 倍为宜。舍内如果装设两排以上灯泡，应交错排列，靠墙的灯泡与墙的距离应为灯泡间距的一半。灯泡不可使用软线吊挂，以防被风吹动而使畜群受惊。

一般来说，动物在产仔期、哺乳期、生长发育期及繁殖期需要较长时间光照，在肥育期需要较短时间光照。例如，肥育舍（牛、羊、猪）光照时间一般要求为 8h/d。

第四节　畜禽舍的温度

畜禽在适宜的环境温度范围内，机体可不必利用本身的调节机能，或只通过少量的散热调节就能维持体温恒定。此时，机体的产热和散热基本平衡，代谢率保持在最低水平。通常把这一适宜的温度范围称为等热区。将等热区的下限温度称为临界温度；等热区的上限温度为上限临界温度，为有别于下限的临界温度，常称其为过高温度。其主要影响因素有动物种类、年龄和体重、皮毛状态、饲养水平、生产力水平、对气候的适应性、管理制度和空气环境因素等。

各种动物在不同的生长发育阶段，都有其相应的适宜温度范围。在适宜温度下，畜禽生长最快，饲料利用率最高，育肥效果最好，饲养成本最低。这个温度一般认为在该动物的等热区内。当气温高于临界温度时，由于散热困难，引起体温升高和采食量下降，生长育肥速率也伴随下降，有时虽然饲料利用率也可稍有提高，但还是得不偿失。气温低于临界温度，动物代谢率提高，采食量增加，饲料消化率和利用率下降。即适当的低温对畜禽的生长、育肥没有影响，但饲料利用率会下降，使饲养成本提高。这是高温和低温对畜禽生长、育肥影响的一般规律。

一、畜舍的防寒与保温

在我国东北、西北、华北等地区，冬季气温低，持续期长（建筑设计的计算温度一般在－25～－15℃，黑龙江省甚至在－30℃左右）；四季及昼夜气温变化大。低温寒冷会对畜牧业产生极为不良的影响。因此，寒冷是制约我国北方地区畜牧业发展的主要限制因素。在寒冷地区修建隔热性能良好的畜舍，是确保畜禽安全越冬并进行正常生产的重要措施。对于产仔舍和幼畜舍，除确保畜舍隔热性能良好之外，还需通过采暖以保证幼畜所要求的适宜温度。

（一）畜舍防寒保暖设计

加强畜舍的保温设计以提高畜舍的保温能力，较之畜禽大量消耗饲料能量以维持体温或通过采暖保证生产进行更为经济和有利。在畜舍设计时，应从以下方面考虑：

1. 加强屋顶和天棚的保温隔热设计 在畜舍外围护结构中，散失热量最多的是屋顶与天棚，其次是墙壁、地面。为了充分利用畜禽代谢产生的热能，加强屋顶的保温设计，对减少热量散失具有十分重要的意义。

在寒冷地区，天棚是一种重要的防寒保温结构。它的作用是在屋顶与畜舍空间之间形成一个不流动的封闭空气间层，减少了热量从屋顶的散失，对畜舍保温起到重要作用。如在天棚设置保温层（炉灰、锯末等）是加大屋顶热阻值的有效措施。

屋顶和天棚的结构必须严密，不透气。透气不仅会破坏空气缓冲层的稳定，降低天棚的保温性能，而且水汽侵入会使保温层变潮或在屋顶下挂霜、结冰，不但增强了导热性，而且对建筑物有破坏作用。随着建材工业的发展，用于天棚隔热的合成材料有玻璃棉、聚苯乙烯泡沫塑料、聚氨酯板等。

在寒冷地区设置天棚可降低畜舍净高，有助于改善舍内温度状况。寒冷地区趋向于采用 2～2.8m 的净高。

2. 墙壁的隔热设计　墙壁是畜舍的主要外围护结构，散失热量仅次于屋顶。因此，在寒冷地区为建立符合畜禽需要的适宜的畜舍环境，必须加强墙壁的保温设计，根据应有的热工指标，通过选择导热系数最小的材料，确定最合理的隔热结构和精心施工，就有可能提高畜舍墙壁的保温能力。如选空心砖代替普通红砖，墙的热阻值可提高 41%。而用加气混凝土块，则热阻可提高 6 倍。采用空心墙体或在空心中充填隔热材料，也会大大提高墙的热阻值。如果施工不合理，往往会降低墙体的热阻值，如由于墙体透气、变潮都可导致对流和传导散热的增加。

3. 门窗设计　在寒冷地区，在受寒风侵袭的北侧、西侧墙应少设窗、门，并注意对北墙和西墙加强保温，以及在外门加门斗、设双层窗或临时加塑料薄膜、窗帘等，对加强畜舍冬季保温均有重要作用。

4. 地面的保温隔热设计　与屋顶、墙壁比较，地面散热在整个外围护结构中虽然位于最后，但由于畜禽直接在地面上活动，所以畜舍地面的热工状况直接影响畜体。夯实土及三合土地面在干燥状况下，具有良好的温热特性，适于鸡舍、羊舍等使用。

水泥地面具有坚固、耐久和不透水等优良特点，但水泥地面又硬又冷，在寒冷地区对畜禽不利，直接用作畜床最好加铺木板、垫草或厩垫。保持干燥状态的木板是理想的温暖地面——畜床，但实际上木板铺在地上往往吸水而变成良好的热导体，很冷也不结实。为了克服混凝土地面凉和硬的缺点，可采用橡皮或塑料质的厩垫，以提高地面的隔热性能。

5. 选择有利于保温的畜舍形式 畜舍形式与保温有密切关系，在热工学设计相同的情况下，大跨度畜舍、圆形畜舍的外围护结构的面积相对地比小型畜舍、小跨度畜舍小。所以，大跨度畜舍和圆形畜舍通过外围护结构的总失热量也小，所用建筑材料也省。同时，畜舍的有效面积大、利用率高，便于采用先进生产技术和生产工艺，实现畜牧业生产过程的机械化和自动化。

多层畜舍除顶层屋顶与首层地面之外，其余屋顶和地面不与外界接触，冬季基本上无热量散失，既有利于畜舍环境的控制，又有利于节约建筑材料和土地。故在寒冷地区修建多层畜舍，是解决保温和节约燃料的一种办法，我国一些地方实行二层舍养猪、养鸡，效果很好。但多层畜舍投资大，转群及饲料、粪污和产品的运进、运出均需靠升降设备。

（二）供暖设备选型

在严寒冬季，仅靠建筑保温难以保障畜禽要求的适宜温度，适宜的温度有利于提高畜禽的生产性能。因此，必须采取供暖设备，尤其是幼畜禽舍。

当畜舍保温不好或舍内过于潮湿、空气污浊时，为保持适宜温度和通风换气，也必须对畜舍供暖。由于隔热提高舍温所得到的经济效益和节省的采暖设备、能源、饲料费用很容易抵偿隔热所需投资，所以应重视畜舍的热工设计。

畜舍采暖分集中采暖和局部采暖。集中采暖由一个集中的热源（锅炉房或其他热源），将热水、蒸汽或预热后的空气，通过管道输送到舍内或舍内的散热器。局部采暖则由火炉（包括火墙、地龙等）、电热器、保温伞、红外线等就地产生热能，供给一个或几个畜栏。畜舍采用的采暖方式应根据需要和可能确定，但不管怎样，均应经过经济效益分析，然后选定最佳的方案。常用的畜舍供暖设备有：

1. 热风炉式空气加热器 由通风机、加热炉和送风管道组成，风机将热风炉加热的空气通过管道送入畜舍，属于正压通风。

2. 暖风机式空气加热器　加热器有蒸汽（或热水）加热器和电加热器两种。暖风机有壁装式和吊挂式两种形式，前者常装在畜禽舍进风口上，对进入畜舍的空气进行加热处理；后者常吊挂在畜舍内，对舍内的空气进行局部加热处理。也有的是由风机将空气加热和并由风管送入畜舍，此加热器也可以通过深层地下水用于夏季降温。

3. 太阳能式空气加热器　太阳是取之不尽、用之不竭的能源。太阳能空气加热器就是利用太阳辐射能来加热进入畜禽舍空气的设备，是畜禽舍冬季采暖经济而有效的装置，相当于民用太阳能热水器，投资大，供暖效果受天气状况影响，在冬季的阴天，几乎无供暖效果。

4. 电热保温伞　电热保温伞下部为温床，用电热丝加热混凝土地板（电热丝预埋在混凝土地板内，电热丝下部铺设有隔热石棉网），上部为直径为1.5m左右的保温伞，伞内有照明灯。利用保温伞为仔猪取暖时，则每2～4窝仔猪一个保温伞。

5. 电热地板　在仔猪躺卧区地板下铺设电热缆线，每平方米供给电热300～400W，电缆线应铺设在嵌入混凝土内38mm，均匀隔开，电缆线不得相互交叉和接触，每4个栏设置一个恒温器。

6. 红外线灯保温伞　红外线灯保温伞下部为铺设有隔热层的混凝土地板，上部为直径1.5m左右的锥形保温伞，保温伞内悬挂有红外线灯（图5-9）。保温伞表面光滑，可聚集并反射长波辐射热，提高地面温度。在母猪分娩舍采用红外线灯照射仔猪效果较好，一般一窝一盏（125W），这样既可保证仔猪所需较高的温度，而又不至于影响母猪。保温区的温度与红外线灯悬挂的高度和距离有着密切的关系，在灯泡功率一定的条件下，红外线灯悬挂高度越高，地面温度越低。

红外线灯高度距离和温度关系见表5-5。

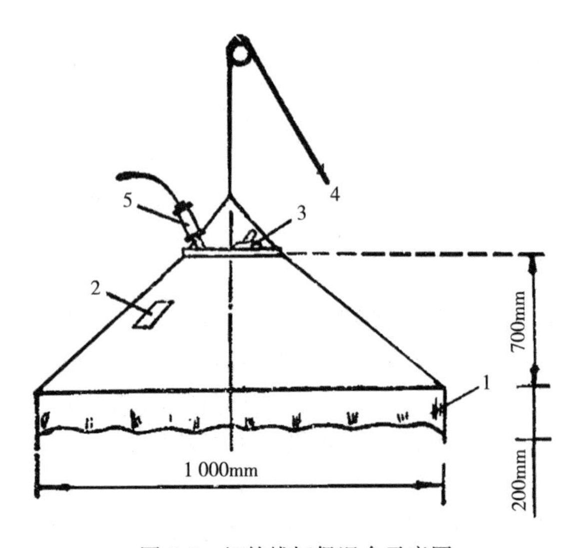

图 5-9 红外线灯保温伞示意图

1. 帘布 2. 观察窗 3. 开关 4. 吊绳 5. 感温仪

表 5-5 红外线灯高度距离和温度关系

项目		灯下水平距离（cm）					
		0	10	20	30	40	50
灯泡（W）	高度（cm）	温度（℃）					
250	50	34	30	25	20	18	17
	40	38	34	21	17	17	17
125	50	19	26	18	17	17	15
	40	23	28	19	15	15	14

7. 热水加热地板 在仔猪躺卧区地板下铺设热水管，方法是在混凝土地面 50mm 处铺设热水管，管下部铺设矿棉隔热材料。热水管可以为铁铸管，也可以为耐高温塑料管。

（三）防寒保暖的管理措施

1. 增加饲养密度 在不影响饲养管理及舍内卫生状况的前提下，适当增加舍内畜禽的饲养密度，等于增加热源。这是一项行之有效的辅助性防寒保温措施。

2. 除湿防潮　采取一切措施防止舍内潮湿是间接保温的有效方法。由于水的导热系数为空气的25倍，因而潮湿的空气、潮湿的墙壁、地面、天棚等的导热系数往往要比干燥状况的空气、墙壁等的导热系数增大若干倍。换而言之，畜舍内空气中水汽含量增高，会大大提高畜体的辐射、传导散热；墙壁、地面、天棚等变潮湿都会降低畜舍的保温能力，加剧畜禽体热的消耗。由于舍内空气湿度高，不得不通过加大换气量排除，而加大换气量又必然伴随大量热能的散失。所以，在寒冷地区设计、修建畜舍不仅要采取严格的防潮措施，而且要尽量减少饲养管理用水，同时也要加强畜舍内的清扫与粪尿的排出，以减少水汽产生，防止空气污浊。

3. 利用垫草垫料　利用垫草改善畜体周围小气候，是在寒冷地区常用的另一种简便易行的防寒措施。铺垫草不但可以改善冷硬地面的温热状况，而且可在畜体周围形成温暖的小气候。铺垫草也是一项防潮措施。但是，由于垫草体积大、重量大，很难在集约化畜牧场应用。

4. 加强畜舍的维修保养　入冬前进行认真仔细的越冬御寒准备工作，包括封门、封窗、设挡风障、堵塞墙壁、屋顶缝隙、孔洞等。这些措施对于提高畜舍防寒保温性能都有重要的作用。

二、畜舍的防暑与降温

从动物生理角度讲，畜禽一般比较耐寒而怕热，各种家畜耐热程度也不相同，如骆驼、驴、马、瘤牛、水牛和绵羊较为耐热，而牦牛、黄牛、猪、犬、猫、兔较不耐热。特别是那些育成于温带地区的高产家畜，在高温季节生产力显著下降，给畜牧业生产和经营带来了重大的损失。近年来，在畜牧生产中，国内外均采取措施消除或缓和高温对畜禽健康和生产力所产生的有害影响，以减少由此而造成的严重的经济损失。

我国由于受东亚季风气候的影响，夏季南方、北方普遍炎热，尤其是在南方，高气温持续期长、太阳辐射强、湿度大、日夜温差小，对畜禽的健康和生产极为不利。因此，在南方炎热地区或北方夏季，解决夏季防暑降温问题，对于提高畜牧业生产水平具有重要意义。但应当指出，与低温情况下采取防寒保温措施相比，解决畜舍防暑降温问题要艰巨复杂得多。

（一）畜舍的隔热设计

在高温季节，导致舍内过热的原因：一方面，大气温度高、太阳辐射强烈，畜舍外部大量的热量进入畜舍内；另一方面，畜禽自身产生的热量通过空气对流和辐射散失量减少，热量在畜舍内大量积累。因此，通过加强屋顶、墙壁等外围护结构的隔热设计，可以有效地防止或减弱太阳辐射热和高气温综合效应所引起的舍内温度升高。

1. 合理确定屋顶的隔热构造 选择隔热材料和确定合理构造，应选择导热系数较小的、热阻较大的建筑材料设计屋顶以加强隔热。但单一材料往往不能有效隔热，必须从结构上综合几种材料的特点，以形成较大热阻达到良好隔热的效果。确定屋顶隔热的原则：屋面的最下层铺设导热系数较小的材料，中间层为蓄热系数较大的材料，最上层是导热系数大的建筑材料。这样的多层结构的优点是，当屋面受太阳照射变热后，热传导蓄热系数大的材料层将热蓄积起来，而下层由于传热系数较小、热阻较大，使热传导受到阻抑，缓和了热量向舍内的传播。当夜晚来临，被蓄积的热又通过其上导热性较大的材料层迅速散失，从而避免舍内白天升温而过热。这种结构设计只适用于冬暖夏热的地区。对冬冷夏热的地区，将屋面上层的传热性较大的建筑材料换成导热性较小的建筑材料即可。根据我国自然气候特点，屋顶除了具有良好的隔热结构外，还必须有足够的厚度。

2. 通风屋顶 将屋顶修成双层及夹层屋顶，空气可从中间流通。屋顶上层接受综合温度作用而温度升高，使间层空气被加热变轻并由间层上部开口流出，温度较低的空气由间层下部开口流入，在间层中形成不断流动的气流，将屋顶上层接受的热量带走，大大减少了通过屋顶上层传入舍内的热量（图5-10）。

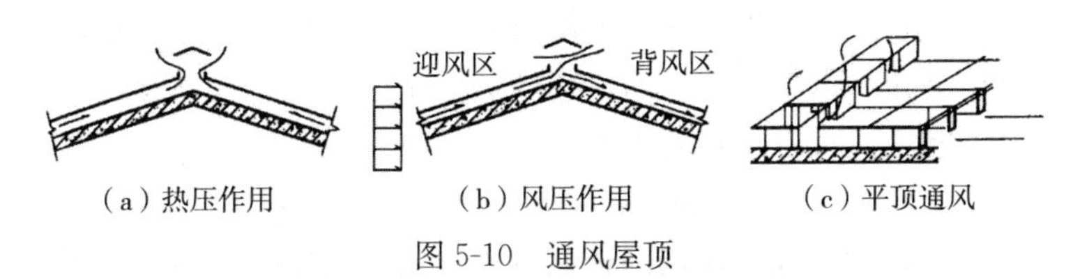

（a）热压作用　（b）风压作用　（c）平顶通风

图5-10 通风屋顶

为了保证通风间层隔热良好，要求间层内壁必须光滑，以减少空气阻力。同时，进风口尽量与夏季主风方向一致，排风口应设在高处，以充分利用风压与热压。间层的风道应尽量短直，以保证自然通风畅通；同时，间层应具有适宜的高度，如坡屋顶间层高度为12～20cm；平屋顶间层高度为20cm；对于夏热冬冷和寒冷地区，不宜采用通风屋顶，因为冬季舍内温度大大高于舍外综合温度，通风间层的下层吸收热量加剧间层空气形成气流，从而加速舍内热量的散失，会导致舍内过冷。

3. 浅色围护结构外表面 屋面和外墙面采用白色或浅色，增加其反射太阳辐射的作用，可以减少太阳辐射热向舍内传入。

（二）降温设备选型

盛夏季节，由于舍内外温差很小（13:00～15:00舍内温度甚至可以低于舍外），通风的降温作用很小，甚至起不到降温作用。夏季加大通风的目的在于促进动物散热，降低舍内温度必须靠降温设备。常用的降温设备有：

1. 喷雾降温设备 喷雾降温的原理是喷雾设备喷出的雾状细小水滴蒸发，大量吸收空气中的热量，使空气温度得到降低，但降温的同时会增加舍内的湿度。可选用国产9PJ-3150型自动喷雾降温设备。喷雾降温的效果与空气湿度有关，当舍内相对湿度小于70%时，采用喷雾降温，可使气温降低3～4℃；当空气相对湿度大于 85%时，喷雾降温效果并不显著。

2. 湿帘降温设备 当畜舍采用负压式通风系统时，将湿帘安装在通风系统的进气口，空气通过不断淋水的蜂窝状湿帘降低温度。湿帘是工厂生产的定型设备，也可以自行制作刨花箱，箱内充填刨花，以增加蒸发面，构成蒸发室，在箱的上方有开小孔的喷管向箱内喷水，箱的下方由回水盘收集多余的水。供水由水泵维持循环。当排气风机排除舍内的污浊空气，使舍内形成负压，舍外高温空气便通过刨花箱进入舍内。这样，当热空气通过蒸发箱时，由于箱内水分蒸发吸收空气大量热量，使通过的空气得以降温。舍外空气越干燥，温度降低将越大。试验表明，外界温度高达 35～38℃的空气通过蒸发冷却后温度可降低 2～7℃。

3. 水冷式空气冷却器 这种空气处理设备的核心部件是由细长、盘曲并带散热片的紫铜管构成的换热器，冬季通过热水（或蒸汽）可以采暖，而夏季通过深井冷水（或冷冻水）可以降温。

（三）建筑防暑与绿化

1. 组织好畜舍通风 通风可在畜体周围形成适宜的气流，以促进畜禽对流散热与蒸发散热，对流降温所要求的气流速度并非越大越好，一般气流速度为 0.5m/s 即可觉察到凉意。若气流速度超过 1.5m/s，则无促进动物散热的功效。

2. 遮阳 遮阳是指一切可以遮断太阳辐射的设施与措施，通过挂竹帘、搭凉棚、植树以及棚架攀缘植物等形式可防止太阳辐射热进入舍内，使畜舍过热。遮阳后和未遮阳前所透进畜舍太阳辐射热量的百分比，称作遮阳的太阳辐射透过系数。不同的遮阳形式，其效果有显著的差异。

（1）挡板遮阳。挡板遮阳能够遮挡正面射到窗口的阳光，适用于对东、西向或接近东、西向的窗口遮阳。当用挡板对西向窗口遮阳时，太阳辐射透过系数为 17%。

（2）水平遮阳。水平遮阳是用以阻挡来自窗口上方来的阳光，适用于南向及接近南向的窗口，也适用于北回归线以南的北向及接近北向的窗口。当对南向窗口遮阳时，太阳辐射透过系数为35%。

（3）综合式遮阳。综合式遮阳能同时遮挡窗口上方（水平挡板）和左右两侧（垂直挡板）射来的阳光，这种方式既可适用于南向、东南向、西南向以及接近此朝向的窗口，也适用于北回归向以南的低纬度地区北向及接近北向的窗口。当对西南向窗口进行综合式遮阳时，太阳辐射透过系数为26%。

可见，在炎热地区采取遮阳措施是畜舍防暑降温的有效措施。但是，遮阳往往与采光通风矛盾，应全面考虑。

3. 绿化 绿化是指栽树、种植牧草和饲料作物以覆盖裸露地面，吸收太阳辐射，降低畜牧场空气环境温度。绿化除具有净化空气、防风、改善小气候状况、美化环境等作用外，还具有吸收太阳辐射、降低环境温度的重要作用。绿化降温的作用表现为：

（1）通过植物的蒸腾作用和光合作用，吸收太阳辐射热以降低气温。树林的树叶面积是树林种植面积的75倍，草地上草叶面积是草地面积的25～35倍。这些比绿化面积大几十倍的叶面积通过蒸腾作用和光合作用，大量吸收太阳辐射热，从而可显著降低空气温度。

（2）通过遮阳以降低辐射。草地上的草可遮挡80%的太阳光，茂盛的树木能挡住50%～90%的太阳辐射热。因此，绿化可使建筑物和地表面温度显著降低。绿化了的地面比裸地的辐射热降低40%。

（3）通过植物根部所保持的水分，可从地面吸收大量热能而降低空气温度。

总之，绿化的这些作用，可使空气“冷却”，使地表温度降低，从而减少辐射到外墙、屋面、门、窗的热量。有数据表明，绿化地带比非绿化地带可降低空气温度10%～30%。

(四)畜舍与畜体降温措施

1. 蒸发降温 这种方法是利用水从液态转化为气态时大量吸收热量的原理，将冷却水喷洒于空气和物体（包括畜体）表面，当水从液态转化为气态时吸收畜禽或空气中的大量热量而降低畜体表面或环境温度。因此，蒸发降温分畜体蒸发降温和环境蒸发降温两种形式。

（1）畜体蒸发降温。采用喷淋或滴水装置使牛、猪等家畜体表打湿，结合通风（风速宜1.0m/s左右），水分蒸发可吸收大量畜体的热量，起到显著的防暑作用，但降低畜舍气湿的作用很小，这是最经济有效的方法。这种方法包括向畜体表面洒水、喷淋以及使家畜水浴等。向畜体表面洒水简便易行、经济实用，但费水、费力。在有条件的地区（附近有河流湖泊）水浴是最经济的蒸发降温方法，但水域处要深浅适宜，以确保家畜安全。水浴降温的主要原理：由于水温低于家畜体温，通过传导和对流加速体热发散；当家畜离开水后，水由畜体表面水分蒸发而带走热，从而使畜体降温。适宜于水浴的家畜主要是猪、水牛。在猪场（舍）设置滚浴池，让猪在池中滚浴是一种良好的蒸发降温形式。但滚浴池应有遮阳棚，以免水被晒热。

畜体喷淋和喷雾是指用高压喷嘴将低温的水向畜体喷洒，通过传导和蒸发而达到促进畜体散热的目的。喷淋和喷雾只能间歇地进行，不应过于频繁，以免影响家畜采食与休息。对于奶牛、肉牛和猪，一般可在13：00～16：00气温最高时，每隔30min喷淋或滴水10min。

向畜体表面洒水、喷淋以及使家畜水浴等畜体蒸发降温方式在干热地区可取得良好效果，而在湿热地区只宜采用向畜体喷淋降温。

（2）环境蒸发降温。包括向屋顶、地面洒水或喷淋以及舍内喷雾。

地面洒水：地面洒水是常用的一种降温方法，有一定效果，但费水、费力，且易使地面潮湿和舍内湿度升高。

屋顶喷淋：屋顶喷淋是在屋顶设置开孔水管，水在一定压力下，向空中喷出线状水柱，然后再淋回屋面，以降低屋面温度，减弱辐射热向舍内传递。但此法不如屋顶采用隔热材料经济。

舍内喷雾：舍内喷雾是指通过向舍内喷雾使雾滴在空气中汽化而进行降温的一种方法。但在降温（一般可降低舍温1～3℃）的同时又使舍内湿度增加，故此法只适用于在炎热干燥地区使用。

2. 机械制冷 机械制冷是根据物质状态在变化过程中吸热和散热原理设计而成。储存于高压密闭循环管中的液态制冷剂（常用氨或氟里昂），在冷却室中汽化，吸收大量热量，然后在制冷室外又被压缩为液态而释放出热量，实现了热能转移而降温。由于这种降温方式不会导致空气中水分的增减，故和干冰（液态CO_2）直接降温又统称为“干式冷却”。用机械制冷法降温效果最好，但成本很高。因此，目前仅在少数种畜禽舍、种蛋库、畜禽产品冷库中应用。

第六章 畜禽场环境管理及污染控制

第一节 畜禽场环境管理

现代化畜牧业发展的趋势是采用集约化、工厂化和规模化的生产工艺。规模化、集约化、工厂化畜禽场的显著特点是畜禽饲养高度集中，群体规模和饲养密度大。这样，一方面，畜禽产生大量废弃物，对环境的影响更为明显；另一方面，畜禽场环境管理更为复杂。畜禽场环境状况与畜牧生产关系极为密切，若畜禽场环境恶化，则导致畜禽生产力降低，发病率增高，甚至致使畜禽疾病流行。对畜禽场环境进行监测和管理，及时掌握畜禽场环境状况是采取有效措施控制和改善环境、提高畜禽生产力、切断疾病传播途径的前提。

一、绿化环境

（一）绿化环境的卫生意义

1. 改善场区小气候状况

（1）绿化可以明显改善畜禽场内温度状况。绿色植物对太阳辐射热的吸收能力较强，如单片树叶对太阳辐射热的吸收率可达50%以上。植物吸收的太阳辐射热大部分用于蒸腾和光合作用。绿色植物枝叶茂盛，吸热面积大，通常树林的叶片面积是地面面积的75倍，草地的叶片面积是地面面积的25～35倍。绿色植物在蒸腾过程中除直接吸收太阳辐射热外，还从周围空气中吸收大量热能。所以，在炎热的夏季，绿色植物能够减少地面对太阳辐射的吸收量，降低空气温度。在夏季，植被上方的气温通常比裸地上方的气温低3～5℃。冬季绿地上方的最高气温及平均气温低于裸露地面，但最低气温高于裸露地面，从而缩小了气温日较差，缓解了寒冷的程度。

（2）绿化可以明显增加畜禽场的湿度。植物根系具有吸收和保持土壤水分、固定土壤、防止水土流失的作用。植物枝叶的蒸腾作用能够增加空气湿度。绿色植物繁茂的枝叶能够阻挡气流，降低风速，使蒸发到空气中的水分不易扩散。所以，绿化区域空气的湿度，包括绝对湿度和相对湿度均普遍高于非绿化区。绿化区相对湿度通常比非绿化区高出10%～20%，甚至可以达到30%。

（3）绿化可以明显减少畜禽场场区气流速度。由于树木的阻挡及气流与树木的摩擦等作用，当气流通过绿化带时，被分成许多小涡流。这些涡流的方向不一致，彼此摩擦而消耗气流的能量，从而使气流的速度下降。在冬季，森林可使气流速度下降20%；在其他季节，森林可使气流速度下降50%～80%。因此，在冬季的主风向方向种植高大的乔木，组成绿化带，对于减少冷风对畜禽场的侵袭，形成较为温暖、稳定的小气候环境具有重要意义。

2. 净化空气环境

（1）吸收空气有害气体。据调查，有害气体经绿化区后，至少有25%被阻留净化，煤烟中的二氧化硫可被阻留60%。畜禽场内畜禽数量多、密度大，在呼吸代谢过程中消耗的氧气量和排出的二氧化碳量都很大。粪尿、垫料和污水等废弃物在分解过程中可产生大量的具有刺激性和恶臭性的有害气体，如氨气、硫化氢等。绿色植物在光合作用中，能够大量吸收二氧化碳，释放氧气。因此，如果绿化畜禽场环境，就可减少空气二氧化碳含量，增加氧气含量。研究表明，绿色植物每生产1kg干物质需要吸收1.47kg二氧化碳，释放1.07kg氧气。在生长季节，1hm^{2}阔叶林每天能吸收1 000kg二氧化碳，释放730kg氧气。畜禽场附近的玉米、大豆、棉花或向日葵都会从大气中吸收氨而促其生长；一些植物如大豆、玉米、向日葵、棉花等在生长过程中能够从空气中吸收氨气以满足自身对氮素的需要，从空气中吸收的氨气量可以占到总需氮量的10%～20%。所以，在畜禽场内及周围地区种植这些植物既可以降低场区氨气浓度，减少空气污染，又能够为植物自身提供氮素养分，减少施肥量并促进植物生长。

一些植物还具有吸收二氧化硫、氟化氢等有害气体的作用。树木对二氧化硫的吸收能力和抵抗力因品种不同而有差异，即一些树木吸收二氧化硫的能力较强但耐受力却较差，另一些树木吸收二氧化硫的能力和耐受力都较强，在选择绿化树种时应注意。女贞、柿树、柳杉、云杉、龙柏、臭椿、水木瓜、紫穗槐、桑葚树、泡桐等树木对二氧化硫既具有较强的吸收能力，又对二氧化硫具有较强的抗性，适合在二氧化硫污染地区栽种。树木对大气中氟化物的吸收净化能力很强，城市中每公顷森林吸氟量可达到3～20kg/d。在通过宽约20m的杂木林后，大气中氟化氢浓度的降低量比通过空旷地带多40%以上。在正常情况下，植物体内含氟量很低，一般为0.5～25mg/kg，但在环境污染区内树叶中的含氟量可增加数百倍甚至数千倍。据测定，在磷肥厂烟囱附近的树林中，银桦树叶中含氟量为4 750mg/kg，滇杨树叶中达4 100 mg/kg，垂柳叶中为1 575mg/kg，桑葚树叶中为1 750mg/kg。研究发现，树木对氟的吸收能力和抵抗能力是一致的。因此，在氟污染区,可以种植树木花草以降低空气氟含量。

（2）吸附空气灰尘。在饲料加工运输、干草及垫料的翻动运输、畜禽活动、清扫地面等许多生产过程都会产生大量的灰尘。所以，畜舍和场内空气中的灰尘微粒含量往往较高，这不利于畜禽健康。绿色植物具有吸附和滞留空气灰尘微粒的作用。对畜禽场场区进行绿化，能明显地减少空气微粒，净化空气环境。花草树木吸附空气灰尘和微生物的作用表现在：①树木枝叶茂密，一些植物叶片表面粗糙不平、密布绒毛，对空气微粒具有吸附作用；②一些植物的枝叶分泌油脂和黏液，增强了植物对空气微粒和微生物的吸附作用；③绿色植物对地面具有覆盖和固着作用，可减少灰尘微粒的产生。据测定，绿化地带空气中的微粒含量一般比混凝土地面上方少 1/3～1/2。另有资料表明，当空气通过由数行乔木组成的林带后，含尘量明显降低。其中，树林对降尘的阻滞率为 23%～52%，对飘尘的阻滞率为 37%～60%。在夏季，空气穿过林带时，微粒量下降 35.2%～66.5%；乔灌木结合式林带的降尘效果则明显好于乔木林带。

（3）减少空气微生物含量。空气中的微生物往往附着在灰尘等空气微粒上，并随之漂浮、传播。花草树木吸附空气尘粒，细菌因失去了附着物而在空气中的数量减少。植物在生长过程中不断地从油腺中分泌出具有香味的挥发性物质，如香精油（萜烯）、乙醇、有机酸、醛、酮、醚等，这些芳香性物质具有杀菌作用，人们将其称为植物杀菌素。植物杀菌素对结核、霍乱、赤痢、伤寒等病原体杀灭作用尤为明显。植物杀菌素的作用可使流经绿化带的空气和水中细菌数量显著减少。植物杀菌素在高等植物组织中普遍存在，一般树木含量为 0.5%左右，松科、桃金娘科（桉树类）、樟科、芸香科、唇形科树木植物杀菌素含量最高，有的可超过 1%。此外，油松、白皮松、云杉、核桃等树木的杀菌能力也较强。花草树木的杀菌效果极为明显，根据资料，气流通过绿化带后，可使空气微生物含量减少 21.7%～79.3%。

3. 防疫、防火，降低噪声　在畜禽场周围及场内各区之间种植林带，能有效地防止人员、车辆随意穿行，使之相互隔离；植物净化空气环境、杀灭细菌及昆虫等作用均可减少病原体的传染机会，对于防止疫病发生和传播具有重要意义；由于树木枝叶含水量大，加之绿色植物所具有的固水增湿、降低风速等作用，因此，畜禽场环境绿化对于防止火灾发生和蔓延具有重要作用。

树林可以降低畜禽场噪声，其原因是树木枝叶稠密、轻盈柔软，声波遇到柔软的表面后，能量大部分被吸收，因而森林对声波反射作用减弱。树木轻软的枝叶在随风摆动的过程中对声波具有扰乱和消散作用。树干表面粗糙，也能吸收声波，树干圆柱体的外形则将声波向各个方向反射，因而也具有降低噪声的作用。据美国林业部门研究证明，宽30m的林带可减少噪声7dB，乔木、灌木和草地相结合的绿地可降低噪声8～12dB。林带的消声功能与其宽度、枝叶的茂密程度有关。据研究，最佳的消声林带是乔木与灌木结合，带间有一定距离并有一定数量的常绿树种。

（二）畜禽场绿化带的设置

1. 畜禽场绿化带的种类及特点

（1）场界绿化带。在畜禽场场界周边以高大的乔木或乔灌木混合组成林带。该林带一般由2～4行乔木组成。在我国北方地区，为了减轻寒风侵袭，降低冻害，在冬季主风向一侧应加宽林带的宽度，一般种植树木应在5行以上，宽度应达到10m以上。场界绿化带的树种以高大挺拔、枝叶茂密的杨、柳、榆树或常绿针叶树木等为宜。

（2）场内隔离林带。在畜禽场各功能区之间或不同单元之间，可以以乔木和灌木混合组成隔离林带，防止人员、车辆及动物随意穿行，以防止病原体的传播。这种林带一般中间种植1～2行乔木，两侧种植灌木，宽度以3～5m为宜。

（3）道路两旁林带。位于场内外道路两旁，一般由1～2行树木组成。树种应选择树冠整齐美观、枝叶开阔的乔木或亚乔木，如槐树、松树、杏树等。

（4）运动场遮阴林带。位于运动场四周，一般由1～2行树木组成。树种应选择树冠高大、枝叶茂盛的乔木。

（5）草地绿化。畜禽场不应有裸露地面，除植树绿化外，还应种草、种花。

2. 绿化植物的选择 我国地域辽阔，自然环境条件差异很大，花草树木种类多种多样，可供环境绿化的树种除要求适应当地的水土光热环境以外，还需要具有抗污染、吸收有害气体等功能。现列举一些常见的绿化及绿篱树种供参考。

（1）树种。洋槐、法国梧桐、小叶白杨、毛白杨、加拿大白杨、钻天杨、旱柳、垂柳、榆树、榉、朴树、泡桐、红杏、臭椿、合欢、刺槐、油松、桧柏、侧柏、雪松、樟树、大叶黄杨、榕树、桉树、银杏树、樱花树、桃树、柿子树等。

（2）绿篱植物。常绿绿篱可用桧柏、侧柏、杜松、小叶黄杨等；落叶绿篱可用榆树、鼠李、水腊、紫穗槐等；花篱可用连翘、太平花、榆叶梅、珍珠梅、丁香、锦带花、忍冬等；刺篱可用黄刺梅、红玫瑰、野蔷薇、花椒、山楂等；蔓篱则可选用地锦、金银花、蔓生蔷薇和葡萄等。绿篱植物生长快，要经常整形，一般高度以100～120cm、宽度以50～100cm为宜。无论何种形式都要保证基部通风和足够的光照。

（3）牧草。紫花苜蓿、红三叶、白三叶、黑麦草、无芒雀麦、狗尾草、羊茅、苏丹草、百脉根、草地早熟禾、燕麦草、垂穗披碱草、串叶松香草、苏丹草等。

（4）饲料作物。玉米、大豆、大麦、青稞、燕麦、豌豆、番薯、马铃薯等。

二、环境消毒

消毒是指以物理的、化学的或生物学的方法清除或杀灭由传染源排放到外界环境中的病原微生物，以切断传播途径，预防或防止传染病发生、传播和蔓延的措施。在畜牧业生产中，场内环境、畜体表面以及设施、器具等随时可能受到病原体的污染，从而导致传染病的发生，给生产带来巨大的损失。消毒是预防传染病发生的最重要和最有效的措施之一，也是畜禽场环境管理和卫生防疫的重要内容。

（一）畜禽场常见的消毒

根据其目的和实施的时机不同，畜禽场的消毒通常被分为经常性消毒、定期消毒、突击性消毒、临时消毒和终末消毒。

1. 经常性消毒 经常性消毒是指在未发生传染病时，为了预防传染病的发生，消灭可能存在的病原体，根据畜禽场日常管理的需要，随时或经常对畜禽场环境以及畜禽经常接触到的人和一些器物如工作衣、帽、靴进行消毒。消毒的主要对象是接触面广、流动性大、易受病原体污染的器物、设施和出入畜禽场的人员、车辆等。例如，为了防止将病原体带入畜禽场或畜舍内，需要在畜禽场或生产区大门口设置消毒池，在池内放置消毒剂，对过往车辆人员进行消毒；在场区、生产区以及畜禽舍入口处设置消毒槽，人员出入时从槽内走过，对足底进行消毒；要求人员在进入畜禽舍前必须更换畜禽场内专用的服装、鞋帽并经过消毒后方可进入畜禽舍，以杀灭可能存在的病原体，防止疾病的发生和传播。

简单易行的经常性消毒的办法是在场舍入口处设消毒槽和紫外线杀菌灯，人员出入时，踏过消毒池内的消毒液以杀死病原微生物。消毒槽须由兽医管理，定期清除污物，更换新配制的消毒液。进场时人员需经过淋浴并且换穿场内经紫外线消毒后的衣帽，再进入生产区。这是一种行之有效的预防措施，即使对要求极严格的种畜禽场，淋浴也是预防传染病发生的有效方法。

2. 定期消毒 定期消毒是指在未发生传染病时，为了预防传染病的发生，对于有可能存在病原体的场所或设施，如圈舍、栏圈、设备用具等进行定期消毒。当畜禽群出售而畜禽舍空出后，必须对畜禽舍及设备、设施进行全面清洗和消毒，以彻底消灭微生物，使环境保持清洁卫生。

3. 突击性消毒 突击性消毒是指在某种传染病暴发和流行过程中，为了切断传播途径，防止其进一步蔓延，对畜禽场环境、畜禽、器具等进行的紧急性消毒。由于病畜禽的排泄物中含有大量的病原体，带有很大的危险性，因此必须对病畜禽进行隔离，并对隔离畜禽舍进行反复消毒。要对病畜禽所接触过的和可能受到污染的器物、设施及其排泄物进行彻底消毒。对兽医人员在防治及试验工作中使用的器械设备和所接触的物品也应进行消毒。突击性消毒所采取的措施是：①封锁畜禽场，谢绝外来人员和车辆进场，本场人员和车辆出入也须严格消毒；②与患病畜禽接触过的所有物品，均应用强消毒剂消毒；③要尽快焚烧或填埋垫草；④用含消毒液的气雾对舍内空间进行消毒；⑤将舍内设备移出，清洗、暴晒，再用消毒溶液消毒；⑥墙裙、混凝土地面用4%碳酸钠或其他清洁剂的热水溶液刷洗，再用1%的新洁尔灭溶液刷洗；⑦素土地面用1%福尔马林浸润，风干后，先铺一层聚乙烯薄膜或沥青纸再铺上垫草。在严重污染地区，最好将表土铲去10～15cm；⑧将畜舍密闭，将设备用具移入舍内，用甲醛气体熏蒸消毒。

4. 临时消毒 在非安全地区的非安全期内，为消灭病畜禽携带的病原传播所进行的消毒，称为临时消毒。临时消毒应尽早进行，根据传染病的种类和用具选用合适的消毒剂。临时消毒所采取的措施是：①畜舍内的设备装置，能搬的搬走，能拆的拆开，搬移至舍外，小件的浸泡消毒，大件的喷洒消毒，育雏室的设备在刷洗后需熏蒸消毒；②屋顶、天棚及墙壁、地面均应将尘埃清扫干净，进行喷洒消毒；③垫草最好移走，如再用，需堆成堆，至少堆放3d，第一次堆中温度要达到50℃，然后内外对换；第二次堆中温度要达到40℃，这样可使寄生虫发病率大为减少；④墙壁与混凝土地面用4%碳酸钠或其他清洁剂的热水溶液刷洗，再用新洁尔灭溶液刷洗；⑤畜舍及其设备清洗消毒后，再用甲醛气熏蒸。如旧垫草再用，须在舍内熏蒸消毒。

5. 终末消毒 发病地区消灭了某种传染病，在解除封锁前，为了彻底消灭病原体而进行的最后消毒，称为终末消毒。终末消毒不仅要对病畜禽周围一切物品及畜禽舍进行消毒，而且要对痊愈畜禽的体表、畜禽舍和畜禽场其他环境进行消毒。

（二）消毒类型

1. 物理消毒法

（1）机械性清除。

①用清扫、铲刮、洗刷等机械方法清除污染物。用清扫、铲刮、洗刷等机械方法清除降尘、污物及沾染在墙壁、地面以及设备上的粪尿、残余饲料、废物、垃圾等，这样可减少大气中的病原微生物。必要时，应将舍内外表层附着物一齐清除，以减少感染疫病的机会。消毒前，必须彻底清扫粪便及污物，对清扫不彻底的畜舍进行消毒，即使用高于规定的消毒剂量，效果也不显著。因为除了强碱（氢氧化钠溶液）以外，一般消毒剂，即使接触少量的有机物（如泥垢、尘土或粪便等）也会迅速丧失杀菌力。因此，消毒以前的场地必须清扫、铲刮、洗刷并保持清洁干净。

②通风换气。通风可以减少空气中的微粒与细菌的数量，减少经空气传播疫病的机会。在通风前，使用空气喷雾消毒剂，可以起到沉降微粒和杀菌作用。然后，再依次进行清扫、铲刮与洗刷。最后，再进行空气喷雾消毒。

③日光照射。日光照射消毒是指将物品置于日光下暴晒，利用太阳光中的紫外线、阳光的灼热和干燥作用使病原微生物灭活的过程。这种方法适用于对畜禽场、运动场的场地、垫料和可以移出室外的用具等进行消毒。因此，利用直射阳光消毒牧场、运动场以及可移出舍外、已清洗的设备与用具，既经济又简便。畜舍内的散射光也能将微生物杀死，但作用弱。阳光灼热引起的干燥也有灭菌作用。

在强烈的日光照射下，一般的病毒和非芽孢菌经数分钟到数小时内即可被杀灭。常见的病原被日光照射杀灭的时间，巴氏杆菌为6～8min，口蹄疫病毒为1h，结核杆菌为3～5h。即使对恶劣环境抵抗能力较强的芽孢，在连续几天强烈阳光反复暴晒后也可以被杀灭或变弱。阳光的杀菌效果受空气温度、湿度、太阳辐射强度及微生物自身抵抗能力等因素的影响。低温、高湿及能见度低的天气消毒效果差，高温、干燥、能见度高的天气杀菌效果好。

（2）辐射消毒。

①紫外线照射消毒。紫外线照射消毒是用紫外线灯照射杀灭空气中或物体表面的病原微生物的过程。紫外线照射消毒常用于种蛋室、兽医室等空间以及人员进入畜舍前的消毒。由于紫外线容易被吸收，对物体（包括固体、液体）的穿透能力很弱，所以紫外线只能杀灭物体表面和空气中的微生物。当空气中微粒较多时，紫外线的杀菌效果降低。由于畜舍内空气尘粒多，所以，对畜舍内空气采用紫外线消毒效果不理想。另外，紫外线的杀菌效果还受环境温度的影响，消毒效果最好的环境温度为20～40℃，温度过高或过低均不利于紫外线杀菌。

②电离辐射消毒。用包括X线、γ线、β线、阴极射线、中子与质子电离辐射照射物体，以杀灭物体内细菌和病毒等微生物的过程，称为电离辐射消毒。电离辐射具有强大的穿透力且不产生热效应，尽管已在食品业与制药业领域广泛使用，但产生电离辐射需有专门的设备，投资和管理费用都很大。因此，在畜牧业中短期内尚难采用。

（3）高温消毒。高温消毒是利用高温环境破坏细菌、病毒、寄生虫等病原体结构，杀灭病原的过程，主要包括火焰、煮沸和高压蒸汽等消毒形式。

①火焰消毒是利用火焰喷射器喷射火焰灼烧耐火的物体或者直接焚烧被污染的低价值易燃物品，以杀灭黏附在物体上的病原体的过程。这是一种简单可靠的消毒方法，常用于畜舍墙壁、地面、笼具、金属设备等表面的消毒。对于受到污染的易燃且无利用价值的垫草、粪便、器具及病死的畜禽尸体等则应焚烧，以达到彻底消毒的目的。

②煮沸消毒是将被污染的物品置于水中蒸煮，利用高温杀灭

病原的过程。煮沸消毒经济方便，应用广泛，消毒效果好。一般病原微生物在100℃沸水中5min即可被杀死，经1～2h煮沸可杀死所有的病原体。这种方法常用于体积较小而且耐煮的物品，如衣物、金属、玻璃等器具的消毒。

③高压蒸汽消毒则是利用水蒸气的高温杀灭病原体。其消毒效果确实可靠，常用于医疗器械等物品的消毒。常用的温度为115℃、121℃或126℃，一般需维持20～30min。

2. 化学消毒法 化学消毒法是使用化学消毒剂，通过化学消毒剂的作用破坏病原体的结构以直接杀死病原体或使病原体的增殖发生障碍的过程。化学消毒法比其他消毒方法速度快、效率高，能在数分钟内进入病原体内并杀灭之。所以，化学消毒法是畜禽场最常用的消毒方法。

（1）化学消毒剂的主要种类。按照杀灭微生物的作用机理，化学消毒剂主要可以分为：

①凝固蛋白质及溶解脂肪类消毒剂，如酚类（石炭酸、甲酚及其衍生物——来苏儿、克辽林）、醇类和酸类等。

②溶解蛋白质类消毒剂，如氢氧化钠、石灰等。

③氧化蛋白质类消毒剂，如高锰酸钾、过氧乙酸、漂白粉、氯胺、碘酊等。

④阳离子表面活性剂，如洗必泰、新洁尔灭等。

⑤具有脱水作用的消毒剂，如福尔马林、乙醇等。还有作用于巯基的、作用于核酸的及其他类型的消毒剂，如重金属盐类（红汞、硝酸银等）、碱性染料（龙胆紫等）、环氧乙烷等。

（2）选择消毒剂的原则。

①适用性。不同种类的病原微生物构造不同，对消毒剂的反应也不同。有些消毒剂为广谱性的，对绝大多数微生物都具有杀灭效果；也有一些消毒剂为专用的，只对有限的几种微生物有效。因此，在购买消毒剂时，须了解消毒剂的药性、消毒的对象，如物品、畜舍、汽车、食槽等特性。应根据消毒的目

的、对象，以及消毒剂的作用机理和适用范围选择最适宜的消毒剂。

②杀菌力和稳定性。在同类消毒剂中，应选择消毒力强、性能稳定、不易挥发、不易变质或不易失效的消毒剂。

③毒性和刺激性。大部分消毒剂对人畜具有一定的毒性或刺激性，所以应尽量选择对人畜无害或危害较小的，不易在畜产品中残留并且对畜舍、器具无腐蚀性的消毒剂。

④经济性。应优先选择价廉、易得、易配制和易使用的消毒剂。

（3）化学消毒剂的使用方法。

①清洗法。清洗法是用一定浓度的消毒剂对消毒对象进行擦拭或清洗，以达到消毒目的。常用于对种蛋、畜禽舍地面、墙裙、器具进行消毒。

②浸泡法。浸泡法是一种将需消毒的物品浸泡于消毒液中进行消毒的方法。常用于对医疗器具、小型用具、衣物进行消毒。

③喷洒法。喷洒法是将一定浓度的消毒液通过喷雾器或洒水壶喷洒于设施或物体表面以进行消毒。常用于对畜禽舍地面、墙壁、笼具及动物产品进行消毒。喷洒法简单易行、效力可靠，是畜禽场最常用的消毒方法。

④熏蒸法。熏蒸法是利用化学消毒剂挥发或在化学反应中产生的气体，来杀死封闭空间中病原体。这是一种作用彻底、效果可靠的消毒方法。常用于对孵化室、无畜禽的畜舍等空间进行消毒。

⑤气雾法。气雾法是利用气雾发生器将消毒剂溶液雾化为气雾粒子对空气进行消毒。由于气雾发生器喷射出的气雾粒子直径很小（小于 200nm）、质量极小，所以，能在空气中较长时间地飘浮并可以进入细小的缝隙中，因而消毒效果较好，是消灭气源性病原微生物的理想方法。如全面消毒畜舍空间，每立方米用5%过氧乙酸溶液 2.5mL，可用定型产品——上海 60 型喷雾

装置。

（4）影响消毒剂消毒效果的因素。

①消毒剂的浓度与作用时间。任何一种消毒剂都必须达到一定浓度后才具有消毒作用。在一定范围内，杀菌效果随着消毒剂浓度的增加而提高，但超出范围后杀菌效果则不再提高。因此，在使用某种消毒剂时应注意其有效浓度。一般而言，消毒剂与微生物的接触时间越长，灭菌效果越好。但由于消毒剂的种类繁多，灭菌所需的时间不同，所以消毒时应根据所用消毒剂的特性，选择最佳的消毒剂作用时间。

②温度与湿度。温度与消毒剂的杀菌效力呈正比。一般温度每增加 10℃，消毒效果可增加 1～2 倍。在一定环境中，湿度也影响消毒效果，不同的消毒方式需要不同的湿度环境。通常环境湿度过低，消毒效果差。

③pH 及拮抗作用。许多消毒剂的消毒效果受环境 pH 的影响。如酸类、碘制剂、阴离子消毒剂（来苏儿等），在酸性溶液中杀菌力增强。而阳离子消毒剂（新洁尔灭等）和碱类消毒剂则在碱性溶液中杀菌力增强。此外，消毒剂之间因化学或物理性质不同，也往往可能产生拮抗作用。同时或短时间内在同一环境中使用多种消毒剂，将导致消毒效果减弱或完全丧失，如阳离子消毒剂和阴离子消毒剂之间、酸性消毒剂和碱性消毒剂之间便存在着这种拮抗作用。

④有机物的存在。所有的消毒剂对任何蛋白质都有亲和力。所以，环境中的有机物可与消毒剂结合而使其失去与病原体结合的机会，从而减弱消毒剂的消毒能力。同时，环境中的有机物本身也对微生物具有机械保护作用，使消毒剂难以与微生物接触。因此，在对畜禽场环境进行化学消毒时，应首先通过清扫、洗刷等方式清除环境中的有机物，以提高消毒剂的利用率和消毒效果。

⑤微生物的特点。微生物的种类或所处的状态不同，对于同

一种消毒剂的敏感性不同。如处于休眠期的芽孢对消毒剂的抵抗力明显高于繁殖期的同类细菌，消毒时应增加消毒剂浓度，延长消毒时间。再如，病毒对碱性消毒剂敏感，但对酚类消毒剂的抵抗力较强。因此，在消毒时应根据消毒的目的和所要杀灭对象的特点，选择病原敏感的消毒剂。

（5）常用消毒剂。常用消毒剂有氢氧化钠（烧碱）、草木灰、石灰乳（氢氧化钙）、漂白粉、克辽林、石炭酸、高锰酸钾、氨水、碘酊等。这些常用消毒剂因性状和作用的不同，消毒对象和使用方法也不一致，应根据需要选择合适药物；否则，既造成经济上损失，又达不到消毒的目的（表 6-1）。

表 6-1 常用环境消毒剂的种类及使用

消毒剂名称	使用浓度（%）	消毒对象	注意事项
氢氧化钠	1～4	畜舍、车间、车船、用具	防止对人畜皮肤腐蚀、消毒完用水冲
生石灰	10～20	畜舍、墙壁、地面	必须现用现配
草木灰	10～20	畜舍、用具、车船	草木灰与水以 1∶5 比例混合，煮沸，过滤
漂白粉	0.5～20	饮水、污水、畜舍、用具	含有效氯＞25%，新鲜配用
氨水	5	用具、地面	有刺激气味，使用时应戴口罩
来苏儿(煤酚皂溶液)	2～5	畜舍、笼具、洗手、器械	先清除污物再消毒，效果好
克辽林	2～5	畜舍、笼具、洗手、器械	先清除污物再消毒，效果好
福尔马林（甲醛溶液）	5～10	畜舍、仓库、车间、孵化室	1%可用作畜体消毒，福尔马林、高锰酸钾混合，可用于空气熏蒸消毒
过氧乙酸	0.2～0.5	畜舍、体表、用具、地面	0.3%溶液可作带畜喷雾消毒
新洁尔灭	0.1	畜舍、食槽、体表	不可与碱性物质混用

3. 生物消毒法 生物消毒法是利用微生物在分解有机物过程中释放出的生物热，杀灭病原性微生物和寄生虫卵的过程。在有机物分解过程中，畜禽粪便温度可以达到60～70℃，可以使病原微生物及寄生虫卵在十几分钟至数日内死亡。生物消毒法是一种经济简便的消毒方法，能杀死大多数病原体，主要用于粪便消毒。

（三）畜禽场环境消毒方法

1. 畜舍带畜消毒 在日常管理中，对畜舍应经常进行定期消毒。消毒的步骤通常为清除污物、清扫地面、彻底清洗器具和用品、喷洒消毒液，有时在此基础上还需以喷雾、熏蒸等方法加强消毒效果。可选用2%～4%的氢氧化钠、0.3%～1%的菌毒敌、0.2%～0.5%的过氧乙酸或0.2%的次氯酸钠、0.3%的漂白粉溶液进行喷雾消毒。这种定期消毒一般带畜进行，每隔2周或20d左右进行一次。

2. 畜舍空舍消毒 畜禽出栏后，应对畜舍进行彻底清扫，将可移动的设备、器具等搬出畜舍，在指定地点清洗、暴晒并用消毒液消毒。用水或用4%的碳酸钠溶液或清洁剂等刷洗墙壁、地面、笼具等，干燥后再进行喷洒消毒并闲置2周以上。在新一批畜禽进入畜舍前，可将所有洗净、消毒后的器具、设备及欲使用的垫草等移入舍内，以福尔马林（40%甲醛溶液）熏蒸消毒。方法是取一个容积大于福尔马林用量数倍至10倍且耐高温的容器，先将高锰酸钾置于容器中（为了增加催化效果，可加等量的水使之溶解），然后倒入福尔马林，人员迅速撤离并关闭畜舍门窗。福尔马林的用量一般为25～40mL，与高锰酸钾的比例以（1.6～2）：1为宜。该消毒法消毒时间一般为12～24h，然后打开门窗通风3～4d。如需要尽快消除甲醛的刺激气味，可用氨水加热蒸发使之生成无刺激性的六甲烯胺。此外，还可以用20%的乳酸溶液加热蒸发对畜舍进行熏蒸消毒。

如果发生了传染病，用具有特异性和消毒力强的消毒剂喷洒畜舍后再清扫畜舍，就可防止病原随尘土飞扬造成疾病在更大范围传播。然后以大剂量特异性消毒剂反复进行喷洒、喷雾及熏蒸消毒。一般每天一次，直至传染病被彻底扑灭，解除封锁为止。

3. 饲养设备及用具的消毒 应将可移动的设施、器具定期移出畜舍，清洁冲洗，置于太阳下暴晒。将食槽、饮水器等移出舍外暴晒，再用1%～2%的漂白粉、0.1%的高锰酸钾及洗必泰等消毒剂浸泡或洗刷。

4. 畜禽粪便及垫草的消毒 在一般情况下，畜禽粪便和垫草最好采用生物消毒法消毒。采用这种方法可以杀灭大多数病原体，如口蹄疫、猪瘟、猪丹毒及各种寄生虫卵。但是，对患炭疽、气肿疽等传染病的病畜禽粪便，应采取焚烧或经有效的消毒剂处理后深埋。

5. 畜舍地面、墙壁的消毒 对地面、墙裙、舍内固定设备等，可采用喷洒法消毒。如对圈舍空间进行消毒，则可用喷雾法。喷洒要全面，药液要喷到物体的各个部位。喷洒地面时，每平方米喷洒药液2L；喷墙壁、顶棚时，每平方米喷洒药液1L。

6. 畜禽场及生产区等出入口的消毒 在畜禽场入口处供车辆通行的道路上应设置消毒池，池的长度一般要求大于车轮周长的1.5倍。在供人员通行的通道上设置消毒槽，池（槽）内用草垫等物体作消毒垫。消毒垫以20%新鲜石灰乳、2%～4%的氢氧化钠或3%～5%的来苏儿（煤酚皂液）浸泡，对车辆、人员的足底进行消毒。值得注意的是，应定期（如每7d）更换1次消毒液。

7. 工作服消毒 洗净后可用高压消毒或紫外线照射消毒。

8. 运动场消毒 清除地面污物，用10%～20%漂白粉液喷洒，或用火焰消毒。运动场围栏可用15%～20%的石灰乳涂刷。

三、灭鼠灭虫

鼠类不但在畜禽场内偷食饲料、破坏建筑物和场内设施，而且能传播疾病。蚊和蝇等的最大危害是传播病原，它们对畜禽健康危害很大。因此，灭鼠灭虫是畜禽场环境管理的重要内容。

（一）防治鼠害

鼠类不但在畜禽场内偷食饲料、破坏建筑物和场内设施，而且是众多病原体的携带者，能够传染多种疾病（如鼠疫、肠道传染病、血吸虫病、结核病、布鲁氏菌病等）。因此，鼠害对畜禽健康和畜禽场生产危害极大。由于鼠类的食性与畜禽相仿并且行动机敏、繁殖力强，所以，彻底消灭畜禽场鼠类难度较大。目前，防治鼠害的主要方法有：

1. 建筑防鼠 建筑防鼠是指采取措施，防止鼠类进入建筑物内。鼠类为啮齿动物，啃咬能力强，善于挖洞、攀登。当畜舍的基础不坚实或封闭不严密时，鼠类常常通过挖洞或从门窗、墙基、天棚、屋顶等处咬洞窜入室内。因此，加强建筑物的坚固性和严密性是防止鼠类进入畜舍、减少鼠害的重要措施。要求畜舍的基础坚固，以混凝土砂浆填满缝隙并埋入地下 1m 左右；舍内铺设混凝土地面；门窗和通风管道周边不留缝隙，通风管口、排水口设铁栅等防鼠设施；屋顶用混凝土抹缝，烟囱应高出屋顶 1m 以上，墙基最好用水泥制成，用碎石和砖砌墙基，应用灰浆抹缝。墙面应平直光滑，以防鼠沿粗糙墙面攀登。砌缝不严的空心墙体，易使鼠藏匿营巢，要填补抹平。为防止鼠类爬上屋顶，可将墙角处做成圆弧形。墙体上部与天棚衔接处应砌实，不留空隙。瓦顶房屋应缩小瓦缝和瓦椽间的空隙并填实。用砖、石铺设的地面和畜床，应衔接紧密并用水泥灰浆填缝。各种管道周围要用水泥填平。通气孔、地脚窗、排水沟（粪尿沟）出口均应安装孔径小于 1cm 的铁丝网，以防鼠窜入。

2. 器械灭鼠 人们在长期与鼠类做斗争的过程中，发明了许多灭鼠器械，如鼠夹、鼠笼、黏鼠板等，目前还有较为先进的电子捕鼠器。器械捕鼠的共同优点是无毒害、对人畜安全、结构简单、使用方便、费用低而捕鼠效率高。器械灭鼠是畜禽场常用的捕鼠方法，灭鼠器械种类繁多，主要有夹、关、压、卡、翻、扣、掩、黏、电等。

3. 化学药物灭鼠　化学药物灭鼠是使用化学灭鼠剂（毒饵）毒杀鼠类。化学灭鼠效率高、使用方便、成本低、见效快，缺点是能引起人畜中毒，既有初次毒性（如误食毒饵），又有二次毒性（即吃了已中毒的老鼠而中毒）；有些鼠对药剂有选择性、拒食性和耐药性。灭鼠剂主要包括：①速效灭鼠剂。如磷化锌、毒鼠磷、氟乙酸钠、甘氟、灭鼠宁等。此类药物毒性强、作用快，食用一次即可毒杀鼠类。但鼠类易产生拒食性，对人畜不安全。药物甚至老鼠尸体被畜禽误食后，会造成畜禽中毒死亡。②抗凝血类灭鼠剂。如敌鼠钠盐、杀鼠灵等，此类药物为慢性或多剂量灭鼠剂，一般需多次进食毒饵后蓄积中毒致死，对人畜安全。③其他灭鼠剂。使用不育剂，使雌鼠或雄鼠失去繁殖能力。据报道，以10mg/kg己雌二苯酸酯制成的药饵可使雌鼠和雄鼠不育。

4. 中草药灭鼠　采用中草药灭鼠，可就地取材、成本低、使用方便、不污染环境、对人畜较安全。但含有效成分低、杂质多、适口性较差。

（1）山管兰。取其鲜根1kg，加大米浸泡一夜，晾干，每盘约2g，投放于室内。

（2）天南星。取其球茎及果晒干，研磨成细末，掺入4倍面粉，制成丸投放。如再加少许糖和食油，效果更好。

（3）狼毒。取其根磨成粉，另取去皮胡萝卜，切成小块，每30块拌狼毒粉2～3g，再加适量食油后投放。

畜禽场的鼠类活动以孵化室、饲料库、畜舍和加工车间最多，这些部位是防除鼠害的重点。饲料库可用熏蒸剂毒杀。畜舍在投喂饲料时应尽量做到勤添不过量，并定时清扫。投放毒饵时，应对家畜进行适当隔离，待家畜外出放牧或运动时，在圈中投放，归圈前撤除以保家畜安全。机械化养禽场，因实行笼养，只要防止毒饵混入饲料中，即可采用一般方法使用毒饵。在采用全进全出制的生产工艺时，可在舍内空舍消毒时进行灭鼠。为防止有些猪吃死鼠，养猪场灭鼠时可先进行并圈，空出鼠患严重的圈舍投放毒饵，以后轮番逐圈处理。鼠尸应及时清除，以防被人畜误食而发生二次中毒。毒饵的配制，可根据实际情况，选用鼠长期吃惯了的食物作饵料，并突然投放，以假乱真，以毒代好，可收到良好的效果。

（二）防治害虫

畜禽场粪便和污水等废弃物极适于蚊、蝇等有害昆虫的滋生，如不妥善处理则可成为其繁殖滋生的良好场所。如蚊子中按蚊、库蚊的虫卵需要在水中孵化，伊蚊的幼虫和蛹必须在水中发育成长。蝇的幼虫及蛹则适宜于在温暖、潮湿且富有有机物的粪堆中发育。畜禽和饲料也易于招引蚊、蝇及其他害虫。这些昆虫叮咬骚扰畜禽、污染饲料及环境，携带病原传播疾病。防治畜禽场害虫，可采取以下措施：

1. 环境灭虫 搞好畜禽场环境卫生，保持环境清洁和干燥是环境防除害虫的重要措施。蚊虫需在水中产卵、孵化和发育，蝇蛆也需在潮湿的环境及粪便废弃物中生长。因此，进行环境改造，清除滋生场所是简单易行的方法。抓好这一环节，辅以其他方法，能取得良好的防除效果。填平无用的污水池、土坑、水沟和洼地是永久性消灭蚊蝇滋生的好办法。保持排水系统畅通，对阴沟、沟渠等定期疏通，勿使污水潴积。对储水池等容器加盖，以防蚊蝇飞入产卵。对不能清除或加盖的防火储水器，在蚊蝇滋生季节，应定期换水。永久性水体（如鱼塘、池塘等)，蚊虫多滋生在水浅而有植被的边缘区域，修整边岸、加大坡度和填充浅湾，能有效地防止蚊虫滋生。经常清扫环境，不留卫生死角，及时清除畜禽粪便、污水，避免在场内及周围积水，保持畜禽场环境干燥、清洁。排污管道应采用暗沟，粪水池应尽可能加盖。采用腐熟堆肥和生产沼气等方法对粪便污水进行无害化处理，铲除蚊蝇滋生的环境条件。

2. 药物灭虫 化学防除虫害是指使用天然或合成的毒物，以不同的剂型（粉剂、乳剂、油剂、水悬剂、颗粒剂、缓释剂等），通过各种途径（胃毒、触杀、熏杀、内吸等），毒杀或驱逐蚊蝇等害虫的过程。化学杀虫剂在使用上虽存在抗药性、污染环境等问题，但它们具有使用方便、见效快，并可大量生产等优点，因而仍是当前防除蚊蝇的重要手段。定期用杀虫剂杀灭畜舍、畜体及周围环境的害虫，可以有效抑制害虫繁衍滋生。应优先选用低毒高效的杀虫剂，避免或尽量减少杀虫剂对畜禽健康和生态环境的不良影响。常用的杀虫剂有：

（1）菊酯类杀虫剂。菊酯类杀虫剂是一种神经毒药剂，可使蚊蝇等迅速呈现神经麻痹而死亡。菊酯类杀虫剂杀虫力强，特别是对蚊的毒效比敌敌畏、马拉硫磷等高 10 倍以上。对蝇类不产生抗药性，故可长期使用。对人畜毒性小，杀虫效果好。

（2）昆虫激素。近年来，出现了采用人工合成的昆虫激素杀虫剂防治有害昆虫。这种方法是将昆虫激素混合于畜禽饲料中，此类激素对畜禽无害且不能被畜禽利用，可杀死粪中的蛆虫。

（3）马拉硫磷。马拉硫磷为有机磷杀虫剂。它是世界卫生组织推荐用的室内滞留喷洒杀虫剂，杀虫作用强而快，具有胃毒、触毒作用，也可作熏杀。杀虫范围广，可杀灭蚊、蝇、蛆、虱等，对人畜毒害小，适于畜舍内使用。

（4）敌敌畏。敌敌畏为有机磷杀虫剂。具有胃毒、触毒和熏杀作用，杀虫范围广，可杀灭蚊、蝇等多种病虫，杀虫效果好，但对人畜毒害大，易被皮肤吸收而中毒。在畜舍内使用时，应特别注意安全。

3. 生物防除 利用有害昆虫的天敌灭虫。例如，可以结合畜禽场污水处理，利用池塘养鱼，鱼类能吞食水中的孑孓和幼虫，具有防止蚊子滋生的作用。另外，蛙类、蝙蝠、蜻蜓等均为蚊、蝇等有害昆虫的天敌。

4. 物理防除 可使用电灭蝇灯杀灭苍蝇、蚊子等有害昆虫。这种灭蝇灯利用昆虫的趋光性，发出荧光引诱苍蝇等昆虫落在围绕在灯管周围的高压电网，用电击杀灭蚊蝇。

四、尸体处理

家畜环境卫生学所说的家畜尸体主要是指非正常死亡的家畜尸体，即因病死亡或死亡原因不明的家畜尸体。家畜尸体很可能携带病原，是疾病的传染源。为防止病原传播危害畜群安全，必须对畜禽场家畜尸体进行无害化处理。

（一）处理尸体常用的方法

1. 土埋法 土埋法是将畜禽尸体直接埋入土壤中，在厌氧条件下微生物分解畜禽尸体，杀灭大部分病原。土埋法适用于处理非传染病死亡的畜禽尸体。采用土埋法处理畜禽尸体，应注意要应远离畜舍、放牧地、居民点和水源；掩埋处应地势高燥，防止水淹；畜禽尸体掩埋深度应不小于2m；在掩埋处周围应洒上消毒剂；掩埋处四周应设保护设施，防止野兽进入翻刨尸体。

2. 焚烧法 焚烧法是将动物尸体投入焚尸炉焚毁。用焚烧法处理尸体消毒最为彻底，但需要专门的设备，消耗能源。焚烧法一般适用于处理具有传染性疾病的动物尸体。

3. 生物热坑法 生物热坑应选择在地势高燥、远离居民区、水源、畜舍、工矿区的区域，生物热坑坑底和四周墙壁应有良好的防水性能。坑底和四周墙壁常以砖砌或用涂油木料制成，应设防水层。一般坑深7～10m，宽3m。坑上设两层密封锁盖。凡是一般性死亡的畜禽，随时抛入坑内，当尸体堆积至距坑口1.5m左右时，密闭坑口。坑内尸体在微生物的作用下分解，分解时温度可达65℃以上，通常密闭坑口后4～5个月，可全部分解尸体。用这种方法处理尸体不但可杀灭一般性病原微生物，而且不会对地下水及土壤产生污染，适合对畜禽场一般性尸体进行处理。

4. 蒸煮法　蒸煮法是将动物尸体用锅或锅炉产生的蒸汽进行蒸煮，以杀灭病原。蒸煮法适用于处理非传染性疾病且具有一定利用价值的动物尸体。

（二）常见动物尸体的处理

1. 患传染病动物的尸体　当发生某种传染病时，病畜禽死亡或被扑杀后，应严格按照国家有关法律法规及技术规章对尸体进行无害化处理，以防止传染病的蔓延。如对因患口蹄疫、猪传染性水疱病、鸡瘟、鼻疽等传染病死亡的畜禽尸体应进行彻底消毒，然后深埋或焚烧。对患炭疽病的动物，为防止炭疽杆菌扩散，应避免剖解尸体，将尸体彻底焚毁。

2. 患非传染病动物尸体　对于因非传染病死亡的动物尸体、有利用价值的尸体，可采取蒸煮法处理；无利用价值的尸体，可选用生物热坑法、土埋法和焚烧法处理。

五、预防疾病的卫生管理措施

畜禽场环境卫生状况与畜禽疾病的发生率和畜禽场生产效益密切相关。环境卫生状况差易导致疾病流行，增加疫病防治费用和生产成本。为了确保畜禽场生产安全，减少疾病发生，应从多方面做好畜禽场的环境卫生管理。

（一）建立完善的防疫机构和制度

按照卫生防疫的要求，根据畜禽场实际，制定完善的畜禽场卫生防疫制度，建立健全包括畜禽日常管理、环境清洁消毒、废弃物及病死畜禽处理以及计划免疫等在内的各项规章制度。建立专职环境卫生监督管理与疫病防治队伍，确保严格执行畜禽场各项卫生管理制度。

（二）做好各项卫生管理工作

1. 确保畜禽生产环境卫生状况良好　畜舍应及时清扫、洗刷；应及时清除粪便和排出污水；应加强通风换气，保持良好的空气卫生状况；应保证地面、墙壁、舍内设施及用具的清洁卫生；确保人畜饮水卫生；应定期对畜禽场环境、畜舍及用具进行消毒；应对粪便和污水进行无害化处理；妥善处理畜禽尸体及其他废弃物，防止疾病传播。

2. 防止人员和车辆流动传播疾病 畜禽场应谢绝外来人员参观，尽量减少外来人员进入生产区；必须进入畜禽场的外来人员只有按照畜禽场卫生防疫要求，经严格消毒、换衣换帽后才可进入生产区。场内工作人员必须严格遵守各项卫生工作制度，每次进入生产区前，必须在生产区更衣室更换消毒过的专用工作衣、帽、鞋，经过消毒后才可进入生产区。工作人员进入畜舍前应再次更换经消毒过的工作服、帽和鞋。工作人员在上班期间不可串岗、串舍。工作人员必须进入其他生产小区或畜舍时，来去均需消毒。场内领导和技术人员因工作需要进入各生产小区时，应按幼小畜禽、种畜、生产群的顺序进行，并应在进入各小区或畜舍前更衣、消毒。生产区内专用的工作服应严禁穿、带出区外。进入生产区的各类人员均不可将与生产无关的物品，尤其是各类动物性食品带入生产区。

3. 严防饲料霉变或掺入有毒有害物质 应认真做好饲料质量监控工作，确保饲料质量安全、可靠，符合卫生标准。应严格检验饲料原料，防止被农药、工业“三废”和病原微生物等污染的原料以及有毒原料和霉变原料进入生产过程；应做好饲料的储藏和运输工作，确保饲料不发生霉变和不混入有毒有害物质。

4. 做好畜禽防寒防暑工作 环境过冷或过热，都可对畜禽健康产生危害，直接或间接诱发多种疾病。做好畜舍冬季防寒工作和夏季防暑工作，对于提高动物机体抵抗力、减少疾病发生具有重要意义。

（三）加强卫生防疫工作

1. 做好计划免疫工作 免疫是预防畜禽传染病最为有效的途径。各畜禽场应根据本地区畜禽疾病的发生情况、疫苗的供应条件、气候条件及其他有关因素和畜群抗体检测结果，制定本场畜群免疫接种程序，并按计划及时接种疫苗进行免疫，以减少传染病的发生。

2. 严格消毒　按照卫生管理制度，严格执行各种消毒措施。为了便于防疫和切断疾病传播途径，畜禽场应尽量采用“全进全出”的生产工艺，即同一栋畜舍畜禽同期进场、同期出栏。出栏后对畜舍、用具、场地等进行全面清洁和彻底消毒，并经过一定的闲置期后，再接纳下一批畜禽。一般闲置期至少为 2 周。

3. 隔离　对畜禽场内出现的病畜禽，尤其是确诊为患传染性疾病或不能排除患传染病可能的病畜禽应及时隔离，进行治疗或按兽医卫生要求及时妥善处理。由场外引入的畜禽，应首先隔离饲养，隔离期一般为 2～3 周，经检疫确定健康无病后方可进入畜舍。

4. 检疫　对于引进的畜禽，必须进行严格的检疫，只有确定无疾病和不携带病原后，才可进入畜禽场；对于要出售的动物及动物性产品，也须进行严格检疫，杜绝疫病扩散。

第二节　畜禽场空气污染、危害及其控制

一、畜禽场废弃物污染空气的主要形式

（一）畜禽粪便分解产生恶臭气体

畜牧业规模化生产的发展，一方面为社会提供了大量畜禽产品，另一方面也产生了大量的畜禽粪尿。畜禽粪尿在腐败分解过程中产生许多恶臭物质。新排出的粪便中含有胺类、吲哚、甲基吲哚、己醛和硫醇类物质，具有臭味。排出后的粪便如果在有氧状态下分解，则碳水化合物产生二氧化碳和水，含氮化合物产生硝酸盐类，产生的臭气少；如果排出后的粪便在厌氧环境条件下进行厌氧发酵，则碳水化合物分解产生甲烷、有机酸和醇类，带有酸臭味；含氮化合物分解产生氨、硫酸、乙烯醇等，产生的臭气多。尿排出体外后主要进行氧化分解，释放氨，形成臭味。畜

禽场空气的恶臭物质，主要有氨、硫化氢、硫醇、吲哚、粪臭素、脂肪酸、醇、酚、醛、酯、氮杂环类物质。

（二）畜禽粪便向空气传播扩散病原和灰尘

干燥的粪便颗粒携带有大量的病原，在清扫畜舍或有风时，干燥粪便颗粒进入空气，在空气中飘逸，形成气源传播，有可能导致传染病流行。

二、影响畜禽场空气有害物质扩散的因素

（一）温度与季节

温度对分解粪便产生恶臭的微生物的活动具有重要影响，高温高湿环境有利于微生物活动，低温干燥环境不利于微生物活动。因此，在夏季和梅雨季节，微生物分解粪便产生臭气量多，粪场周围空气恶臭气体含量多。高湿环境不利于尘埃传播，因此，在湿度大的地区，空气粪便微小颗粒较少。

（二）粪便通气性和水分

粪便的含水量高，通气性差，造成粪便内部缺氧，有利于厌氧微生物分解，产生大量低级脂肪酸、硫化氢、酚类、吲哚、粪臭素等，使粪便变得更臭。例如，新鲜猪粪含水量在70%左右，总硫化物为1.6mg/L；当厌氧储存24h后，可增加到23.6mg/L，使粪变得更臭。

（三）风

畜舍通风量增大，可以有效稀释粪便产生的臭气，畜禽场外界有风，将有利于畜禽场空气有效地降低臭气浓度。畜禽场下风向空气臭气浓度较大。

（四）pH

腐败微生物活动适宜的pH为7.0～8.0，与排泄物的pH大致相同，鲜粪可迅速分解释放臭气。如果pH增大，如在高温堆肥过程，pH迅速增大，将抑制腐败菌活动，减少臭气的产生。

（五）粪便状态

无论固体或液体粪便，在静止状态下，表面释放的臭气少，在搅动或翻动时，释放的臭气量大，浓度高。例如，粪便在搅动时，硫化氢浓度可达到 $700mg/m^3$。

（六）与粪场的距离

与粪场等污染源距离越大，空气中臭气浓度越小。畜禽场产生的恶臭气体扩散与许多因素有关，一般认为恶臭气体扩散范围为 200～500m。

总之，畜禽场空气污染物质主要来源于粪尿。因此，一切与粪尿腐败分解及粪便颗粒扩散有关的因素都会对畜禽场空气污染产生影响。

三、畜禽场空气恶臭的危害

畜禽场有害气体的成分及性质非常复杂。其中，有一些并无臭味甚至具有芳香味，但对动物有刺激性和毒性。高浓度的臭气可以在短时间内造成人畜中毒；在低浓度臭气的长期作用下，畜禽生产性能和对疾病抵抗力降低，发病率增高，严重者可以引起慢性中毒。

（一）硫化氢（H_2S）的危害

硫化氢进入呼吸系统以后，溶解于呼吸道黏膜溶液之中，与其中的 Na^+ 结合生成具有毒性和刺激性的 Na_2S，强烈刺激眼和呼吸道黏膜，引起炎症、肺水肿和呼吸困难等；硫化氢由肺泡进入血液后，部分可与细胞色素氧化酶中的 Fe^{3+} 结合，使酶失去活性而破坏血红蛋白的运氧功能，引起机体缺氧。

（二）硫醇的危害

包括甲硫醇、乙硫醇和芳香族硫醇。其中，甲硫醇是具有烂洋葱臭味的气体，能引起人畜呕吐，具有刺激性并引起呼吸道黏膜发炎，高浓度的硫醇具有麻醉作用；乙硫醇除具有甲硫醇的毒性外，可引起肾功能障碍而出现血尿，高浓度乙硫醇可使中枢神经麻痹，血压下降，呼吸困难；芳香族硫醇臭气及毒性与脂肪族硫醇相同，除对黏膜具有刺激作用外，还可抑制甲状腺分泌甲状腺素功能，引起甲状腺肿大。

（三）有机酸类的危害

主要包括饱和、非饱和脂肪酸，不但具有刺激性的臭味，而且腐蚀性强，可以引起皮肤炎症，也可以引起肺水肿等疾病。

（四）酚类的危害

主要是酚及其衍生物，具有臭味，能使蛋白质变性，其挥发性气体对黏膜有刺激性和腐蚀性，可引起头痛、呕吐、咳嗽等。动物长期吸入酚类会引起慢性肾炎症而死亡。

（五）吲哚（苯并吡咯）的危害

吲哚是色氨酸降解的产物。吲哚是由吡咯环和苯环缩合而成的具有强烈恶臭的气体，但其纯化物却有茉莉香味，毒性强，可引起人头痛、恶心、呕吐。

（六）粪臭素（β-甲基吲哚）的危害

粪臭素是色氨酸的降解产物，有强烈恶臭味，毒性比吲哚小。

四、减少畜禽场恶臭气体的措施

（一）加强粪便管理，减少臭气的产生和扩散

畜禽粪便在储存和处理过程中会不同程度地产生臭气。因此，减少畜禽场臭气产生的主要措施：及时处理粪便，减少粪便储存时间；在储粪场和污水池搭建遮雨棚，粪便储存场地势应高出周围地面 30cm，以防止积水浸泡粪便或粪便淋洗流失；在粪堆表面覆盖草泥、锯末、稻草、塑料薄膜等，可以减少粪便分解产生的臭气挥发；在粪便中搅拌加入吸附性强的材料如锯末、稻草等，可有效减少臭气的产生；在干燥粪便的过程中，可将臭气用风机抽出经专门管道输送到脱臭槽或使臭气通过浸湿的吸附性强的材料层脱臭；在粪便中加入适量的除臭剂，可有效减少臭气

产生。

（二）采取营养调控措施，提高饲料养分利用率，消除恶臭的来源

畜禽粪便的臭气主要是饲料中未被消化吸收的营养物质在肠道或体外微生物分解形成的产物。粪便的臭气浓度的大小与粪便中氮、磷、硫等元素的含量呈正相关。因此，提高畜禽日粮营养物质的利用率和减少畜禽粪便中氮、磷、硫等元素的含量是减少畜禽粪便臭气含量的重要措施。减少畜禽粪便臭气产生的营养措施：①选择营养物质含量高、易消化的饲料配制日粮，可提高畜禽日粮养分的消化吸收率，减少臭气的产生。②在满足动物生长发育、繁殖和生产需要的前提下，尽量减少日粮中富余蛋白质含量，以减少粪便含氮化合物数量和臭气产生量。以理想蛋白质体系代替粗蛋白质体系配制日粮，可减少粪便蛋白质含量。适当降低日粮蛋白质含量和添加必需氨基酸，既可不降低动物生产力，又可减少粪便臭气的产生量。③适当控制畜禽日粮粗纤维的含量。许多试验证明，日粮粗纤维含量每增加 1%，有机物消化率就降低 1.5%，畜禽为满足营养需要，就必然要增加采食量和粪便排泄量。④科学使用饲料添加剂。活菌制剂中的微生物（细菌、霉菌、酵母等）参与和改变粪便的分解途径，减少臭气产生。在国外将丝兰属植物提取物添加于饲料，可有效地减少臭气产生；其他添加剂可提高日粮利用率，减少氮、磷、硫等元素的排泄量。

（三）采用先进生产工艺和生产技术，减少恶臭气体产生

在选择生产工艺、选择场址、场地规划和建筑物布局、畜舍设计、粪便处理和利用等环节上采取有效措施，可减少畜禽场恶臭的数量和对畜禽场空气的污染。

在畜禽场建设时，只有坚持主体工程和粪污处理工程同时设计、同时施工、同时投产，才能防止粪便随意堆积腐败产生大量恶臭气体。

在选择生产工艺时，要尽量使用粪、尿和水分离，产生恶臭少的生产工艺。如采用漏缝地板生产工艺时，采取人工清粪方式，尽量避免水冲粪或水泡粪，就可减少臭气的产生。

在选择场址时，避免在大中城市近郊建场，最好在粮食生产能力强的农区建设猪场、鸡场和奶牛场。这样既有利于畜禽粪尿就地消纳，同时也有利于粮食就地转化，促进了农牧生产的协调发展，减少了畜产公害的发生。

在规划牧场场地时，要按照常年主风向和地势合理布置各种类型建筑，一定要有粪便处理区和病畜禽隔离区。粪便处理区和病畜禽隔离区一定要设在全场的下风向。隔离区周围要采取密植种树绿化，以减少臭气的散发。

进行场区绿化可以将臭气强度降低 50%，有害气体减少 25%。此外，绿化还可以降低风速，从而有效地控制恶臭的扩散。

第三节　畜禽场废水对环境的污染、危害及其净化处理

一、畜禽场废水污染物及其危害

畜禽场废水的主要成分是畜禽的尿液、部分残余的畜禽粪便、饲料残渣和冲洗水。畜禽场废水的特征与畜禽舍结构、清粪方式、饲料营养、畜禽消化能力、生产管理方式和冲洗水等有关。例如，在生产中，先铲除大部分固体粪便，然后冲洗，则产生的废水量相对少，废水污染物浓度低；反之，冲洗前不进行清粪或是清粪不干净，则相对需要较多的冲洗水，排放的废水量也大，废水含污染物浓度高，处理难度更大。

畜禽场废水污染物中的氮、磷对环境危害最大。氮和磷是植物生长发育所必需的营养物质，河流等洁净水体接纳大量氮和磷，会引起水体富营养化，表现为藻类和浮游生物大量生长繁

殖，水体溶解氧减少，透明度下降、水质恶化，严重时会使鱼类和其他生物大量死亡；当畜禽场废水中的重金属元素铜大量进入水体（铜含量大于0.01mg/L）时，铜对水生生物产生毒害，抑制水体的自净作用；废水中的恶臭物质主要有硫醇类、酚类、酸类、胺类及含氮杂环化合物等，这些恶臭物质会恶化水的感官性状，降低水的利用价值；废水中的病原微生物和寄生虫卵，也会造成介水传染病及寄生虫病的流行。

二、畜禽场废水处理与利用技术

废水处理是采用各种手段和技术，将废水中的污染物分离除去或将其转化、分解为无害的物质，从而使废水净化达到农业灌溉用水标准或渔业用水标准而利用，或达到中华人民共和国畜禽养殖场污染物排放标准而排放的过程。畜禽场废水处理的重点是将废水中的有机污染物质分解、转化为无害的物质。为了减少畜禽场废水的数量，减少畜禽场废水中有机物含量，在生产过程中，一般采用先铲除粪尿固形物，再用水冲粪尿残渣的“干清粪”工艺。那种不铲除粪尿中固形物直接用水冲洗的除粪工艺或用水冲泡粪尿的工艺，只能加大畜禽场废水排放量和废水处理的难度。因为粪尿和水混合后，即使采用固液分离技术，也不可能再分离出可溶性物质，水中污染物浓度极高，势必增加了废水处理难度和成本。在采用先进生产工艺减少废水排放量的前提下，采用科学的技术和方法处理废水，可以使其达到净化。处理畜禽场废水常用的技术有：

（一）物理处理法

物理处理法就是利用污水中各种物质物理性质的不同，采用物理的方法将污水中的有机污染物、悬浮物、油类及其他固体物质分离出水体的过程。物理处理法包括：

1. 重力分离法　重力分离法是根据废水中悬浮物密度与废水密度不同的特点，将废水中固形物与液体分离的一种方法。其原理是，当悬浮物的密度大于废水的密度时，在重力作用下，悬浮物下沉形成沉淀物；当悬浮物密度小于废水密度时，悬浮物将上浮到水面，通过收集沉淀物或上浮物，可以除去废水中的固形物，使废水得到净化。例如，利用重力法除去废水中的固形物，可使化学耗氧量降低14%～16%。用重力分离法处理废水所用的设施有：

（1）沉沙池。沉沙池分为普通沉沙池和曝气沉沙池。普通沉沙池的功能是从废水中分离密度较大的沙粒，一般设在泵站或沉淀池之前，保护机件和管道免受沙粒磨损和阻塞，减轻沉淀池的无机颗粒造成的负荷，使污泥具有良好的流动性，便于污泥的排放输送。沉沙池的水流部分实际上是一个明渠，两端设有闸板，以控制水流速度，在沉沙池的底部设有储沙斗，下接排沙管。开启储沙斗的阀，可将沙排出。

（2）沉淀池。根据水流方向，可将沉淀池分为平流式沉淀池、辐流式沉淀池和竖流式沉淀池3种。平流式沉淀池废水从池一端流入，按水平方向在池内流动，从另一端溢出。池表面呈长方形，在进口处的底部设储沙斗。辐流式沉淀池表面呈圆形或方形、废水从池心进入，沉淀后废水从池周溢出，池内废水也是呈水平方向流动。竖流式沉淀池表面多为圆形，但也有呈方形或三角形，废水从池中央下部进入，由下向上流动，沉淀后废水由池面和池边溢出。

2. 离心分离法　离心分离法主要是利用离心作用，使污水中的悬浮污染物离开水体而达到净化的目的。质量越大的物体，离心力越大。因此，在离心过程中，质量大的物体被甩到外围，质量小的物体则留在内圈。这样，通过离心可使悬浮固体物和废水分离并分别通过各自出口排出，以净化废水。常用的离心设备有两种：

（1）压力式水力旋流器。主要用于分离颗粒较大的悬浮颗粒。废水靠水泵压力以切线方向进入旋流器内，在进水处的流速可达 6～10m/s，较大的颗粒被抛向器壁并旋转，沿器壁向下运动，然后从排液管排出；较小的颗粒旋转到一定高度后随二次涡流向上运动，通过中心管流到分离器的顶部，由排水管排出。

（2）卧式螺旋离心机。废水也沿着切线方向进入分离器内，废水在分离器内旋转以分离废水内悬浮物。其缺点是设备昂贵、能耗大、维修困难。

3. 筛滤法　筛滤法就是利用过滤介质的筛除作用分离除去污水中悬浮物的一种方法。这种方法所使用的设备有隔栅、滤网、微滤和沙滤设备。

（1）隔栅。隔栅是由一组平行的金属栅条制成的金属框架，斜置于废水流经的渠道上或泵站集水池的进口处，用以阻截大块的漂浮物和悬浮物，以避免堵塞水泵和堵塞沉淀池的排泥管。栅条的间距按废水的类型而定。

（2）滤网。用以阻留和去除废水中的纤维、纸浆等较细小的悬浮物。滤网一般由金属丝编制。常用的有旋流式滤网、振动筛式滤网等。

（3）微滤。微滤是利用多孔材料制成的整体型微孔管或微孔板来截留水中的细小悬浮物的装置。

（4）沙滤。一般以卵石作垫子层，采用粒径 0.5～1.2mm、滤层厚度 1.0～1.3mm 的粒状介质为滤料，用于过滤细小的悬浮物。

（二）化学处理法

化学处理法是向废水中加入化学试剂，通过化学反应改变水体及其污染物性质以分离、去除废水中污染物或将其转化为无害物质的方法。

1. 中和法　中和法是利用酸碱中和反应的原理，向水体中加入酸性（碱性）物质以中和水体碱性（酸性）物质的过程。畜禽场废水含有大量有机物，一般经微生物发酵产生酸性物质。因此，向废水中一般加入碱性物质即可。

2. 混凝法 混凝法是向废水中投加混凝剂，在混凝剂作用下使细小悬浮颗粒或胶粒聚集成较大的颗粒而沉淀，从而使细小颗粒或胶体与水体分离，使水体得到净化。目前，常用的混凝剂有无机混凝剂和有机混凝剂。

无机混凝剂：应用最广泛的主要有铝盐，如硫酸铝、明矾等；其次是铁盐，如硫酸亚铁、硫酸铁、三氯化铁等。

有机混凝剂：主要是人工合成的聚丙烯酸钠（阴离子型）、聚乙烯吡烯盐（阳离子型）、聚丙烯酰胺（非离子型）、十二烷基苯磺酸钠、羧基甲基纤维素钠和水溶性尿醛树脂等高分子絮凝剂。只需要投加少量，便可获得最佳絮凝效果。

混凝法除去水中悬浮物的原理是向水中加入混凝剂后，混凝剂在水中发生水解反应，产生带正电荷的胶体，它可吸附水中带负电荷的悬浮物颗粒，形成絮状沉淀物。絮状沉淀物可进一步吸附水体中微小颗粒并产生沉淀，使悬浮物从水体中分离。

（三）生物处理法

生物处理法是借助生物的代谢作用分解污水中的有机物，使水质得到净化的过程。生物处理法可以分为人工生物处理法和自然生物处理法。人工生物处理法是指通过采取人工强化措施为微生物繁衍增殖创造条件，通过微生物活动降解水体有机物，使水体净化的过程。主要包括活性污泥处理法和生物膜处理法。自然生物处理法主要是利用自然生态系统生物的代谢活动降解水体有机物，使水体净化的过程，包括氧化塘法和人工湿地法。

1. 活性污泥处理法 活性污泥是微生物群体（细菌、真菌和原生动物等）及其所吸附的有机物和无机物的总称，是一种由微生物和胶体所组成的絮状体。细菌是活性污泥净化功能的主体。活性污泥对污水的净化作用分为 3 个步骤：

第一步为吸附作用。微生物活动分泌的多糖类黏质层包裹在活性污泥表面，使活性污泥具有很大的表面积和吸附力。活性污泥表面多糖类黏质层与废水接触后，很短时间内便会大量吸附污水中的有机物。在初期，活性污泥对水体中有机物的吸附去除率很高。

第二步为微生物分解有机物作用。活性污泥微生物以污水中各种有机物作为营养，在有氧条件下分解水体中有机物，将一部分有机物转化为稳定的无机物，另一部分合成为新的细胞物质。通过活性污泥微生物的作用，除去了水体中的有机物，使废水净化。

第三步为絮凝体的形成与絮凝沉淀。污水中有机物通过生物降解，一部分氧化分解形成二氧化碳和水，另一部分合成细胞物质成为菌体。利用重力沉淀法可使水体的菌体形成絮状沉淀，将菌体从水体中分离出来。

活性污泥处理法的主要流程：污水和回流污泥从池首端流入，呈推流式至池末端流出。污水净化过程的第一阶段吸附和第二阶段的微生物代谢是在一个统一的曝气池中连续进行的，进口处有机物浓度高，出口处有机物浓度低。

2. 生物膜处理法　生物膜处理法是利用微生物活动降解水体有机物、净化水体的一种方法。生物膜处理法和活性污泥处理法有显著的区别，活性污泥处理法是依靠曝气池中悬浮流动着的活性污泥来降解有机物，而生物膜处理法是通过生长固定支承物表面上生物膜中微生物的活动降解水体中有机物，生物膜表面为好氧微生物，中间为兼性微生物，内层为厌氧微生物。用生物膜处理废水的构筑物有生物滤池、生物转盘和生物接触氧化池等。

（1）生物滤池。生物滤池是一种底层铺设有滤料的水池，在滤料表面黏附有生物膜。当废水流入生物滤池时，滤料和生物膜截留吸附废水中的悬浮物质，微生物将生物膜滞留的有机物氧化分解为无机物。在生物膜净化水质过程中，一方面，滤料将废水中的胶体物质吸附在滤料的表面，为生物膜中微生物繁衍提供了养料，促进了微生物的增殖；另一方面，生物膜中微生物的快速增殖又提高了生物滤池吸附和降解有机物的能力。

(2) 生物转盘。生物转盘是由转轴、盘片和氧化管构成的降解水中有机物的装置，盘片串联成组，中心横贯转轴，轴的两端置于固定在半圆形氧化槽的支座上。转盘的表面有40%～50%浸在氧化槽内的废水中，转轴一般高出水面10～25cm。当废水流经生物转盘时，盘片吸附截留水中有机物，在盘片表面形成生物膜，生物膜中微生物在快速增殖的过程中降解废水中的有机物。生物转盘与生物滤池的主要区别是生物转盘以一系列转动的盘片代替固定的滤料。盘片在旋转过程中使生物膜与空气和污水进行交替接触，促进了生物膜的有氧氧化过程，提高了生物膜吸附和降解有机污染物的能力。生物转盘除具有截留、吸附和降解有机物的作用外，还具有硝化、脱氮和除磷等功能。

3. 氧化塘处理法 氧化塘处理法是利用天然水体和土壤中的微生物、植物和动物的活动来降解废水中有机物的过程。国外氧化塘生物主要由菌类和藻类组成。国内氧化塘生物主要由菌类、藻类、水生植物、浮游生物、鱼、虾、鸭、鹅等组成，将污水处理与利用相结合。按占优势微生物对氧的需求程度，可以将氧化塘分为厌氧塘、曝气塘、兼性塘、好氧塘、水生植物塘和养殖塘。

(1) 厌氧塘。水体有机物含量高，水体缺氧。水体中的有机物在厌氧菌作用下被分解产生沼气，沼气将污泥带到水面，形成了一层浮渣。浮渣可起保温和阻止光合作用，维持水体的厌氧环境。厌氧塘净化水质的速度慢，废水在氧化塘中停留的时间最长(30～50d)。

(2) 曝气塘。曝气塘是在池塘水面安装有人工曝气设备的氧化塘。曝气塘水深为3～5m，在一定水深范围内水体可维持好氧状态。废水在曝气塘停留时间为3～8d，曝气塘BOD负荷为30～60g/m^3，BOD_5去除率平均在70%以上。

(3) 兼性塘。水体上层含氧量高，中层和下层含氧量低。一般水深在0.6～1.5m，阳光可透过塘的上部水层。在池塘的上部水层生长着藻类，藻类进行光合作用产生氧气，使上层水处于好氧状态。而在池塘中部和下部，由于阳光透入深度的限制，光合作用产生的氧气少，大气层中的氧气也难以进入，导致水体处于厌氧状态。因此，废水中的有机物主要在上层被好氧微生物氧化分解，而沉积在底层的固体和老化藻类被厌氧微生物发酵分解。废水在塘内停留时间为 7～30d,BOD 负荷为 2～10g/(m^2·d)，BOD 去除率为 75%～90%。

（4）好氧塘。水体含氧量多，水较浅，一般水深只有 0.2～0.4m，阳光可以透过水层，直接射入塘底，塘内生长藻类，藻类的光合作用可向水体提供氧气，水面大气也可以向水体供氧。塘中的好氧菌在有氧环境中将有机物转化为无机物，从而使废水得到净化。好氧氧化塘所能承受的有机物负荷低，废水在塘内停留时间短，一般为 2～6d，BOD 的去除率高，可达到 80%～90%，塘内几乎无污泥沉积，主要用于废水的二级处理和三级处理。

（5）水生植物塘。主要是利用放养植物的代谢活动对污水进行净化。水生植物塘放养的植物应有较强的耐污能力，常用的水生植物有水葫芦、绿萍、芦苇、水葱等。水生植物对污水的净化途径：①吸收-储存-富集大量的有机物，将有机物和矿物质转化为植物产品；②捕集-积累-沉淀水体有机物；③在水生植物根系表面形成大量生物膜，利用生物膜中微生物吸附降解水体有机物。

（6）养殖塘。主要养殖鱼类、螺、蚌和鸭、鹅等水禽。通过水产动植物的活动，将废水中的有机物转化为水产品。养殖塘深度在 2～3m，水生植物以阳光为能源，进行光合作用分解污染物，浮游植物和浮游动物将水体中的植物产品和水体中有机物转化为鱼类饵料或畜禽饲料，最后通过畜禽和鱼类将水体有机物转化为动物产品。在利用养殖塘处理污水时，一般采用多塘串联，前一、二级池塘培养藻类和水生植物，第三、四级池塘培养浮游动物，最后一级池塘放养鱼类和水禽。用养殖塘只可处理富含有机物但不含重金属和累积性毒物的废水。

4. 人工湿地处理法 人工湿地处理法是一种利用生长在低洼地或沼泽地的植物的代谢活动来吸收转化水体有机物、净化水质的方法。当污水流经人工湿地时，生长在低洼地或沼泽地的植物截留、吸附和吸收水体中的悬浮物、有机物和矿物质元素，并将它们转化为植物产品。在处理污水时，可将若干个人工湿地串联，组成人工湿地处理废水系统，这个系统可大幅度提高人工湿地处理废水的能力。人工湿地主要由碎石床、基质和水生植物组成。人工湿地种植的植物主要为耐湿植物如芦苇、水莲等沼泽植物。

（四）土地还原处理法

将经过人工或自然处理的畜禽粪尿污水施用到农田，利用土壤-作物系统吸收利用废水中有机物的方法被称为土地还原处理法。直接用废水灌溉农田容易引起土壤污染，应该防止过量施用废水引起农作物减产。在使用土地还原处理法处理废水时，应做到以下两点：①防止地表土壤养分流失。在坡地上施用时，应在斜坡下方挖沟或设置 20m 宽的缓冲地段（草地或灌丛）。②防止地下渗漏。当将大量畜禽排泄物排放到农田时，水体中硝态氮含量很高，可能会对地下水造成污染，应防止氮、磷等营养元素渗漏。

（五）生态系统废水处理法

生态系统废水处理法就是根据生态学原理，建立结构完善的生态系统，通过生态系统中生产者和消费者的作用，将废水中有机物转化为农产品并使水质得到净化。利用生态系统处理废水，其主要组成为：

1. 初级生产者系统 该系统的主体可以是水稻、水生饲料、蔬菜、豆类、玉米等。初级生产者的产品可以为次级生产者（畜禽）提供饲料。

2. 次级生产者系统 次级生产者系统主要是畜禽养殖场，

可以饲养猪、奶牛、肉牛、山羊、绵羊、家禽等。次级生产者所排泄的粪尿经过处理后作为初级生产者系统的肥料使用。畜禽粪尿经适当处理后排入水生生态系统，也可作为鱼、虾等的饵料，使畜禽污水中的有机物得到进一步转化和利用。

3. 水生生态系统　主要为鱼塘，此外还有水稻-鱼、葫-鱼-萍-鱼的共生生态系统。该系统可以对次级生产者系统所排放的污水中的有机物进行分解利用，并进一步净化污水。

4. 有机污水净化的综合利用系统　畜禽养殖场所排放的污水，经排水沟顺序流经水生植物塘（水葫芦）、细绿萍地、鱼虾塘、水稻田等，逐步对污水进行净化利用。

三、畜禽场废水处理与利用工艺

一般情况下，畜禽场废水处理与利用工艺流程如下：

进行物理处理：清除粪便→水冲→过滤废水→沉淀废水。

进行化学处理：中和废水中的酸或碱→加入混凝剂清除水中的油、微小悬浮物和胶体。

进行生物处理：利用微生物、植物和动物活动，降解水体有机物，以净化水体。利用生物处理法，只有将多个氧化塘与养殖塘或人工湿地相连接，形成一个由多种生物参与的废水处理生态工艺系统，才能获得良好的效果。利用生物学方法处理废水的工艺体系如图 6-1 所示。

厌氧塘→曝气塘→兼性塘→好氧塘→水生植物塘→养殖塘→灌溉

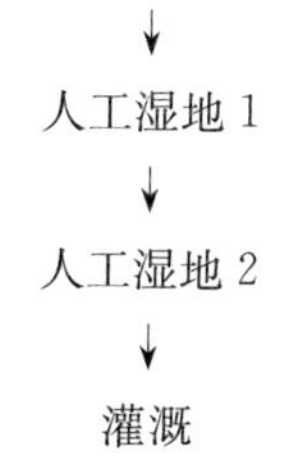

图 6-1　利用生物学方法处理畜禽场废水工艺流程

第四节　畜禽粪便的污染、危害及其资源化处理

一、畜禽粪便的特性和肥效

（一）畜禽粪便的化学特性

1. 矿物质元素　包括钙、镁、钾、氯、碘、硫、磷、铜、铁、镁、钠、硒、锌、钴、钼、铅、镉、砷、铬、锶、矾等。

2. 含氮有机物　包括尿素、尿酸、氨胺、含氮脂类、核酸及其降解产物、吲哚和甲基吲哚。

3. 粗纤维　包括纤维素、半纤维素和木质素。

4. 无氮浸出物　包括多糖（淀粉和果胶）、二糖（蔗糖、麦芽糖、异麦芽糖和乳糖）和单糖。粪中的无氮浸出物主要来自于消化道食物残渣。

（二）畜禽粪便的生物学特性

1. 微生物　粪尿中微生物主要有正常微生物和病原微生物两类。正常微生物包括大肠杆菌、葡萄球菌、芽孢杆菌和酵母菌等；粪便中含有的病原微生物包括青霉菌、黄曲霉菌、黑曲霉菌和病毒等。

2. 寄生虫　粪便中含有蛔虫、球虫、血吸虫、钩虫等。

3. 毒物　粪便中的毒物主要来自于两个方面：一是粪中病原微生物和病毒的代谢产物；二是在饲料中添加的药物残留物，包括重金属、抗生素、激素、镇静剂以及其他违禁药品等。

（三）粪便的肥效

1. 粪便的营养价值　粪便中的有机质经过微生物的分解和重新合成，最后形成腐殖质。腐殖质肥料对土壤改良、培养地力的作用是任何化肥都无法比拟的。腐殖质具有调节土壤水分、温度、含氧量、促进植物迅速吸收水分、促进植物发芽和根系发育等作用。腐殖质中的胡敏酸具有典型的亲水胶体性质，有助于土

壤团粒结构的形成。各种畜禽粪便的肥分含量见表6-2。

表6-2　各种畜禽粪的肥分含量　　单位：%

畜禽粪便	水分	有机质	氮（N）	磷酸（P_2O_5）	氧化钾（K_2O）
猪粪	81.5	15.0	0.60	0.40	0.44
马粪	5.8	21.0	0.58	0.30	0.24
牛粪	83.3	14.5	0.32	0.25	0.16
羊粪	65.5	31.4	0.65	0.47	0.23
鸡粪	50.5	25.5	1.63	1.54	0.85
鸭粪	56.5	26.2	1.10	1.40	0.62
鹅粪	77.1	23.4	0.55	1.50	0.95
鸽粪	51.0	0.8	1.76	1.78	1.00

数据来源：张景略、徐本生，1990. 土壤肥料学［M］. 北京：农业出版社.

各种畜禽的粪尿平均含有约25%的有机质，其中全氮（N）平均0.55%，全磷（P_2O_5）0.22%，全钾（K_2O）0.6%左右。总的来说，禽类比哺乳动物粪含有较多的氮、磷、钾。各种畜禽的粪便由于管理方式、饲料成分、畜禽类型、品种与年龄的不同，其所含的氮、磷、钾量也有很大差异（表6-2）。禽粪中氮和磷含量几乎相等，钾稍偏低。腐熟对禽粪尤为重要，因为禽粪中的氮素以尿酸形态存在，尿酸盐不能直接被作物吸收利用。因此，禽粪只有经腐熟后才能施用。禽粪中的尿酸盐态氮易分解，如保管不当，经2个月，氮素几乎损失50%。畜禽粪在堆腐过程中能产生高温，为避免腐熟产生的高温对农作物根系的危害，畜禽粪只有腐熟后才可用作追肥。猪与牛的粪便中2/3的氮与1/2的磷或家禽粪便中1/5的氮与1/2的磷能够直接为作物所利用，其余的氮和磷为复杂的有机物，只有被土壤中的微生物分解后才能逐渐为作物所利用。因而，畜禽粪肥效长，营养丰富。例如，农田施入7 500～9 000kg/hm^2畜禽粪肥一般不会过量，作物也能很好地生长，如按作物所需氮肥量计算，种植谷物一般施入氮150kg/hm^2即可。如果一个畜禽场饲养的畜禽头数多，产的粪肥多，计划粪肥全部施用，其中折算出的氮量超过 150kg/hm^2 时，则需要将一部分种植谷物的农田改种禾本科牧草。牧草每年可割 3～4 次，每割一次，可施氮素 120～150kg/hm^2，如每年割 3 次，可施氮素 360～450kg/hm^2，可多容纳氮肥 2 倍。

2. 畜禽粪便的肥效

（1）增加土壤中有机质含量，提高土壤腐殖质活性，使土壤保持较好的通风透气性。

（2）提高了土壤微生物活性。农田施入畜禽粪便，为土壤微生物提供了丰富的养分，促进了土壤微生物的生长增殖，加速了微生物分解土壤和粪肥养分的速度，为植物生长提供了更全面、更充足的养分。

（3）为土壤补充了养分。施入畜禽粪便，可向土壤补充有机态氮（蛋白质、氨基酸和氨基糖）、有机磷（如 DNA、RNA 的核酸磷）、钾、锌、锰等，促进土壤微生物和植物生长。

二、粪便对水体和土壤的污染

（一）粪便对水体的污染

当排入水体中的畜禽粪便总量超过水体自净能力时，就会改变水体的物理、化学和生物学性质以及水体的组成，使水质变坏。当人畜饮用水受到污染时，有毒有害物质和病原就会危害人畜健康。粪便污染水体的方式为：

1. 恶化水质 粪便中大量的含氮有机物和碳水化合物，经微生物作用分解产生大量的有害物质，这些有害物质进入水体，降低水质感官性状指标，使水产生异味而难以利用。若饮用水受人畜粪便污染，将危害人畜健康。粪便中的含氮有机物和含硫有机物分解产生的恶臭物质主要有胺、吲哚、甲基吲哚、硫醇、硫化氢和氨气等。

2. 富营养化作用 粪便中的氮、磷等植物营养物大量进入水体，促使水体中藻类等水生植物大量繁殖，使水体溶解氧迅速下降，水生生物死亡，水中有机质在缺氧条件下厌氧腐解，使水体变黑发臭，水质感官性状恶化，这种现象称为水体富营养化作用。水体富营养化作用的产生主要是由于水体养分的增加，促进了水生植物过度生长。这些水生植物在白天进行光合作用，使上层水溶解氧大大增加，达到饱和水平。但在晚上则大量消耗水体中的溶解氧，使水中的溶解氧迅速降低，导致鱼类等水生动物因缺氧而死亡。水中动物和植物的尸体分解，使水质发黑和变臭。

3. 导致介水传染病发生 粪便中含有大量的微生物，包括细菌、病毒和寄生虫。如细菌类有人的痢疾杆菌、霍乱杆菌、伤寒杆菌等；家畜的猪丹毒杆菌、仔猪副伤寒沙门氏菌、致病性大肠杆菌等以及人畜共患的布鲁氏菌、结核杆菌、炭疽杆菌等。病毒类有人的传染性肝炎病毒、猪传染性肠胃炎病毒、鸡新城疫病毒、口蹄疫病毒等。寄生虫类有人畜共患的姜片吸虫、肺吸虫、肝片吸虫以及猪、鸡的蛔虫等。这些病原会通过水体的流动，在更大范围扩散和传播，导致疫病在更大范围内暴发和流行。

（二）粪便对土壤的污染

1. 病原微生物污染 未经处理的畜禽粪便进入农田，粪便中的病原微生物及芽孢会在农田耕作土壤中长期存活。这些病原微生物一方面会通过饲料和饮水危害动物健康；另一方面，会通过蔬菜和水果等农产品，危害人类健康。

2. 矿物质元素的污染 在饲料中大量使用矿物质添加剂，使畜禽粪便中的微量元素如铜、锌、砷、铁、锰、硒含量增加。长期大量施用受矿物质元素污染的畜禽粪便，会导致这些微量元素在土壤中富集。如果土壤中微量元素富集过多，就会影响植物生长发育，导致农作物减产，如在饲料中使用高剂量的铜(250mg/kg)、锌（2 000mg/kg）和有机砷制剂（对氨基苯砷酸，100mg/L)，可加剧这些微量元素对土壤的污染。一般认为，当土壤中铜和锌分别达 100～200mg/kg 和 100mg/kg 时，就可造成植株中毒。当铜、锌、砷、镉、铅共存时，它们之间存在协同作用，这增加了防治土壤污染的困难。当土壤中砷酸钠加入量为40mg/kg时，水稻减产50%；砷酸钠加入量为160mg/kg时，水稻已不能生长；灌溉水中砷浓度为20mg/kg时，水稻颗粒无收。如果这些微量元素通过农作物、饲料和食物的富集，将会对人类健康构成潜在的威胁。

三、畜禽粪便的处理

（一）畜禽粪便在自然界的转化

畜禽的粪便通过土壤、水和大气的理化及生物学作用，使其中的微生物被杀死，并使各种有机物逐渐分解，变成植物可以吸收利用的营养物质，并通过动物、植物的同化和异化作用，重新转化为构成动物体和植物体的糖类、蛋白质和脂肪等。换而言之，在自然界的物质循环和能量流动过程中，粪便经过土壤作物的作用可再度转化，成为畜禽的饲料（图6-2）。这种农牧结合、互相促进的处理办法，不仅是处理畜禽粪便的基本途径，也是保

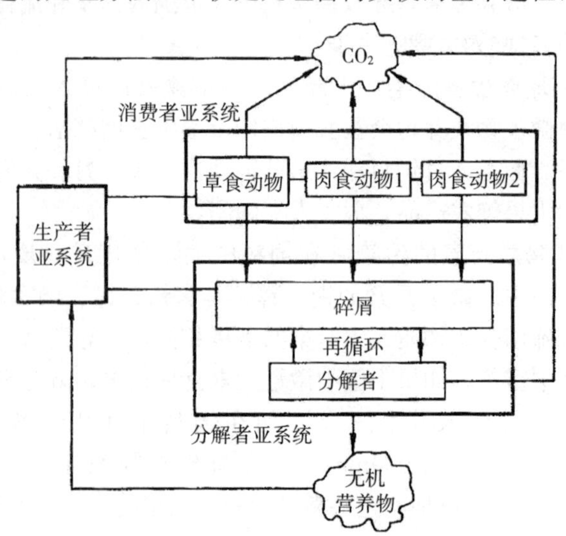

图6-2　自然生态系统物质循环示意图

护环境、维护农业生态系统平衡的主要手段。

（二）科学合理的布局与规划畜禽场

畜禽场废弃物处理与利用的基本要求是排放数量“减量化”、处理过程“无害化”和处理目标“资源化”。合理规划畜禽场，采取先进生产工艺是实现上述目标的先决条件；否则，不仅会影响以后生产，而且会使畜禽场的环境条件恶化，或者为了保护环境而付出很高的代价。科学规划、设计和布局畜禽场以减少粪便污染包括3个方面的内容：一是要采用科学的生产工艺，力争生产过程污染物的产生“减量化”；二是畜禽场生产规模与农田承载能力相适应（即畜禽场产生的粪便和污水能被当地的农田和池塘所消纳），畜禽场废弃物经处理后可用作肥料、饲料或燃料，不对环境产生新的污染，实现“废弃物”利用“无害化”；三是畜禽场要有完善的粪便和污水无害化处理设施与系统，实现粪便和污水利用资源化。因此，应根据畜禽场所产废弃物的数量（主要是粪尿量）以及土地面积的大小，确定各个畜禽场的规模，并使畜禽场科学、合理、均匀地在本地区内分布。要把畜禽的粪便全部施用，必须计算畜禽场粪量与土地施肥量，即所施用的粪肥的主要养分能被作物所吸收利用而不积累，能使土壤完成基本的自净过程。各种畜禽每天所产粪便的数量如表6-3所示。

表6-3 各种畜禽的粪尿产量（鲜量）

种类	饲养期(d)	排泄量［kg/（头·d）］			排泄量［t/（头·年）］		
		粪	尿	粪尿	粪	尿	粪尿
泌乳牛	365	30～50	13～25	45～75	14.6	7.3	21.9
成年肉牛	365	20～35	10～17	30～52	10.6	4.9	15.5
育成牛	65	10～20	5～10	15～30	5.5	2.7	8.2
犊牛	180	3～7	2～5	5～12	1.0	0.45	1.5
成年马	365	10～20	5～10	15～30	5.5	2.7	8.2
种公猪	365	2.0～3.0	4.0～7.0	6.0～10.0	0.9	2.0	2.9

（续）

种类	饲养期（d）	排泄量［kg/（头·d）］			排泄量［t/（头·年）］		
		粪	尿	粪尿	粪	尿	粪尿
成年母猪	365	2.5～4.2	4.0～7.0	6.5～11.2	1.2	2.0	3.2
后备母猪	180	2.1～2.8	3.0～6.0	5.1～8.8	0.4	0.8	1.2
出栏猪	180	2.17	3.5	5.67	0.4	0.6	1.0
出栏猪	90	1.3	2.0	3.3	0.12	0.18	0.30
山羊	365	2.0	0.66	2.66	0.73	0.24	0.97
绵羊	365	2.0	0.66	2.66	0.73	0.24	0.97
兔	365	0.15	0.55	0.7	0.05	0.20	0.25
产蛋鸡	365	0.15	—	0.15	0.06	—	0.06
肉鸡	50	0.09	—	0.09	4.5kg	—	4.5kg
肉鸭	55	0.10	—	0.10	5.5kg	—	5.5kg
蛋种鸡	365	0.17	—	0.17	62.1kg	—	62.1kg
蛋种鸭	365	0.17	—	0.17	62.1kg	—	62.1kg

为防止土壤污染，应控制单位土地面积畜禽饲养量。施用畜肥的农田对每 667m^2 土地饲养畜禽的密度，我国尚无具体规定。现引用德国规定，以畜禽粪便消纳量计算，每平方公里土地能承载畜禽数量见表 6-4。

表 6-4　每平方公里土地承载畜禽数量

畜禽种类	数量［头（匹）/年］	畜禽种类	数量（只/年）
成年牛	741	火鸡	74 100
青年牛	1 483	肥育鸭	111 204
犊牛（3 月龄内）	2 224	蛋鸡	74 100
繁殖与妊娠猪	1 483	肉鸡	222 400
肥猪	3 707	羊	4 448
马	741		

（三）畜舍畜禽粪便的清除

在集约化畜禽场，清除畜舍畜禽粪便的工艺与方式不同，产生的畜禽粪便的状态与数量不同。过去曾采用水冲式清粪工艺，这种做法尽管清除畜舍畜禽粪便时节省劳动力，但大量的水进入粪便，不仅扩大了废弃物（畜禽粪便和污水）的体积与数量，增加处理与利用畜禽粪便的难度，而且浪费水资源，造成新的污染，在生产中不宜采用。采用粪水分离的工艺清除畜舍畜禽粪便，尽管清除畜舍畜禽粪便时消耗机械、动力或人力，但一方面节约水资源；另一方面产生的废弃物数量少、体积小，便于后续的废弃物无害化处理。猪场和鸡场粪水分离工艺分别如图 6-3、图 6-4 所示。

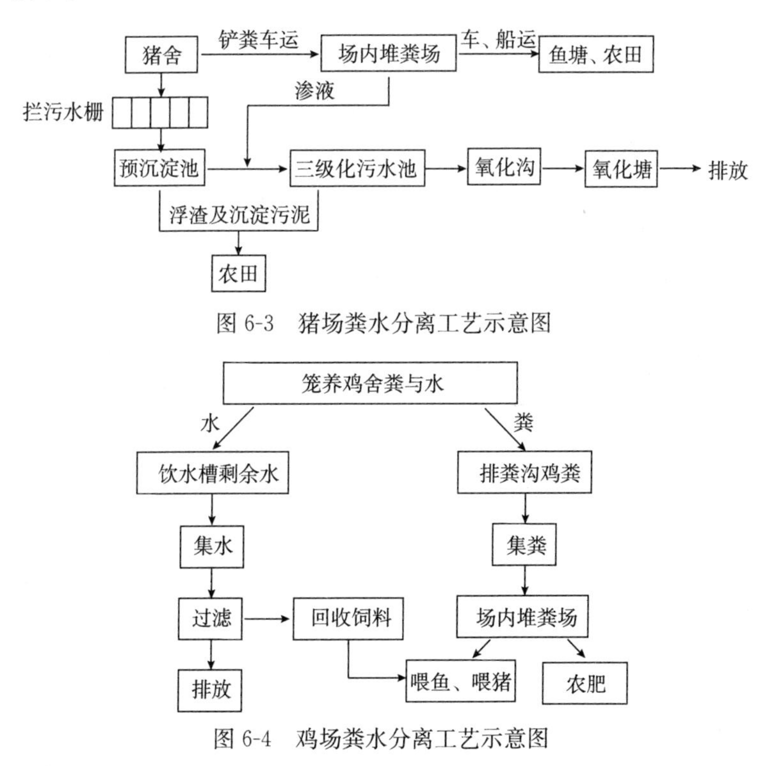

图 6-3　猪场粪水分离工艺示意图

图 6-4　鸡场粪水分离工艺示意图

四、畜禽粪便的利用

（一）畜禽粪便用作肥料

1. 土地还原法 把畜禽粪尿作为肥料直接施入农田的方法称为“土地还原法”。土壤容纳和净化畜禽粪便的潜力巨大。有试验表明，即使每 667m^2 施入禽粪 41t，然后用犁耕，翻到地里，也散发恶臭或招引苍蝇等。据日本神奈川县农业试验场的报道，在土地上施新鲜牛粪 300t/hm^2（或新鲜猪粪尿 75t/hm^2 或新鲜鸡粪 30t/hm^2），采取条施或全面撒施，栽培饲料作物或蔬菜，结果都比标准化肥区增产，而且对土壤无不良影响。采用土地还原法利用粪便时应注意：一是要在粪便施入土地后进行耕翻，使鲜粪尿埋在土壤中分解。这样不会造成污染，不会散发恶臭，也不会招引苍蝇。二是畜禽排出的新鲜粪尿应妥善堆放，腐熟后施用。三是土地还原法只适用于用作耕作前底肥，不可用作追肥。

2. 腐熟堆肥法

（1）腐熟堆肥法概念。腐熟堆肥法是主要通过控制好氧微生物活动的水分、酸碱度、碳氮比、空气、温度等各种环境条件，使好气微生物分解畜禽粪便及垫草中各种有机物，并使之达到矿质化和腐殖质化的过程。腐熟堆肥法可释放出速效性养分并造成高温环境，能杀菌、杀寄生虫卵等，最终变为无害的腐殖质类活性有机肥料。

（2）原理。利用好氧菌在一定条件下，对堆肥中的有机物和无机物进行分解而使之转变为腐殖质状物质。同时，产生热能使堆肥温度升高到 50～60℃，以杀灭病原菌。经过这一腐熟过程，发酵产品既可提供有利于植物生长的营养元素，又可防止粪便中病原菌、寄生虫以及病毒的繁衍和扩散。

（3）腐熟堆肥的过程。

①温度上升阶段。在自然堆肥条件下，堆肥开始后 1～15d，堆肥内的温度逐渐上升。在该阶段内，主要是嗜冷及嗜温性微生

物发挥作用。在该阶段，嗜温性微生物繁殖旺盛，分解简单的有机物，释放出热量，使肥堆内部温度逐渐升高。如果条件适宜，则在5～7d内，肥堆内部温度就可达到50℃以上。

②持续高温阶段。当温度上升到50℃以上后，嗜温性微生物在高温下逐渐消亡，嗜热性微生物（放线菌、真菌、杆菌）开始大量繁殖生长，将堆肥物料中蛋白质和纤维素、半纤维素等复杂有机物分解转化为类似土壤腐殖质的物质。随着堆肥进程的发展，温度继续升高到60～70℃，持续一段时间后，堆肥中几乎所有的病原微生物和寄生虫卵都被杀死。

③降温阶段。随着有机物被分解，嗜热微生物所需养分逐渐减少，细菌分解作用减弱，堆肥温度逐渐降低。当温度下降到50℃以下时，嗜热菌也开始逐渐消亡。这时堆肥转变为腐殖质，物料呈棕褐色，松软，有类似土壤腐殖质的微酸味，这时堆肥腐熟过程完成。

（4）腐熟堆肥的基本要求。

①物料中有机物含量。堆肥物料中有机物可以为微生物提供养料，堆肥物料中的有机物质应占28%以上。目前，大中型养猪场所采用水冲清粪、固液分离工艺，由于粪便中大部分可溶性的有机质都被水溶解，固液分离后的猪粪渣由于缺乏有机质，很难进行好氧发酵，粪便用作肥料，肥效很低。

②水分含量。堆肥水分含量一定要适当，一般以50%～60%为宜。如果堆肥水分含量过低，则会影响微生物的生长；如果堆肥水分含量过高，则会影响堆肥物料的通气率，进而影响好氧微生物对堆肥有机物的充分分解。

③温度。不同种类微生物的生长适宜温度不同。例如，温度保持在50℃以上，嗜热性微生物能存活并充分发挥作用，而嗜温性微生物则无法生存。再如，30～40℃适宜于嗜温性微生物活动，但不适宜嗜热性微生物活动。因此，对堆肥温度进行调控十分必要。一般通过加大供气和减小供气的办法来控制堆肥温度。

④通气供氧。腐熟堆肥初期应保持好氧环境，加速粪肥的氨化、硝化作用，后期应保持粪肥堆内部分产生厌氧条件，以利于提高腐殖质化，保存有效养分，减少粪肥有效养分挥发，并使之矿化，完成有机物降解过程。通气的作用在于：供氧为好氧微生物发酵创造条件；通过供气量的调节来控制肥堆最适温度；在维持最适温度的条件下，加大通气量可以去除水分。目前，研究人员往往通过测定堆层中的氧浓度和耗氧率来了解堆层生化过程和需氧量，从而控制通气量。许多研究结果表明，堆肥中合适的氧浓度为18%，最低不能低于8%。目前，采用的通风方法主要有翻堆、向堆肥插入带孔的通风管、借助高压风机强制通风供氧、自然通风供氧。

⑤碳氮比。堆肥中微生物生长需要碳，菌体蛋白质合成需要氮，碳氮比是一个重要因素。碳供给细菌的能源，而氮则被细菌用来合成蛋白质和核酸，促进细胞繁殖，粪肥中碳氮比随着细菌分解而逐步降低。因此，初始碳氮比的高低将决定堆肥腐熟能否顺利进行。平均每利用30份碳需1份氮。适宜的堆肥物料碳氮比为（26～35）：1。碳氮比大于35，则分解效率低，需时长；低于26，则过剩氮会转变成氨逸散于大气而损失。各种畜粪的碳氮比大致如下：猪粪为（7.14～13.4）：1，羊粪为12.3：1，马粪为21.5：1，牛粪为13.4：1。可见，畜禽粪便含碳量不足，需用含碳量高的调理剂加以调整。

⑥pH。适当的酸碱度是细菌赖以生存的环境，对大多数细菌和原生动物来说，最适pH为6.5～7.5。细菌大多要求pH为中性或偏碱性，放线菌在中性和偏碱性环境中生长，以pH 7.5～8.0最为适宜。因此，一般认为pH在7.5～8.5可获得最大堆肥速率。

（5）腐熟堆肥的方法。

①自然堆肥。自然堆肥是指在堆肥过程中，依靠自然气流为粪便微生物活动提供氧气而使粪便腐熟。即在堆肥过程中将玉米

秸捆或带小孔的竹竿插入粪堆，为畜禽粪便中的微生物提供充足氧气，以帮助好氧微生物发酵分解有机物。在一般情况下，经好氧微生物发酵4～5d就可使堆肥内温度升高至60～70℃，两周即可达粪肥均匀分解、充分腐熟的目的。这种方法适合于少量小规模堆肥。

②机械堆肥。机械堆肥是在堆肥过程中，利用机械为粪便中微生物活动提供氧气而使粪便腐熟。

第一种方法是定期用推土机等机械翻堆，起到通气的效果。这种方法适合于大规模堆肥，腐熟期较长，夏季约需1个月，冬季约需3个月。

第二种方法是预先在肥堆中埋设管道，用风机将空气通过管道强制压入肥堆。该种堆肥不需要翻肥。

第三种方法是罐式发酵堆肥。该装置分为上、下两层的圆形金属罐，圆心为搅拌机轴，每层有多根搅拌棒，搅拌棒和搅拌轴又可以送风。上层是新鲜物料和少量发酵到一定阶段物料的混合物，新鲜物料利用一个输送带自动输入，搅拌机将新旧物料混匀，发酵一定时间（3d）后，物料进入下层。在下层，物料经过一定时间（3d）发酵后，物料基本腐熟，然后用输送带将物料运走，再经过加入一些添加剂包装后形成产品。这种方法腐熟期约需20d，出罐后为后熟阶段。该堆肥发酵工艺是连续的，便于形成工厂化生产。

第四种是自落式多层堆肥塔，共分6层，每层底板由多块可反转的栅板构成。加调理剂进行预处理后的堆肥物料送入最上层，发酵24h，反转底板物料落入第二层，如此每天通过一层而完成前期腐熟，供氧由鼓风机通过管道送入各层。该设备可连续作业，每天一次入料到第一层，第六层则每天出料一次。

（6）堆肥腐熟的标准。堆肥腐熟的标准：一是粪肥质量要好，具体表现为外观呈暗褐色，松软无臭。如测定其中总氮、磷、钾的含量，肥效好的，速效氮有所增加，总氮和磷、钾不应过多减少；二是卫生状况良好，不会造成新的污染。粪肥只要达到无害化的指标，即可认为堆肥成功。堆肥无害化的标准如表 6-5 所示。

表 6-5　高温堆肥的卫生标准

项　目	指　　标
堆肥温度	最高堆温达 50～55℃，持续 5～7d
蛔虫卵死亡率	95%～100%
粪大肠杆菌值	0.01～0.1
苍蝇	堆肥周围没有活蛆、蛹或新羽化的成蝇

（7）腐熟堆肥中主要营养物质的变化。

①碳水化合物。在有氧条件下，碳水化合物大部分分解为二氧化碳和水，并释放大量热能；而在无氧条件下，则大部分分解成甲烷、有机酸和各种醇类，并产生少量二氧化碳。

②含氮化合物。在酶作用下，蛋白质被分解成多肽、酰胺、氨基酸，氨基酸分解形成氨。在有氧条件下，氨进一步经硝化细菌氧化形成亚硝酸或硝酸，此作用都发生在堆肥的外层，于是粪肥达到矿质化；在堆肥内部，由于水分过多或压紧形成局部厌氧条件，几乎没有硝酸盐产生，有机质变成腐殖质（黑色胡敏酸）。所以，此时粪肥既有大量速效氮被释放，能嗅到臭味，又有腐烂黑色的腐殖质。畜禽尿中的含氮物质主要为尿素和尿酸等，其中尿素分解速度最快，2d 可完全分解，尿酸次之。例如，马尿酸全氮经过 24d 只分解其中的 23%。

3. 坑式堆肥　坑式堆肥是我国北方传统的积肥方式，这种堆肥的操作要点：在畜禽进入圈舍前，在地面铺设垫草，在畜禽进入圈舍后，不清扫圈舍粪尿，每天向圈舍粪尿表面铺垫垫料，以吸收粪尿中水分及其分解过程中产生的氨，使垫草和畜禽粪便在畜舍腐熟。当粪肥累积到一定时间后，将粪肥清除出畜舍，一般粪与垫料的比例以1∶（3～4）为宜。近年来，研究人员在垫草垫料中加入菌类添加剂或除臭剂，效果较好。例如，在垫草垫料中添加上海市农业科学院研制的“猪乐菌”，舍内氨气含量可从14.33mg/g降低到7.75mg/g，日增重提高26.7%。

4. 平地堆肥 平地堆腐是将畜禽粪便及垫料等清除至畜舍外单独设置的堆肥场地上，平地分层堆积，使粪堆内进行好气分解。粪肥腐熟过程要经过生粪-半腐熟-腐熟-过劲4个阶段，即粪肥中有机质在微生物作用下进行矿质化和腐殖质化的过程。矿质化是微生将有机质变成无机养分的过程，也就是速效养分的释放过程；腐殖质化则是有机质再合成腐殖质的过程，也是粪肥熟化的标志。近年来，有人利用塑料大棚或钢化玻璃大棚处理鸡粪和猪粪，效果很好。塑料大棚或钢化玻璃大棚的作用：一是保温，二是减少养分流失。这种堆肥操作要点：修建塑料大棚或钢化玻璃大棚，将畜禽粪便与垫料或干燥畜禽粪便混合，使处理的畜禽粪便水分含量为60%，将含水量为60%的粪便送入大棚中，搅拌充氧，经过30～40d发酵腐熟，就可作为粪肥使用。

（二）畜禽粪便用作饲料

1. 历史与现状 早在1922年，Mclullum’s就提出了以动物粪便作饲料的观点。以后许多学者就粪便饲料化问题进行了深入细致研究，一致认为，畜禽粪便中所含的氮素、矿物质和纤维素等可以作为畜禽饲料养分加以利用。畜禽粪便中最有利用价值的是含氮化合物。以美国为例，1972年从畜禽粪便中排出的总氮量约为223万t，与该国同年大豆产量的总氮量相等。因此，对畜禽粪便进行资源化处理并用作饲料，是畜禽粪便利用的一种有效途径。目前，在国内外都有利用畜禽粪便作饲料的成功范例。这种从粪便中回收养分再喂给畜禽的做法，可节省耕作和运输等环节的费用，是经济利用畜禽粪便的一种途径。由于鸡的消化能力较低，在干燥的鸡粪中残存有12%～13%的纯蛋白质及其他各种养分，经干燥等处理后混入饲料中，仍可用来喂猪。干燥鸡粪作为反刍动物（牛、羊）的精料补充料，饲喂效果良好。因为反刍动物可将鸡粪中的非蛋白态氮，在瘤胃中经微生物分解利用合成菌体蛋白质而为畜体消化吸收利用。

2. 畜禽粪便用作饲料的可行性

（1）畜禽粪便的营养成分。畜禽粪便营养成分和消化率，主要与动物种类、年龄和生长期等因素有关。粪便营养成分主要包括粗蛋白质、脂肪和无氮浸出物，以及钙、磷等矿物质元素。除此之外，粪便中还存有大量的维生素 B_{12}，如干猪粪中维生素 B_{12} 含量高达 17.6μg/g。鸡粪中的非蛋白氮含量十分丰富，占总氮的 47%～64%。这种氮不能被单胃动物吸收利用，但可被反刍动物利用。畜禽粪便的营养成分见表 6-6。

表 6-6　畜禽粪便的营养成分

项　目	肉鸡粪	蛋鸡粪	肉牛粪	奶牛粪	猪粪
粗蛋白（%）	31.3	28	20.3	12.7	23.5
真蛋白（%）	16.7	11.3	—	12.5	15.6
可消化蛋白（%）	23.3	14.4	4.7	3.2	—
粗纤维（%）	16.8	12.7	31.4	37.5	14.8
粗脂肪（%）	3.3	2.0	—	2.5	8.0
无氮浸出物（%）	29.5	28.7	—	29.4	38.3
可消化能（反刍动物）（kJ/g）	10 212.6	7 885.4	—	123.5	160.3
代谢能（反刍动物）（kJ/g）	9 128.6	—	—	—	—
总消化氮（反刍动物）（%）	59.8	28	—	16.1	15.3
钙（%）	2.4	8.8	0.87	—	2.72
磷（%）	1.8	2.5	1.60	—	2.13
铜（mg/kg）	98	150	31	—	63

干鸡粪可部分代替动物饲料用于动物生产。例如，用干鸡粪代替乳牛精饲料的 30%，与对照组相比，在泌乳量、乳脂率与

乳的风味等方面均无差异。喂鸡以占日粮的5%～10%为好，在产蛋率、蛋重等方面与对照组比较均无差异。干鸡粪还可用于饲喂犊牛、肉牛、羊与猪等动物。

（2）畜禽粪便用作饲料的安全问题及对畜产品的影响。尽管畜禽粪便有丰富的养分，但是有许多潜在的有害物质。一是可能含有随粪便排出的矿物质微量元素（重金属如铜、锌、砷等）、各种药物（抗球虫药、磺胺类药物等）、抗生素和激素等；二是可能含有大量的病原微生物、寄生虫及其卵；三是含有氨、硫化氢、吲哚、粪臭素等有害物质。所以，畜禽粪便只有经过无害化处理后才可用作饲料。一般认为，带有潜在病原菌的畜禽粪便经过高温、膨化等处理后，可杀死全部的病原微生物和寄生虫。因此，以无害化处理的畜禽粪便作饲料饲喂畜禽是安全的；只要控制好畜禽粪便的饲喂量，控制好饲料中的药物添加量就可避免中毒现象的发生；禁用畜禽治疗期的粪便作饲料，或在畜禽屠宰前不用畜禽粪便作饲料，就可以消除畜禽粪便作饲料对畜产品安全性的威胁。

试验证明，禽粪用作饲料不影响鲜牛肉的等级和风味（Fontenot，1974）；鸡粪喂奶牛也不影响牛奶的成分和风味；猪粪喂猪和牛粪喂牛皆不影响肉质，仅硬脂酸有变化（Oskida，Toskio，1984）。

畜禽粪便经过适当处理之后，几乎所有病原菌和微生物都被杀死。将加工后的畜禽粪便作为饲料经包装处理，可以作为商品进行出售。例如，在德国、美国等市场上出现的一种用鸡粪制作的商品名为“托普兰”的饲料，这种鸡粪饲料同玉米粉混合以后，营养价值与一般常见饲料几乎相等，而成本却降低30%，对畜产品无不良影响。

3. 畜禽粪便用作饲料的方法

（1）干燥法。干燥法就是对粪便进行脱水处理，使粪便快速干燥，以保持粪便养分，除去粪便臭味，杀死病原微生物和寄生虫。该方法主要用于鸡粪处理。干燥法可以分为自然干燥法和人工干法燥两种。

①自然干燥法。这种方法适合小型鸡场，是将鸡粪单独或将鸡粪按照一定比例掺入米糠之中，拌匀堆在干燥的场地，利用太阳辐射热晒干，过筛，除去杂质粉碎后用作饲料。

②人工干燥法。利用机械等设备加热新鲜畜禽粪便，使其干燥，以获得干燥畜禽粪便。常见的方法包括：一是利用高温快速干燥机干燥畜禽粪便，即在短时间内（约 12s）用 500～550℃高温加热鲜畜禽粪便，使鲜畜禽粪便含水量降低到 13%以下。二是利用烘箱干燥畜禽粪便，即畜禽粪便在 70℃经 2h、在 140℃经 1h 或在 180℃经 30min 加热处理，以达到干燥、灭菌的目的。三是用微波法干燥鸡粪，即将鲜鸡粪或含水量为 30%～40%的鸡粪缓慢通过微波干燥机，使畜禽粪便中的水分蒸发，微生物和寄生虫被杀死。四是修建塑料大棚或钢化玻璃大棚干燥畜禽粪便，即将畜禽粪便置于大棚中，利用太阳能和发酵产热干燥畜禽粪便，杀灭病原微生物和寄生虫。五是利用机械加热法干燥畜禽粪便，即利用机械供热加热湿畜禽粪便，使水分蒸发并迅速减少，不但能保存畜禽粪便养分，而且能减少畜禽粪便体积和便于运输储存。例如，按照意大利的一项工艺流程规定，在短时间内将热烟气通至湿粪，使畜禽粪便水分降至 10%～40%。其过程分为 3 个阶段：第一阶段烟气温度最高，达 500～700℃，迅速加热，使粪表面水分蒸发；第二阶段烟气温度降至 250～300℃，使粪内水分不断地分层蒸发，防止粪内有机物在加温过程中被破坏；第三阶段温度再降至 150～200℃，可杀死全部杂草种子、微生物，破坏除卡那霉素以外的所有其他抗菌物质。值得注意的是，用高温烘烤法干燥畜禽粪便有两大缺点：一是消耗大量能源；二是加工过程产生臭气，造成二次污染。

（2）青贮法。将畜禽粪便单独或与其他饲料一起青贮。这种方法是比较成熟的加工处理畜禽粪便，实现粪便资源化利用的方法。只要调整好青粗料与粪的比例并掌握好适宜含水量，注意添加富含可溶性碳水化合物的原料，将青贮物料水分控制在40％～70％，保持青贮容器为厌氧环境，就可保证青贮饲料质量。

畜禽粪青贮法不仅可防止粗蛋白过多损失，而且可将部分非蛋白氮转化为蛋白质，杀灭几乎所有有害微生物，其产品可以作为反刍动物的优质饲料。例如，用 60％鲜鸡粪、25％青草（切短的青玉米秸）和 15％麸皮混合青贮，经过 35d 发酵，即可用作饲料。

采用青贮法处理畜禽粪便，其优点是费用低，能源消耗少，产品无毒无臭味，适口性好，蛋白质消化率和代谢率高。青贮后的鸡粪可按 2∶1 的比例喂牛，22.5％～40％的牛粪经青贮法处理后可重新喂牛。

（3）发酵法。发酵法处理畜禽粪便可以分为有氧发酵和厌氧发酵两种方法。其中，有氧发酵就是给粪便通气，利用好氧菌对粪便中的有机物进行分解利用，将粪便中的粗蛋白和非蛋白含氮物质转变为单细胞蛋白质（SCP）、酵母或其他类型的蛋白质产物。好氧菌如放线菌、乳酸菌、醋酸杆菌等还可以分解物料中的纤维素，能产生更多营养物质。同时，好氧菌活动产生大量热量使物料温度升高（达 55～70℃），可以杀死物料中绝大部分病原微生物和寄生虫卵，使产品安全可靠。厌氧发酵就是将畜禽粪便放置于缺氧环境中，在物料含水量适宜（30％～38％）的条件下，进行厌氧发酵，厌氧发酵一般内部温度最高可达到 38℃左右，发酵时间冬季需 3 个月，夏季 1 个月左右。厌氧发酵由于不能经历高温，所以不能杀死物料中大部分病原微生物。同时，厌氧发酵会产生氨气、硫化氢气体及其他恶臭物质，这些物质又会对环境产生二次污染，用厌氧发酵处理畜禽粪便所获得的产品必须经过消毒杀菌才能使用。

（4）鸡粪与垫草混合直接饲喂。在美国进行的一项试验表明，可用散养鸡舍内鸡粪混合垫草，直接饲喂乳牛与肉牛。在每100千克饲料中混入上述粪草23.2kg饲喂乳牛时，其结果与饲喂含豆饼的饲料效果相同。在每100千克饲料中混入25kg粪草饲喂肉牛，与饲喂棉籽饼的对照组相比，如饲料总量相等时，效果较差；如比对照组增加15%粪草时，则两种处理肉牛的增重量大体相等。由于人们担心可能存在农药残留和携带病原体等问题，所以这种处理并利用动物粪便的方法很少被使用。

（三）利用畜禽粪便生产沼气

1. 基本原理 将畜禽粪便用作燃料的主要方法：一是将畜禽粪便干燥后直接燃烧，这种方法主要在经济落后的牧区使用；二是将畜禽粪便和秸秆等混合，进行厌氧发酵产生沼气，用沼气照明或用作燃料。从理论上讲，这种方法不仅能提供清洁能源，解决我国广大农村缺乏燃料而大量燃烧农作物秸秆导致的浪费资源和污染环境等问题，而且，利用畜禽粪便生产沼气也是大型畜禽场处理和利用废弃物的重要方式。

存在于饲料中的能量被微生物分解而释放的热能，称为“生物能”。研究表明，畜禽只能利用饲料中的49%～62%能量，其余的能量随粪尿排出。将畜禽粪便与其他有机废弃物混合，在一定条件下进行厌氧发酵产生沼气，可充分利用粪能和尿能。试验结果表明，饲养2头肉牛或3.2头奶牛或16头肥猪或330只鸡1d所产生的粪便所形成的沼气与1L汽油的能量相当。

2. 沼气的性质 沼气是有机物在厌氧环境中，在一定温度、湿度、酸碱度和碳氮比条件下，通过微生物发酵产生的含有多种成分的可燃性气体。沼气是一种无色、略带臭味的混合气体，沼气的主要成分是甲烷（CH_4），占总体积的60%～75%；二氧化碳（CO_2）占25%～40%；还含有少量的氧、氢、一氧化碳、硫化氢等气体。1份甲烷与2份氧气混合燃烧，可产生大量热，沼气的发热量为20～27MJ/m^3，甲烷燃烧时最高温度可达1 400℃。当空气中甲烷含量达25%～30%时，对人畜有麻醉作用。

3. 沼气生产过程　沼气发酵是由微生物在厌氧条件下分解有机物产生甲烷等可燃气体的过程。沼气产生的过程为如下：

（1）发酵液化。在这个阶段，各种发酵细菌增殖并分泌胞外酶。胞外酶包括纤维素酶、蛋白酶和脂肪酶等。在发酵细菌分泌的胞外酶如纤维素酶、蛋白酶和脂肪酶的作用下消耗氧气，将结构复杂的有机物分解为结构较简单的有机物，如将多糖分解为单糖，将蛋白质转化为肽或氨基酸，将脂肪转化为甘油和脂肪酸。这些简单有机物可进入微生物细胞，并参与微生物细胞的生物化学反应。

（2）发酵产酸。在这个阶段，产氢和产酸菌在厌氧环境中增殖并分泌胞外酶，胞外酶分解单糖、氨基酸、甘油、脂肪酸产生乙酸、丙酸、丁酸、氢气和二氧化碳。产酸菌既有厌氧菌，又有兼性菌。

（3）发酵产生甲烷。在这个阶段，产生甲烷菌在厌氧环境中增殖并分泌酶，利用乙酸、氢气和二氧化碳等合成甲烷、二氧化碳和硫化氢等气体。

4. 生产沼气的适宜条件

（1）适宜的温度。沼气发酵的温度范围较宽，为4～65℃。随着温度的上升，产气速度加快。根据沼气发酵温度的差异，将沼气发酵分为高温、中温和常温3种类型。高温发酵的温度为50～60℃，每立方米沼气池日产沼气3～4.5m^3，为酿造厂所用；中温发酵的温度为30～40℃，每立方米沼气池日产沼气1.5～2.5m^3，为畜禽场处理废水所用；常温发酵的温度为10～28℃，每立方米沼气池日产沼气0.15～0.25m^3，为农户处理废水所用。温度对沼气池产气率的影响见表6-7。在沼气发酵过程中起关键作用的是沼气池中微生物的活性，微生物活性与温度密切相关，温度过高或过低都会影响沼气的产生。畜禽场处理粪便进行沼气发酵的适宜温度为30～40℃，最适温度为35～38℃。

表 6-7 温度对产气速度的影响

沼气发酵温度（℃）	10	15	20	25	30
沼气发酵时间（d）	90	60	45	30	27
有机物产气率（mL/g）	450	530	610	710	760

（2）厌氧环境。由于沼气产酸和产气是微生物在厌氧环境中分解简单有机物的结果，所以，在生产沼气过程中，一定要保证厌氧环境。因此，对沼气发酵系统一定要进行密封，防止外界空气进入。判断发酵池厌氧程度的方法是测定氧化还原电位或pH。在正常进行沼气发酵时，氧化还原电位为－300mV。

（3）料液的 pH。沼气正常发酵时的 pH 通常为中性环境，过酸或过碱都会影响产气。在一般情况下，发酵液 pH 在 6.5～7.5 范围内时，沼气产量最高。所以，当采用大量产酸原料时，需用石灰或草木灰调节沼液 pH。

（4）接种物。开始发酵时，一般都要加入一定数量的发酵菌。畜禽粪便中通常都含有一定量的发酵菌。因此，以畜禽粪便作原料生产沼气，不需要另外接入菌种。

（5）料液浓度。研究表明，沼气发酵需要有充足的有机物，以保证沼气菌等各种微生物正常生长和大量繁殖。一般认为，每立方米发酵池容积每天加入 1.6～4.8kg 固形物为宜。沼液中总固形物浓度最大不得超过 40%，最小不得小于 10%。不经过稀释的猪粪含固形物 18%，直接入沼气池可发酵产生沼气。

（6）适当的碳氮比。在发酵原料中，当碳氮比为(25～30)∶1时，沼气产气效果最好。在进料时须注意原料的碳氮比，人畜粪便、大豆叶、野草的碳氮比适宜于发酵产生沼气。当发酵原料为农作物秸秆时，需适当增加氮素。

5. 沼气池的结构 沼气池由发酵池、进料口、储气池、气体通道、池盖等组成，如图 6-5 所示。沼气池池身建在地下，一般以深 3m、直径 1.5～1.8m 为宜。沼气池要求严格密封。因此，最好用水泥混凝土修建。

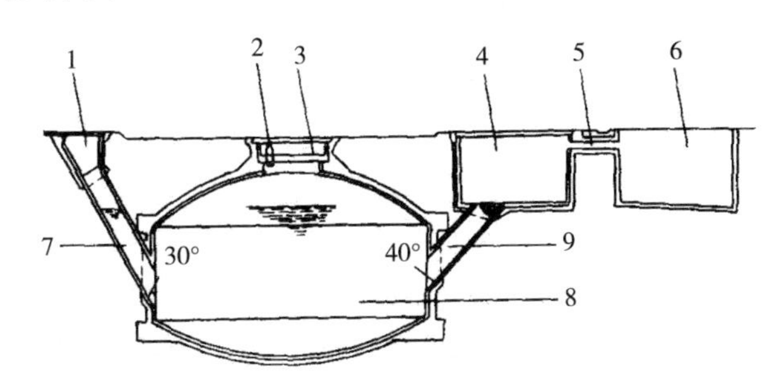

图 6-5　沼气发酵池示意图

1. 进料口　2. 导气管　3. 活动盖　4. 水压间　5. 溢流管
6. 储肥池　7. 进料管　8. 发酵间　9. 出料管

6. 沼气生产工艺

（1）备料。将农作物秸秆铡成 3～5cm 长的短段，与畜禽粪便混合。

（2）检修沼气池。进料前，应对沼气池进行检修，确保沼气池密封不漏气。若有破损，应及时修补。

（3）配料。原料中的固形物应占 10%左右。

（4）进料。如用农作物秸秆作原料，则应铺设一层秸秆铺设一层粪便，并应将秸秆压实；若为畜禽粪便作原料，则将畜禽粪便加入沼气池，按比例加入水或沼液。

（5）密封。加盖密封，保证不漏气。

（6）管理。在寒冷季节，应注意沼气池防寒保暖，确保池内温度满足发酵要求。

（7）搅拌。安装搅拌设施，每天定期搅拌，可使微生物与有机物充分接触，使沼液环境趋于稳定一致，并促进沼气释放，这样可使产气速度增加 15%以上。

（8）调节 pH。测定出料口沼液 pH，当出料口沼液 pH 过小时，加入适量的石灰或草木灰，以调节沼液的 pH。

7. 沼气的利用　对于一般畜禽场，沼气主要用于燃料，为场内生产和职工生活提供清洁能源。目前，大规模利用沼气的时机尚不成熟，其原因：①大规模利用沼气作能源，不但需要产气量高，而且要求产气量持续和稳定。目前的沼气生产工艺与设备达不到这个要求。因此，需要进一步完善沼气生产工艺，提高设备生产性能。②大规模利用沼气作能源需要铺设专门的管道以及配置气压调剂装置。目前生产沼气量不够大，修建网管需要大量投资，这必然增加了沼气的成本，过高的费用使居民生活难以使用。③从理论上讲，沼气可以用来发电，但缺乏脱硫处理的装置、缺少专用发电机以及发电量不稳定无法并网等因素，限制了沼气发电的使用。

8. 沼液和沼渣的利用

（1）沼液和沼渣的营养价值和卫生状况。畜禽粪便经沼气发酵处理已实现无害化，表现为残渣中约 95%的寄生虫卵被杀死，钩端螺旋体、福氏痢疾杆菌、大肠杆菌全部或大部分被杀死。沼气发酵残渣中依然有大量的养分。养分的多少取决于粪便的组成，如粪便中碳水化合物分解成甲烷逸出，蛋白质虽经降解，但又重新合成微生物蛋白，使蛋白质含量增加，其中必需氨基酸含量增加。如鸡粪在沼气发酵前蛋白质（占干物质的比例）为 16.08%，蛋氨酸为 0.104%。经发酵后，前者为 36.89%，后者为 0.715%。

（2）用作肥料。畜禽粪发酵分解后，约 60%的碳素转变为沼气，而氮素损失很少，且转化为速效养分。如鸡粪经发酵产气后，固形物剩下 50%，这种废液呈黑黏稠状，无臭味，不招苍蝇，施于农田肥效良好。沼渣中还含有植物生长素类物质，可使农作物和果树增产；沼渣可作花肥；作食用菌培养料，增产效果也很好。将沼液喷施于大田作物、蔬菜、水果、花卉，可提高农产品品质。例如，山东省农业科学院有关人员在小麦扬花期用沼液根外追肥，小麦产量提高 19.8%。

（3）用作饲料。沼气发酵残渣作反刍家畜饲料效果良好，对猪如长期饲喂还能增强其对粗饲料的消化能力。如果在生长肥育猪配合饲料中添加适量的沼液［前期 2L/（头·d），后期 3L/（头·d）］，饲喂 120d，猪平均日增重增加 14.31%。

（4）用作饵料。将适量的沼气残渣和沼液施入水体，可促进水中浮游生物的繁殖，增加了鱼饵的数量，提高了水产品的数量和质量。研究表明，用沼液施肥，淡水鱼类增产 25%～50%，鲢氨基酸含量增加 12.8%，其中赖氨酸含量增加 11.1%。

值得注意的是，沼液和沼渣体积大，不便于长途运输，如不能就地、及时消纳，则会造成二次污染。

第五节　畜禽场环境污染的综合防治

一、环境污染综合防治的产生

随着规模化、工厂化、集约化畜牧业的发展，由畜牧业生产带来的环境污染问题日益严重。在 20 世纪 50 年代后期，人们认为采用单项治理技术可以解决畜禽场环境污染问题。尽管人们采用各项先进单项技术对排污口污染物处进行净化处理，但是，畜禽场环境污染问题尚未得到彻底控制，还接连不断地出现畜产公害事件，引起公众的不满。在 20 世纪 60 年代，各国政府相继采取了许多措施，如制定有关环境保护的法令、条例和规定；成立各种级别的环境保护机构；实行谁污染谁负责治理的政策，增加环境保护的投资费用；改革能源结构，采用低污染的能源，采用环保型工业生产技术和工艺设备；建立环境监测网络，对环境状况进行调查和管理等。通过采用行政、法律、经济、技术等综合技术和方法综合治理畜禽场环境污染，取得了显著的效果。此时，在一些国家畜禽场环境污染已得到初步控制，环境污染出现下降的趋势。尽管如此，但畜产公害仍大量发生，使许多地区的生态环境受到严重破坏。在恢复生态系统正常功能的过程中，人们消耗了大量的人力、物力、财力。对待环境保护问题，采用先污染后治理的策略，造成了大量的人力、物力、财力的浪费，教训是相当深刻和沉痛的。因此，在20世纪70年代，在环境污染治理的问题上，人们采取以防范为主的新途径和新方法，不但发展了生产，而且也使生态环境不断得到改善。如美国早在1970年首次实施生产项目环境影响评价制度，随后在加拿大、瑞典、日本、奥地利等国家也相继推行这种制度。我国在20世纪80年代也开始实施生产项目环境评估制度，关闭了一些环境污染严重又无法彻底治理的企业，使生态环境在一定程度上得到改善。至此，在与环境污染的斗争中，人们摆脱了先污染后治理的被动局面，进入到以预防为主、防治结合的新阶段。近10多年来，综合治理环境污染的技术和方法又有了新发展，人们重视区域环境的整体规划与综合防治研究，更加重视运用系统工程的方法，设计优化环境综合治理的方案体系，以便更经济有效地解决环境污染问题。

二、环境污染综合防治的概念及特点

（一）环境污染综合防治的概念

环境污染综合防治是指针对特定区域环境污染的状况，以系统工程的有关理论为指导，以不断改善区域环境为目标，以区域环境容量为主要依据，全面规划、合理布局、制订科学的方案，运用行政、法律、经济等手段，采用综合技术和方法预防与治理环境污染。环境污染综合防治所说的区域可以是一个城市、工业区、畜牧生产区、河流水系、海洋水域等，区域污染是相对于局部污染而言。

（二）区域污染的特点

1. 污染源多，成面状分布。

2. 污染物排放量大，持续时间长。

3. 涉及部门和领域多，对人畜危害大。

（三）环境污染综合防治的特点

1. 采用多项技术，从多种途径和全方位地解决环境污染问题。

2. 由多部门、多行业和多学科技术人员参与。

3. 采用系统综合的指导思想，充分考虑各个环节与因素，强调总体效益。

4. 运用以防为主、防治结合的战略战术。

三、环境污染综合防治的意义

（一）提高了环境污染治理的效果

采用多种技术和方法从多途径能够有效地控制环境污染，而采用单项技术和方法无法解决环境污染。这主要是一方面在畜牧业生产过程中，形成环境污染的环节很多，如畜禽场规划、布局以及生产工艺、生产设备、管理技术、粪便处理设施等环节不完善，都可能导致环境污染；另一方面，处理畜禽场废弃物涉及多种学科、多种技术，如生物处理技术、物理处理技术和化学处理技术等。

（二）有利于降低环境污染治理的费用

一方面，采取以预防为主、治理为辅的政策，在生产过程中采取先进的生产工艺和技术可以消除污染，减少污染治理的费用；另一方面，将畜牧业生产与农业生产和水产相结合，可在生态系统内将废弃物转化为动植物产品，实现无废弃物排放的清洁生产，减少环境污染的治理费用。

四、环境污染综合防治的程序

1. 首先对区域的自然环境背景，污染源的种类、数量和性质等状况以及环境污染现状等进行全面细致调查，并对环境污染的大量信息进行分析和定量评价，以准确估计污染程度，明确污染问题及制定防治污染的对策。

2. 必须依据区域社会职能要求和技术经济条件，合理确定区域环境目标，并根据社会职能的特点，确定不同的环境质量等级。

3. 根据生态系统自净能力估计区域环境容量，区域环境容量是进行环境规划与污染治理的基本依据。

4. 根据区域环境容量大小，全面制订生产和环境保护规划。

5. 因地制宜采用无污染能源，采用先进的环保型生产工艺，实行污染物多级综合处理，使污染物利用资源化、处理过程无害化、污染物排放减量化。

6. 分析和组建优化的区域环境污染防治体系。

五、环境污染综合防治的方法

1. 认真贯彻和执行《中华人民共和国环境保护法》（以下简称《环境保护法》）等法律法规，加强《环境保护法》的宣传、教育、监督和检查工作，健全和完善环境保护管理监督体制，采用行政的、法律的和经济的措施，确保畜牧企业在生产过程中不对环境产生污染。

2. 在进行畜禽场规划、布局、工艺设计、设备选型和生产管理中，采用科学的生产工艺、适宜的生产规模、合理的管理措施，实现无污染的绿色生产，以充分体现环境保护与生产协调发展的思想。

3. 在建设畜禽场时，应坚持生产设施和环保设施同步设计、同步施工，对畜牧业生产企业不但要进行经济效益评估，而且要进行生态效益评价，以确保畜牧业生产不对环境造成污染。

4. 畜禽场应制定畜禽粪便无害化处理与管理规则，以确保环境污染综合治理的措施实施。

主要参考文献

艾地云，姚继承，1995. 高温季节生长育肥猪主要营养素采食量的研究［J］. 中国饲料（20）.

安立龙，2004. 家畜环境卫生学［M］. 北京：高等教育出版社.

蔡景义，2015. 封闭型牛舍风机喷淋降温和饲粮添加铬改善肉牛生长性能［J］. 农业工程学报（19）.

常明雪，刘卫东，2011. 畜禽环境卫生［M］. 北京：中国农业出版社.

程龙梅，吴银宝，王燕，等，2015. 清粪方式对蛋鸡舍内空气环境质量及粪便理化性质的影响［J］. 中国家禽（18）：22-27.

樊磊虎，2011. 应激对猪的危害与对策［J］. 北京：畜牧与饲养科学，32（6）：95-96.

黄昌澍，1989. 家畜气候学［M］. 南京：江苏科学技术出版社.

李如治，2011. 家畜环境卫生学［M］. 北京：中国农业出版社.

李震钟，2000. 畜牧场生产工艺与畜舍设计［M］. 北京：中国农业出版社.

李震钟，2009. 家畜环境生理学［M］. 北京：中国农业出版社.

刘鹤翔，2007. 家畜环境卫生［M］. 重庆：重庆大学出版社.

刘继军，2016. 家畜环境卫生学［M］. 北京：中国农业出版社.

蒲德伦，朱海生，2015. 家畜环境卫生学及牧场设计［M］. 重庆：西南师范大学出版社.

王庆镐，2001. 家畜环境卫生学［M］. 北京：中国农业出版社.

王曙光，2009. 应激对家畜的危害及防制措施［J］. 山东畜牧兽医，30（6）：35-36.

王阳，郑炜超，李绚阳，等，2018. 西北地区纵墙湿帘山墙排风系统改善夏季蛋鸡舍内热环境［J］. 农业工程学报，34（21）：202-207.

王玉江，1990. 家畜环境卫生学［M］. 北京：北京农业大学出版社.

熊本海，陈俊杰，蒋林树，2018. 家畜环境与行为［M］. 北京：中国农业出版社.

熊本海，陈俊杰，蒋林树，2018. 家畜环境与营养［M］. 北京：中国农业出版社.

颜培实，李如治，2011. 家畜环境卫生学［M］. 北京：高等教育出版社.

岳文斌，张建红，2004. 动物繁殖及营养调控［M］. 北京：中国农业出版社.

周安国，陈代文，1993. 动物营养学［M］. 北京：中国农业出版社.

Lim T, Jin Y, Ni J, et al, 2012. Field evaluation of biofilters in reducing aerial pollutant emissions from a commercial pig finishing building [J]. Biosystems Engineering.

Liu S, Ni J, Radcliffe J S, et al, 2017. Mitigation of ammonia emissions from pig production using reduced dietary crude protein with amino acid supplementation [J]. Bioresource Technology (233): 200-208.

Shi Z, Li B, Zhang X, et al, 2006. Using floor cooling as an approach to improve the thermal environment in the sleeping area in an open pig house [J]. Biosystems Engineering, 93 (3): 359-364.

Wang Y, Zheng W, Shi H, et al, 2018. Optimising the design of confined laying hen house insulation requirements in cold climates without using supplementary heat [J]. Biosystems Engineering (174): 282-294.